LEGENDÄRE LANDMASCHINEN

AUS ALLER WELT

Joachim M. Köstnick

Motor
buch
Verlag

IMPRESSUM

Einbandgestaltung: Luis dos Santos unter Verwendung von Fotos aus den Archiven der Hersteller.

Bildnachweis: Sofern Bilder nicht aus dem Archiv des Autors stammen, befinden sich die Bildquellen unter den jeweiligen Abbildungen; die Rechte an den Bildern verbleiben bei den Urhebern.

Eine Haftung des Autors oder des Verlages und seiner Beauftragten für Personen-, Sach- und Vermögensschäden ist ausgeschlossen.

ISBN 978-3-613-04397-8

Ein Unternehmen der Paul Pietsch-Verlage GmbH & Co. KG

1. Auflage 2021

VORWORT

VETERANEN

GROSSTRAKTOREN

Lektorat: Martin Gollnick/Joachim Köster
Innengestaltung: Luis dos Santos
Druck und Bindung: Graspo CZ, 76302 Zlin
Printed in Czech Republic

INHALT

(Foto: © fishhawk, CC BY 2.0)

VORWORT

TRECKER, SCHLEPPER, LANDMASCHINEN

»Als Adam grub und Eva spann, wo war denn da der Edelmann?«, so wurde im Zeitalter der Bauernkriege gesungen, natürlich nur von denjenigen, welche die Schwerstarbeit auf dem Acker zu erledigen hatten. Denn die hohen Herren, die waren fein raus und ließen die anderen pflügen, säen und ernten, den Boden bestellen und das Getreide dreschen. Sollten die sich doch schmutzig machen (und, nebenbei, braun werden, weswegen lange eine blasse Haut Ausdruck von Wohlstand und Herkunft war) und bis zum Umfallen rackern. Der Bauernstand war lange verachtet und doch einer der Grundpfeiler der Gesellschaft: Ohne Bauern ging nichts.

Doch heute, im Zeitalter der Globalisierung, hat man das gerne vergessen. Gewiss, es ist leichter geworden, Ernteausfälle und Ertragsschwankungen auszugleichen, alles nur eine Frage des Preises und der Logistik. Und die wird auf- und abseits der Felder immer wichtiger, denn die stetig wachsende Menschheit will ernährt werden: Lebten Mitte der 1950er Jahre rund 2,5 Milliarden Menschen auf der Welt, nähern wir uns inzwischen der 10-Milliarden-Marke. Kein Gedanke mehr daran, dass diese sich selbst versorgen könnten und von dem leben, was im eigenen Garten wächst. Und dann gibt es noch den Klimawandel, die Bodenerosion und die Probleme mit der Verfügbarkeit von Trinkwasser...

Natürlich hat der Mensch stets versucht, sich die Arbeit zu erleichtern, doch echte, bemerkenswerte Fortschritte haben sich erst in den vergangenen 200 Jahren ergeben – dann allerdings mehr als in allen Jahrtausenden davor zusammen. Einen kleinen Ausschnitt dieses vielfältigen Spektrums zeigt unser neues Buch. Ganz ehrlich: Wir konnten nur an der Oberfläche kratzen und längst nicht alle Hersteller und Fahrzeuge zeigen. Das war und ist auf dem zur Verfügung stehendem Raum schlechterdings unmöglich.

Ebensowenig war es möglich, auch nur ansatzweise das Auf und Ab in der Landwirtschaft darzustellen und die vielen Versuche, durch immer schlauere Erfindungen der Natur und den Wetterunbilden ein Schnippchen zu schlagen. Auch dafür fehlt es an Umfang und zwangsläufig auch an Tiefgang. Ein einzelnes Buch kann das nicht leisten, weshalb wir auch bei keinem unserer Titel in dieser Reihe – und davon gibt es ja schon eine ganze Menge – überhaupt erst den Anspruch auf Vollständigkeit erhoben haben.

Zwangsläufig wird man bei der Lektüre dieses Buches immer wieder auf die gleichen Namen stoßen, wie John Deere, AGCO oder AGRO, wobei es keine Rolle spielt, auf welchem Kontinent die zugehörigen Bilder entstanden sind. Denn den weltweiten Markt haben einige Großkonzerne unter sich aufgeteilt, und es ist kein Zufall, dass auch hier die US-Konzerne den Ton angeben. Denn die USA haben nun einmal die stärkste Landwirtschaft der Welt, und deren Rahmenbedingungen und Böden sind ganz anders als in Europa. Das beginnt schon bei den Betriebsgrößen: Zwölf Millionen Landwirte bewirtschaften in Europa im Durchschnitt etwa zwölf Hektar, während in den USA zwei Millionen Landwirte durchschnittliche 180 Hektar bearbeiten. Das erfordert oft andere und meist auch größere Maschinen. Außerdem gibt es auch starke Unterschiede in der Pflanzenzucht und -nutzung. Der im »Corn Belt« des Mittleren Westens übliche Anblick von Maisfeldern, die bis zum Horizont reichen, ist hierzulande unbekannt. Interessant ist in dem Zusammenhang ein Seitenblick auf die Flächenerträge: Diese liegen mit rund 10,3 t/ha nur um 0,6 t/ha über denen in Europa, während beim Weizen (übrigens nur Sommerweizen, Winterweizen wird nicht angebaut) die Erträge mit rund drei Tonnen pro Hektar weniger als die Häfte der in Europa erzielten Erträge (fast acht Tonnen) betragen. Dass demzufolge auch das, was nicht auf den Teller oder ins Silo kommt, in den USA anders (und mit anderen Maschinen) behandelt wird als hierzulande üblich, überrascht da nicht.

Letztlich aber geht es beiderseits des großen Teichs darum, gute Erträge bei geringen Kosten zu erzielen, und das führt zu immer größeren und leistungsfähigeren Maschinen. Diese sind das Hauptthema dieses Buches. Natürlich ist der Prozess noch längst nicht abgeschlossen, die Digitalisierung der Landwirtschaft hat gerade erst begonnen. Die Datensammlung und -auswertung mittels GPS und feiner Sensorik sorgt schon jetzt für eine Flut an Informationen, zu deren sinnvoller Auswertung es entsprechender Informationssysteme bedarf. Ein Landwirt muss heute ein versierter »User« sein, um das Maximum aus seinen teuren Maschinen herauszuholen. Denn wie seit Jahrtausenden geht auch heute noch ohne Bauern nichts.

An diesem Buch haben vielleicht noch mehr fleißige Hände mitgewirkt als bei den anderen Bänden dieser Reihe, allen voran Ted Lemberger. Ihm und allen weiteren, die ungenannt bleiben, sei an dieser Stelle noch einmal herzlichst gedankt.

JOACHIM M. KÖSTNICK

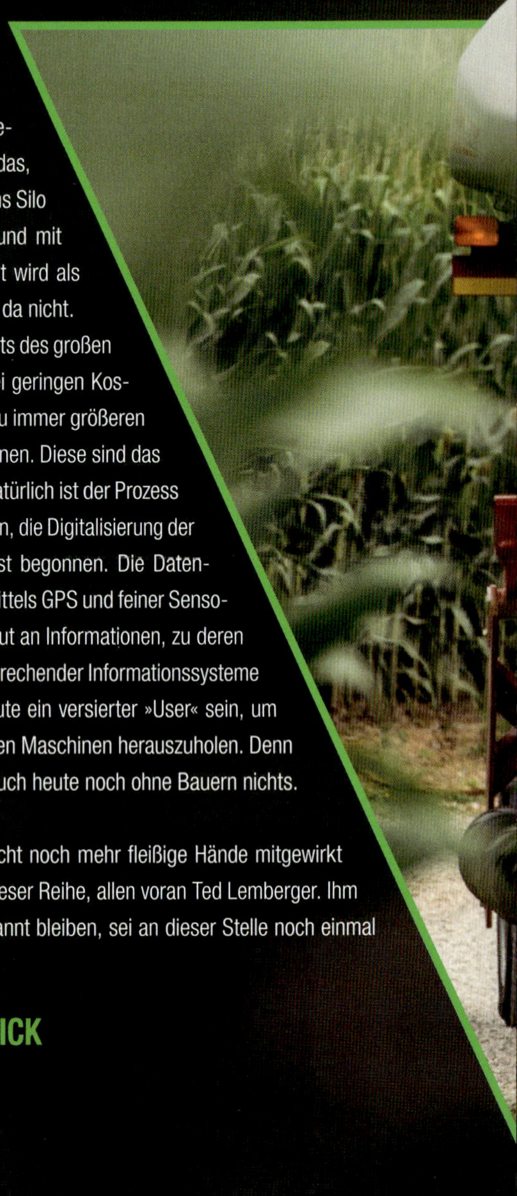

(Foto: © Case IH Agriculture)

CASE

VETERANEN

Im Anfang war die Dampfmaschine. Mit ihnen hat die Mechanisierung der Landwirtschaft begonnen. Sie dienten zunächst als mehr oder weniger mobile Kraftwerke und erleichterten, im Gespann, die Arbeit auf dem Feld, indem sie Pflüge zwischen sich hin- und herflitzen ließen. Für die eigentliche Zugarbeit auf dem Acker waren sie zu groß und zu schwer, sie hätten den Boden zu stark verdichtet. Erst die zunehmend leistungsfähigeren Benzinmotoren bildeten eine Alternative, weil aber um die Jahrhundertwende die Kraft aus dem Hubraum geholt werden musste, waren die Benzinschlepper zunächst kaum leichter und handlicher als die Lokomobile. Parallel dazu liefen Bemühungen, den spezifischen Bodendruck zu verringern, und das führte zu den Kettenschleppern. Als die Motoren immer kleiner wurden, konnten auch die Schlepper schrumpfen, und so haben sich in den folgenden Jahrzehnten unzählige Firmen am Schlepperbau versucht. Eine kleine Auswahl dieser längst vergessenen Pioniere präsentiert dieses Kapitel.

Großbritannien ist das Paradies für die Freunde von Dampfmaschinen. Eine der größten Veranstaltungen ist die »Great Dorset Steam Fair«. (Foto: © Barry Skeates, cc-by-sa 2.0)

Den berühmtesten Traktor-Klassiker baute Lanz. (Foto: © Bernard Spragg, cc-by-sa 1.0)

Weist in die Neuzeit: Zettelmeyer Z2, 1937. (Foto: © Berthold Werner, cc-by-sa 2.5)

Muss ganz schön rackern: Dampftraktor von Mineapolis-Moline bei der Feldarbeit in Indiana. (Foto: © Chris Light, cc-by-sa 4.0)

Der Aultman & Taylor 30–60 (1911–1924) hatte einen Vierzylinder mit 22,7 Liter Hubraum, leistete 80 PS an der Riemenscheibe und wog 11,1 Tonnen. (Foto: © Brbbl, cc-by-sa 3.0)

Case hatte viel Erfahrung im Bau von Dampfmaschinen. Aufgrund der hohen Arbeitsdrücke von 150 psi gerieten die Lokomobile aber sehr schwer. (Foto: © Joe Ross, cc-by-sa 2.0)

Das könnte »Old No. 1« sein, die erste mobile Dampfmaschine, die Case 1869/70 auf dem Rahmen eines Pferdewagens gebaut hat. Fahren konnte das Ungetüm noch nicht, um es fortzubewegen, musste man eine Deichsel anbauen und ziehen. (Foto: © Case IH)

Eine 65- oder 80-PS-Maschine, wie sie Case 1915 baute, wog rund 14 Tonnen und hatte eine Höchstgeschwindigkeit von knapp 4 km/h. Die Antriebsräder waren fast zwei Meter hoch. (Foto: © Joe Ross, cc-by-sa 2.0)

Maschinenarbeit war was für Männer – bis 1917, als die USA in den Krieg eintraten und die Farmen verwaisten. Also mussten Frauen ran, »Farmettes«. Und die konnten auch alle Arten von Maschinen bedienen, das sollte wohl diese Aufnahme belegen.

Case baute anfangs keine Traktoren, sondern produzierte Mähmaschinen. Und die wurden von Pferden gezogen. Hier sind ein Dutzend vorgespannt. (Foto: © Case IH)

Haskell County, Kansas. Dieser Farmer hatte seinen Mais vor dem Winter nicht mehr einbringen können und erledigt dies nun im April 1941. Sein Traktor: Case Model C (Foto: © NARA, PD)

AULTMAN-TAYLOR

Aultman-Taylor gehörte zu den Pionieren unter den Landmaschinen-Produzenten. Das Unternehmen aus Mansfield, Ohio, war 1859 von den Herren Aultman und Taylor gegründet worden. Man konzentrierte sich zunächst auf die Herstellung von Stationärmotoren und Dreschmaschinen. 1909 stieg man in das Traktor-Geschäft ein, es entstanden zeittypische Ungetüme wie der 30-60 mit dem quadratischen Kühler. Dieser wich aber bald einem runden Kühler, der wegen seiner Rauchrohre aussah wie ein offen stehender Lokomotivkessel. Die Palette an Traktoren wurde in den nächsten Jahren erweitert, wobei der kleinere 15-30 von 1918 der erste Traktor überhaupt war mit komplett geschlossener Motorhaube. Die große Wirtschaftskrise Anfang der 1920er Jahre riss auch Aultman-Taylor mit in den Abgrund. Das Unternehmen wurde 1924 von Advance-Rumeley aufgekauft, das die restlichen Dampfmaschinen (die vor allem zum Antrieb von Dreschmaschinen verwendet wurden) parallel zu seinen eigenen Rohöl-Traktoren (die baute man seit 1909) abverkaufte. Advance-Rumley wiederum schlüpfte 1931 bei Allis-Chalmers unter und gehört heute zu AGCO.
Wie viele Aultman-Taylors verkauft wurden, ließ sich nicht mehr ermitteln, nur von Advance-Rumley sind Zahlen überliefert: Dieses Unternehmen baute rund 56.500 Schweröl-Traktoren. Mindestens ein halbes Dutzend Aultmans soll es noch geben, einer davon in den Niederlanden.

CASE

Im Jahr 1842 gründete Jerome Increase Case (1819–1891) die J. I. Case Threshing Machine Company in Racine (Wisconsin). Zu den ersten Erzeugnissen gehörten transportable Dampfmaschinen, Dampfzugmaschinen und Dreschmaschinen. Die waren so gut und erfolgreich, dass Case auch als »König der Dreschmaschinen« bezeichnet wurde. Um 1880 hat man den Bau von Dampftraktoren aufgenommen, kurz nach dem Tod des Firmengründers 1892 wurde zu Versuchszwecken ein Dampftraktor mit einem der neuartigen Benzinmotoren bestückt. Dafür setzte man ein Zweizylinder-Boxertriebwerkein, das ein längst vergessener Konstrukteur namens William Paterson (manchmal auch Patterson geschrieben) entworfen hatte. Zahlreiche technische Probleme führten dazu, dass das Projekt aufgegeben wurde. Erst zwei Jahrzehnte später kehrte Case zum Bau von Traktoren mit Verbrennungsmotor zurück. Der erste Serientraktor war der gewaltige 30-60 (PS) von 1912. Er wurde zum meistverkauften Traktor der 1910er-Jahre. Als Grundgerüst diente ein Stahlrahmen, der alle Bauteile aufnahm. Das Kühlsystem befand sich in einem rechteckigen Turm über der Vorderachse, als Antrieb kam der Case-Zweizylinder-Boxermotor zum Einsatz, der auf dem Paterson-Entwurf basierte. Es gab zwei Vorwärts- und einen Rückwärtsgang, die Maschine wog 6,3 Tonnen. Der Motor wurde per Hand gestartet.
Weitere Modelle folgten, etwa der 10-20 von 1915. Dabei handelte es sich um einen Dreiradtraktor. Diese so genannte Row-Crop-Ausführung ließ sich durch das einzelne Vorderrad leichter lenken. Für Vortrieb sorgte hier ein Vierzylinder-Boxermotor mit querliegender Kurbelwelle. Diese Anordnung erleicherte die Montage von Nebenantrieben und fand sich später auch bei einer ganzen Reihe von weiteren Traktoren. Im Jahr 1929 präsentierte das Unternehmen mit der Einführung des Modells L die zweite Traktor-Generation. Für Vortrieb sorgte ein Vierzylinder-Reihenmotor, eine Zapfwelle samt Riemenscheibe gehörten zum serienmäßigen Lieferumfang. Außerdem gab es ihn auch in Row-Crop-Ausführung.
Case war inzwischen zum Mehrmarkenkonzern aufgestiegen. 1919 hatte man zum Beispiel die konkurrierende Wallis Tractor Company aus Cleveland übernommen, 1928 die Landwirtschaftssparte von Emerson-Brantingham und kaufte von Massey-Harris die Namensrechte an den von diesen übernommenen J. I. Case Plow Works zurück, nachdem Massey-Harris diesen Betriebsteil übernommen hatte.
Während dieser Rückkauf lediglich den Namen betraf, erwarb Case 1937 mit der Rock Island Plow Company nicht nur einen ehemaligen Traktorhersteller, sondern auch einen Hersteller von Farmgerätschaften wie Pflügen. 1957 dann mit der Ame-

rican Tractor Corporation einen Hersteller von Baumaschinen. Case stellte nun seinen ersten Baggerlader vor. Case ging später dann in der weltweit agierenden CNH (Case New Holland) auf.

EMERSON-BRANTINGHAM

Emerson-Brantingham in Rockford, Illinois, entstand 1909. Einen Namen gemacht hatte sich das Unternehmen, unter anderer Bezeichnung, aber bereits in den 1850ern, zu der Zeit begann auf den Farmen im Mittleren Westen der USA das Maschinenzeitalter. Besonders mühsam war die Weizenernte; um die Großstädte versorgen zu können, mussten gewaltige Mengen Getreide geerntet werden, und der Anteil an Handarbeit war groß: Weizen musste gemäht, gesammelt, gedroschen und gelagert werden, und das Stroh will ebenfalls versorgt werden: Es gab viel zu viel Arbeit und viel zu wenige Hände, daher versuchten sich Tüftler und Erfinder an einer Maschine, die zumindest einen Teil davon erledigen konnte. Nach ersten erfolgreichen Versuchen mit einer umgebauten Pferdekutsche entstand so eine erste Mähmaschine. Die waren so gut – inzwischen war der finanzstarke Ralph Emerson in die Firma eingetreten – dass Konkurrent McCormick auf Patentrechtsverletzung klagte und verlor, was an Emersons Rechtsanwalt Abraham Lincoln (jawohl, genau der) lag.

Nachdem Charles S. Brantingham in der Firma was zu sagen hatte, formte er einen Konzern, der von Dampfmaschinen über Maschinen zur Bodenbearbeitung bis hin zu Landwirtschaftsanhängern so ziemlich alles anbot, was ein Farmer benötigte. Schließlich kamen, nach dem Kauf der Big Four Tractor Co. aus Minneapolis, noch Ackerschlepper dazu. »Big Four« baute gewaltige Maschinen mit fast 2,50 Meter großen Hinterrädern, doch waren diese Ungetüme sehr unhandlich. Nach dem ersten Weltkrieg änderte sich die Lage dramatisch. Die Farmen wurden kleiner und die Nachfrage nach solchen Großtraktoren sank. Weil das Unternehmen aber zu lange zögerte, auf kleinere und handlichere Maschinen umzuschwenken, geriet es in finanzielle Schieflage und wurde im November 1928 von Case geschluckt.

FORDSON

Henry Ford hatte einmal mehr Krach mit seinen Teilhabern bekommen, als er vorschlug, etwas anderes zu bauen als Autos. Daher griff er in seine eigene Tasche und eröffnete 1917 die Firma »Ford and Son«, später kurz »Fordson« genannt, zur Produktion von Landmaschinen. Der Zeitpunkt war kein Zufall, durch den Krieg fehlte es an Arbeitskräften, und Ford hatte wieder einmal den richtigen Riecher für Markttrends. Er erkannte nämlich rasch, dass die Zeiten von großen landwirtschaftlichen Gütern sich dem Ende neigten, zumindest im vom Krieg geschüttelten Europa. Daher setzte er auf Traktoren und Maschinen, die nur von einer Person zu bedienen waren. Insbesondere Irland litt Not, daher eröffnete er in Cork 1919 ein Traktorenwerk, nachdem er von der britischen Regierung den Auftrag erhalten hatte, 6000 Fordson-Traktoren zu bauen. Diese gewaltige Stückzahl war nur mit modernen Produktionsmethoden zu schaffen, Ford führte die Fließbandfertigung ein und nutzte dazu Motoren und Getriebe des T-Modells. Die Fließbandfertigung führte dazu, dass die Produktionskosten sanken, so dass der Traktor zu einem Preis verkauft werden konnte, den sich so ziemlich jeder durchschnittliche Landwirt leisten konnte.

Der Fordson F wurde in Großbritannien, den Vereinigten Staaten und auch in Russland verkauft, die Geschichte von Ford in Deutschland beginnt 1925 mit der Montage von 1000 Traktoren in Berlin. Der Traktor Modell F war in den Vereinigten Staaten so erfolgreich, dass viele Mitbewerber das Handtuch warfen. Eine Revolution war der F zwar nicht, aber billig und zuverlässig, und das waren die besten Argumente für die Anschaffung eines Fordson. Während Ford in den USA 1928 den Traktorbau einstellte, mutierte der irische Vetter zum Modell N. Der war stärker, größer, moderner und hatte eine anständige Elektrik inklusive Hochspannungs-Magnetzünder. Weil es aber in Irland keine vernünftige Zulieferindustrie gab und die Rohstoffe umständlich auf die Insel verschifft werden mussten, verlegte Ford sein Traktorwerk 1933 nach England.

Das Programm der Emerson-Brantingham Implement Co. bestand aus Mähmaschinen, Pflügen und anderen Bodenbearbeitungsgeräten.

Schon damals war man bestrebt, die teueren Maschinen mehrfach zu nutzen. So konnte man beim Hersteller Rahmen und Räder kaufen, um eine stationäre Dampfmaschine mobil zu machen. Hier »Robin Hood«, die Nummer 14431 der William Foster & Co bei der Cromford Steam Fair 2008 (Foto: © BulldozerD11, cc-by-sa 3.0)

Das ist »Winnie«, ein Veteran aus dem Hause Foster bei der Ashley Hall Traction Engine Rally 2015. Lokomobile leisteten etwa zehn PS, dann drehte sich die Schwungscheibe rund 140 Mal pro Minute. (Foto: © SG2012, cc-by-sa 2.0)

Henry Ford gründete 1917 die Firma Ford and Son, später Fordson. Henry hatte zuvor versucht, die Direktoren der Ford Motor Co für die Herstellung von Landmaschinen zu interessieren, weil die aber nicht mitzogen, gründete er diese neue Firma, um den von ihm geschaffenen Traktor zu vermarkten. Das Foto datiert von 1921.

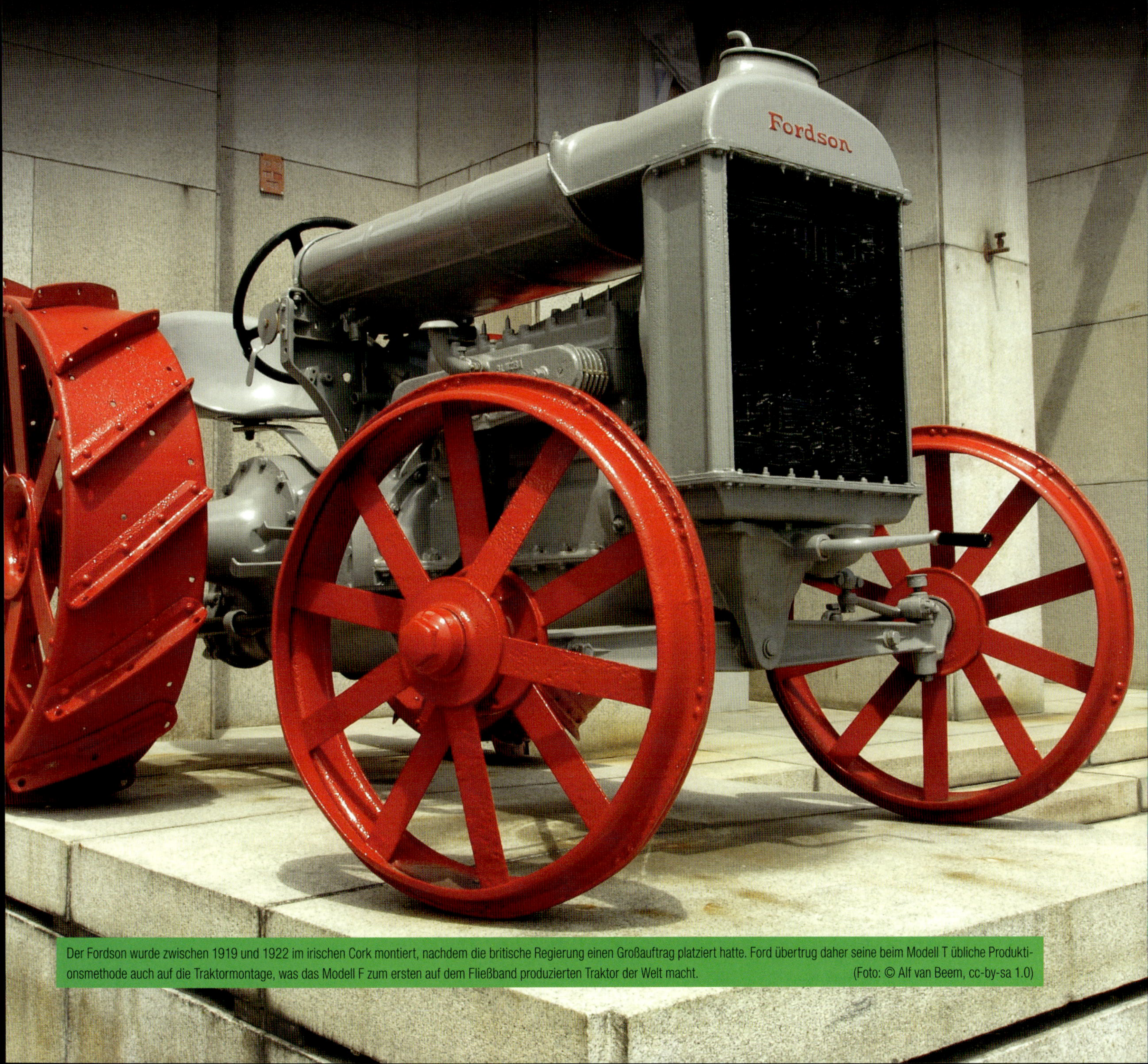

Der Fordson wurde zwischen 1919 und 1922 im irischen Cork montiert, nachdem die britische Regierung einen Großauftrag platziert hatte. Ford übertrug daher seine beim Modell T übliche Produktionsmethode auch auf die Traktormontage, was das Modell F zum ersten auf dem Fließband produzierten Traktor der Welt macht. (Foto: © Alf van Beem, cc-by-sa 1.0)

South Cerney Steam Rally 2014 (Foto: © Barry Skeates, cc-by-sa 2.0)

Dampftraktoren wurden als Artilleriezugmaschinen eingesetzt. Nach der Frühjahrsschlacht bei Arras im April 1917 entstand dieses Bild eines im Schlamm feststeckenden Fowler.

Lokomobile, hier von John Fowler Steam Plough Works, wurden bei Schwertransporten eingesetzt. Die Maschinen erhielten, noch ganz in der Tradition der frühen Dampflokomotiven, Namen. Diese hier hieß »George« und zieht drei Bauernwagen mit Holz und, ganz am Ende und daher nicht zu sehen, einen Schäferkarren. Die Aufnahme entstand am Mt Warrenheip bei Ballarat in Australien.

Typisch für die 1936 aufgelegte Hanomag-AR-Baureihe war das Diesel-Fass vor dem Fahrer. Im Bild ein AR 38/45 als Schulungsobjekt in Rumänien, 1940.
(Foto: © Axel Kirch, cc-by-sa 4.0)

1957 hat Traditionshersteller Hanomag seine Radschlepper-Reihe überarbeitet und verpasste ihr eine neue Optik. Neu war außerdem der Halbrahmen, der Motor und Vorderachse aufnahm. Der Traktor ist im Museum Kiel-Molfsee im Einsatz (Foto: © Siegbert Brey, cc-by-sa 4.0)

Der Hanomag R 40 erschien 1942. Die Eisenreifen hatten die Dimension 800 x 150 vorn und 1150 x 300 hinten. Links zu sehen: eine K-Raupe, rechts hinten ein Lanz Alldog.
(Foto: © Brbbl, cc-by-sa 3.0)

FOSTER

William Foster war Müller und hatte einen Hang zur Technik, er gründete 1856 ein Unternehmen zum Bau von landwirtschaftlichen Geräten. Zwei Jahre später hatte er eine erste (mehr oder minder) mobile Dampfmaschine gebaut, dazu kamen Dreschmaschinen: Immerhin gab's genug zu tun, um acht Arbeiter zu beschäftigen, und das war damals nicht wenig. Zehn Jahre später waren mit dem Bau seiner Dampfmaschinen schon 68 Arbeiter (und 41 Kinder) beschäftigt; 1889 kam das erste selbstfahrende Arbeitsgerät dazu. Traktoren verbreiterten das Geschäftsfeld, 1906 stand der erste Foster-Traktor auf der Motorshow in Cordingley. Im ersten Weltkrieg wurden bei Foster dann die ersten Panzerfahrzeuge gebaut, was nicht weiter verwunderlich ist, denn die Tanks waren im Grunde genommen Zugmaschinen mit Panzeraufbau. Tatsächlich bezeichnete das britische Panzerkomitee den Foster-Vorstand William Tritton als einen der Väter der Panzerentwicklung. Nach dem Krieg wurde bis 1933 rund 60 Straßenzugmaschinen gebaut, und Foster baute 1942 auch das letzte Dampfmobil überhaupt. 1961 war dann Schluss, die Reste gingen an Allen, Sons and Co.

FOWLER

John Fowler & Co. (Leeds) Ltd gehörte zu den ganz großen Namen der britischen Industriegeschichte. Das Unternehmen in Leeds entstand 1863, Namensgeber war der zu dem Zeitpunkt gerade mal 27-jährige Ingenieur John Fowler, der gemeinhin als Erfinder des Dampfpfluges gilt. Sein Unternehmen spezialisierte sich zunächst auf den Verkauf und Vertrieb von landwirtschaftlichem Gerät, begann aber 1861 mit der Produktion von eigenen Lokomobilen. Am Vorabend des ersten Weltkriegs hatte die Firma rund 3000 Mitarbeiter. Fowler baute eine große Palette von Dampftraktoren, Dampfwalzen, Dampfzugmaschinen und Steamern, also Dampflastwagen, von denen einige erhalten geblieben sind und alljährlich bei diversen Treffen zu sehen sind. Auch bei diversen Schauvorführungen sind Fowler-Dampfpflüge zu sehen.

1929 läutete das Unternehmen den Abschied von der Dampftraktion ein und schwenkte um auf Diesel-Motoren, die vom langjährigen Fowler-Chefkonstrukteur Harry Cooper entwickelt wurden. Auch wenn sich das Unternehmen 1932 vom Lkw-Bau verabschiedete (die jetzt gültigen Zulassungsbestimmungen begrenzten die zulässigen Achsdrücke und machten Fowler-Lkw unwirtschaftlich), so hatte das Unternehmen aus Leeds noch weitere Eisen im Feuer: Fowler baute Betonmischanlagen, Baumaschinen und Straßenwalzen mit Dieselantrieb. Besonders berühmt wurde aber der Fowler Gyrotiller, ein Raupenschlepper mit einem rotierenden »Pflug«, einem Vorläufer der modernen Motoreggen, und Eindringtiefen von 50 Zentimetern. Es gab Maschinen von 40 bis 225 PS. Die erste wurde 1922 gebaut, die letzte 1937. Viele gingen in die damaligen Kolonien, um bei der Urbarmachung des Bodens zu helfen. Im zweiten Weltkrieg baute Fowler Panzer, tatsächlich war die kränkelnde Firma 1941 von der Regierung übernommen worden. Nach Kriegsende 1946 wurde Fowler dann an Thomas Ward weiterverkauft, ein Unternehmen, das die berühmten Marshall-Raupenschlepper baute.

HANOMAG

Profitierend vom wirtschaftlichen Boom nach Gründung des Deutschen Reiches, wurde 1871 die Maschinenfabrik von Georg Egestorff, die bisher u. a. Dampfmaschinen und Lokomotiven gebaut hatte, in die »Hannoversche Maschinenbau Actien-Gesellschaft« umgewandelt. Mit der Ausweitung des Portfolios auf Lokomobile fand der erste Kontakt zur Landwirtschaft statt. Mit dem WD 12 erschien 1912 ein 80 PS starker Großpflug gebaut, der jedoch in Deutschland nach dem Krieg ohne Chance war, weil ob seiner Größe unwirtschaftlich geworden: Für die kleinen deutschen Betriebe war ein Tragpflug nicht vielseitig genug, das konnten Radschlepper besser. Ab 1919 versuchte man sich im Bau von Kettenschleppern mit 28 und 50 PS, die aber in erster Linie für die Forstwirtschaft, im Rübenbau und gebirgigem Gebiet interessant waren. Das eingeschränkte Einsatzspektrum verhinderte auch dieses Mal ein weitere

Verbreitung. Der nächste Anlauf in Sachen Landtechnik erfolgte 1924 in Gestalt des WD-Radschlepper R 26 A mit Benzinmotor. Ihm folgte 1928 der zunächst ebenfalls noch mit Vergasermotor und Eisenbereifung versehene R 28 nach. Diese Generation an Radschleppern verhalf Hanomag zum Durchbruch als Traktoranbieter. Mitten in der Weltwirtschaftskrise überraschte Hanomag 1931 mit dem weltweit ersten Großserien-Dieseltraktor, wobei der erste Diesel-Schlepper eigentlich von Mercedes-Benz gekommen war, sich aber als kommerzieller Misserfolg erwiesen hatte. Der Hanomag RD 36 mit eigenem Dieselmotor verkaufte sich hingegen, angesichts der Krise, erstaunlich gut. Eine weitere Pionierleistung glückte Hanomag 1937 mit dem Bauernschlepper RL 20, der vier gleich große Räder hatte und daher auch die Basis für die erfolgreichen Straßenzugmaschinen bildete. Der erste neue Hanomag-Traktor nach dem Krieg war der mittlere Allzweckdieselschlepper R 25, der größte war der Robust 900 A (S) in rahmenloser Blockbauweise mit 85 PS von 1967. Daneben bot Hanomag mit seiner K-Reihe ab 1952 auch Raupenschlepper an, die dann auch in der Bauwirtschaft eingesetzt wurden. Doch auch damit vermochte Hanomag, das nach diversen Weiterverkäufen mit Henschel verschmolzen worden war, nicht mehr das Ruder herumzureißen und stellte 1971 den Schlepperbau ein.

HOLT

Holt, 1892 in Kalifornien von Benjamin Holt gegründet, hat den ersten funktionsfähigen Raupenschlepperentwurf patentieren lassen und auch gebaut. Der Vorteil eines Gleiskettenfahrzeugs besteht in der Bodenschonung, Raupen arbeiten mit wesentlich geringeren Bodendrücken als Radfahrzeuge und belasten, beziehungsweise verdichten demzufolge den Untergrund auch weniger. Die Idee war nicht neu, über 100 Patente weltweit waren bereits erteilt worden, aber die erdachten Fahrzeuge funktionierten nicht in der Praxis. Doch das vielversprechendste dieser Patente auf einen Kettentraktor kaufte Holt 1903 auf, man erkannte das darin steckende Potential. Das Zentrum der Dampfmaschinen-Entwicklung lag aber in England, also begab sich Holt auf eine Studienreise dorthin. Auf der Insel hatte man auch bei der Entwicklung der umlaufenden Endlos-Kette die Nase vorn, insbesondere bei deren Steuerung, dem eigentlichen Knackpunkt: Dort hatte man eine Lenkkupplung entworfen, dank derer jeder Radsatz separat angesteuert werden konnte. Jetzt war es möglich, über eine Kette zu drehen. Das entsprechende Patent wurde 1904 erteilt.

Damit waren die wichtigsten Komponenten und Baugruppen für einen Kettenschlepper vorhanden, und Holt schaffte es, daraus ein bestens funktionierendes Gesamtpaket zu schnüren.

Es war allerdings noch ein weiter Weg dorthin, er experimentierte zunächst mit Holzketten, die er an einen seiner großen 40-PS-Radtraktoren baute. Die solcherart bewegliche Dampfmaschine zog zum ersten Mal am 24. November 1904 einen Pflug über einen bis dahin für die damaligen Großmaschinen nicht befahrbaren Grund und erbrachte so den Beweis ihrer Tauglichkeit. Der Firmenfotograf Charles Clements war Zeuge dieser Pioniertat, und unwillkürlich fühlte er sich dabei an eine Raupe (= Caterpillar) erinnert. Firmenchef Holt hörte das und soll gerufen haben: »Caterpillar! Genau das ist es. Das ist der Name dafür!« Der Rest ist, wie man so schön sagt, Geschichte.

HSCS

HSCS – eigentlich »Hofherr-Schrantz-Clayton-Shuttleworth« – war eine ungarisch-englische Gemeinschaftsgründung zum Bau von Landmaschinen, und auch wenn Clayton-Shuttleworth 1921 sich auszahlen ließen, so blieben sie doch in der Markenbezeichnung bestehen, als 1923 HSCS seinen ersten Traktor vorstellte. Dabei handelte es sich um einen Benzolschlepper, der Fahrzeug-Diesel steckte noch in den Kinderschuhen.

Das ungarische Unternehmen wurde 1938 an Lanz in Mannheim verkauft und begann daraufhin mit der Herstellung des Lanz-Halbdiesels. Nach Kriegsende lag Ungarn ja im sowjetischen Einflussbereich, HSCS wurde verstaatlicht und produzierte ab 1951

HSCS war eine englisch-ungarische Gemeinschaftsgründung. Der britische Partner baute seit 1845 Lokomobile, weil einer der Gründer ein Kapitänspatent besaß und sich mit Dampfmaschinen auskannte. (Foto: © FORTEPAN / Erky-Nagy Tibor, cc-by-sa 3.0)

Der Caterpillar-Traktor Holt 75 wurde im Ersten Weltkrieg als Artillerietraktor eingesetzt. Spätere Modelle wurden ohne das vordere »Steuerrad« produziert. (Foto: © BulldozerD11, cc-by-sa 3.0)

Holt Steamer No. 77, der zweite Raupen-Prototyp von 1905. Bei Tests gelang es ihm relativ mühelos, über den sumpfigen Torfboden von Roberts Island zu fahren – und das ohne einzusinken.

Hofherr-Schranz begann 1922 nach der Trennung von den Engländern mit dem Bau von Glühkopfmotoren. Hier ein »Le Robuste« K-50 von 1935. (Foto: © Père Igor, cc-by-sa 4.0)

10-Tonnen-Raupen von Holt bei Holzrückearbeiten 1927. Raupen kamen überall zum Einsatz, wo Radschlepper mit ähnlicher Zugleistung eingesunken wären. (Foto: © NARA, PD)

Clayton-Shuttleworth hatte 1911 mit der Zusammenarbeit begonnen. Nach dem Ersten Weltkrieg hatte Hofherr-Schrantz als ehemals österreich-ungarisches Unternehmen allerdings Schulden, die nicht aufzubringen waren, daher trennten sich die Engländer von ihren Anteilen am Gemeinschaftsunternehmen. (Foto: © FORTEPAN / Szabó Lóránt, cc-by-sa 3.0)

1939 begann die Firma SNCAC in der Nähe von Paris mit dem Lizenzbau des Lanz D 7506 unter der Bezeichnung »Le Percheron T25«. Nach Kriegsende wurde er, fast unverändert, aber ohne Hinweis auf Lanz, noch bis 1955 weitergebaut. Die eng beieinander stehenden Scheinwerfer entsprachen den damals gültigen Vorschriften. (Foto: © NARA, PD)

Die Reifen für diesen Lanz, der hier während der Getreidernte in der Saison 1952 zum Einsatz kam, stammten aus dem Reifenwerk Riesa, später Pneumat. Das Werk bot über 200 Reifendimensionen und mehr als 60 Spezialprofile an. (Foto: © Deutsche Fotothek)

Defilee zum Maifeiertag 1951 mit Vorkriegs-Lanz. Die Aufschrift »MAS« auf dem Schwungrad steht für »Maschinen-Ausleih-Station«, das heißt: Er gehörte keinem Kapitalisten, sondern einem staatlich geleiteten Maschinenring. (Foto: © Deutsche Fotothek)

unter dem Markenzeichen »Roter Stern«. Bekanntestes Produkt der Ungarn waren die Dutra-Traktoren.

LANZ

Die Geschichte um einen der großen Pioniere der landwirtschaftlichen Motorisierung in Deutschland begann im Jahre 1859, als Heinrich Lanz in die Speditionsfirma seines Vaters am Bodensee eintrat und dort den Vertrieb englischer Landmaschinen übernahm. Aufgrund steigender Absatzzahlen begann er 1867 mit der Entwicklung und dem Bau eigener Maschinen. Lanz war hierbei so erfolgreich, dass seine großen, selbstkonstruierten Dampflokomobile und Dampfdreschmaschinen ihrer Qualität wegen bald national und international sehr gefragt waren. Als Heinrich Lanz 1905 starb, hinterließ er seinem Sohn Karl ein europaweit führendes Unternehmen.

Nach dem »38 PS Feldmotor« mit Verbrennungsmotor gelang ihm 1921 mit dem »12 PS Bulldog HL«, ausgestattet mit einem Einzylinder-Zweitakt-Glühkopfmotor, der Durchbruch auf dem Schleppermarkt. Der »Bulldog« wurde zur Legende und zum Gattungsbegriff für landwirtschaftliche Zugmaschinen. Obwohl der Motor umständlich angelassen werden musste (Vorwärmen mit einer Lötlampe), überwogen vor allem für Kleinbauern die Vorteile, weshalb er rasch seinen Siegeszug in Deutschland antrat: Er war unverwüstlich, robust und zeigte sich bezüglich der Treibstoffsorte und -qualität nicht wählerisch, was sich kostensenkend auswirkte.

VON SCHLEPPERN UND EILBULLDOGS

Lanz entwickelte den Bulldog stetig weiter zum Allzweckschlepper, verpasste ihm eine Vollgummibereifung, verbreiterte die Modellpalette, baute Spezialvarianten und ergänzte sein Programm um weitere Landmaschinen. Der Schlepperhersteller konnte von den wirtschaftlichen Aufschwungphasen in den 20er- und 30er-Jahren profitieren, umschiffte die Klippe der Weltwirtschaftskrise und war 1934 bereits der größte Landmaschinenhersteller Deutschlands. Viele Lanz-Schlepper gingen in den Export, ebenso wurden sie in Lizenz im Ausland nachgebaut.

Dank ihres genügsamen Antriebs hatten die Lanz-Traktoren keine Probleme, in das Schell-Typisierungsprogramm der Reichsregierung aufgenommen zu werden, das zur Effizienzsteigerung und Ressourceneinsparung für den kommenden Krieg die Typen-Vereinheitlichung bei Motorrädern, Autos und Traktoren vorschrieb. Nach dem Verbot von kraftstoffbetriebenen Schleppern stellten die Mannheimer ihre Produktion auf Holzgasbetrieb um.

1934 stellte Lanz die Baureihen HR-7 und HR-8 vor. Beide hatten einen 10,3 Liter Motor, und erstmals gab es auch so genannte »Eilbulldog« mit Straßenreifen und – Kotflügeln. Sie liefen 22 km/h. (Foto: © Ralf Weinreich)

Trotz 90-prozentiger Zerstörung des Lanz-Stammwerks im Zweiten Weltkrieg konnte das Unternehmen 1950 wieder ein vollständiges Traktorenprogramm anbieten. Die neu aufgelegten Bulldog-Schlepper verkauften sich wieder in großer Zahl, besonders die HN-3-Reihe, von der bis 1952 stolze 10.000 Nachkriegstraktoren gebaut und verkauft waren. Doch der Konkurrenz des Dieselmotors war mittlerweile auch nicht mehr mit einem noch so guten Ruf beizukommen, denn der Diesel erwies sich als mindestens genauso leistungsfähig, dabei aber laufruhiger und wesentlich spritsparender als der Einzylinder-Glühkopfmotor des Lanz Bulldog; zudem war er weniger hoch besteuert.

Ein Lanz-Bulldog D 8506 mit überdachtem Fahrersitz bei der Feldarbeit. (Foto: © Ralf Weinreich)

Lanz hatte es versäumt, noch vor dem Krieg einen alternativen Antrieb zu entwickeln. Deshalb bauten die Mannheimer nun ein Mittelding zwischen einem Glühkopf- und einem Dieselmotor: einen Halbdiesel-Mitteldruckmotor, mit dem die neuen Traktoren der Reihen HE, HN und HR zu Beginn der 1950er- Jahre ausgerüstet wurden.

Der 1952 vorgestellte Geräteträger »Lanz Alldog«, der mehrere Arbeitsgänge gleichzeitig durchführen konnte, hätte das Zeug zu einem Bestseller gehabt, fiel aber wegen seiner schwachen Motorisierung durch und hinterließ einen Imageschaden. 1955 endete schließlich auch bei Lanz mit den HE- und HN-Reihen die Zeit des Glühkopfmotors. Doch das Unternehmen litt zu diesem Zeitpunkt bereits zu sehr unter den drastisch eingebrochenen Verkaufszahlen. 1956 erwarb der US-amerikanische Landmaschinenhersteller John Deere die Aktienmehrheit bei der Heinrich Lanz AG.

MERCEDES-BENZ

Seinen ersten Einsatz in einem Landfahrzeug absolvierte der von Benz-Techniker Prosper L' Orange entwickelte und tatsächlich brauchbare Zweizylinder-Dieselmotor 1922 in einem Ackerschlepper von Benz. Das dreirädrige Gefährt – durch die Bauweise mit nur einem Hinterrad sparte man sich das Differenzial, nahm aber eine höhere Kippgefahr in Kauf – hatten die Mannheimer gemeinsam mit dem Münchener Motoren- und Traktorhersteller Sendling entwickelt. Den Prototyp stellten Benz und Sendling auf der Landwirtschaftsausstellung in Königsberg aus und fanden sofort einen Kunden für dieses Fahrzeug sowie für zwei weitere Vorserien-Exemplare. Ausgestattet war die Maschine mit einem Zweizylinder-Diesel, der 25 PS bei 800/min leistete. Bohrung und Hub betrugen 135 x 200 Millimeter. Als Benz-Sendling-Eintriebrad-Schlepper S6 ging der Traktor im März 1923 in Serie. Benz & Cie. wollten zunächst nur 100 dieser 5,7-Liter-Motoren für Ackerschlepper und Motorpflüge von Sendling bauen, doch das war viel zu konservativ geplant: Ende 1924 war schon über ein Drittel aller Zweizylinder verkauft, und in den nächsten Jahren folgten noch wesentlich mehr: Bis 1931 produzierten die Mannheimer insgesamt 1188 Maschinen. Um der permanenten Kippgefahr zu begegnen, präsentierte Benz-Sendling ebenfalls noch 1923 den Vierrad-Dieselschlepper BK (das K stand für dem ostpreußischen Hersteller Komnick, bei dem die Benz-Schlepper montiert wurden), dem man dann auch eine Straßenzugmaschine mit Vollgummireifen zu Seite stellte. Während Dreirad-Schlepper und Motorpflüge sich ordentlich verkauften, interessierte sich kaum einer für die BK-Traktoren.

Nach der Fusion 1926 zur Daimler-Benz AG versuchte man ein weiteres Mal den Einstieg in den Traktorbau. Dieses Mal bildete der neue, im Lkw-Bau bereits bewährte Sechszylinder-Vorkammer-Diesel OM 5 die Basis für den neuen Traktor-Motor.

Dieser Einzylindermotor, der 1928 im Dieselschlepper vom Typ OE zum Einsatz kam, hatte einen Hubraum von 4,2 Liter und leistete 26 PS bei 800/min.

Von Anfang an pries Daimler-Benz seinen Diesel-Traktor als »zuverlässigsten und billigsten Schlepper für die Landwirtschaft« und rechnete der konservativen Kundschaft akribisch vor, welche Kosten bei der Feldarbeit mit dem OE anfielen: Zwischen 20 Pfennig beim Grubbern und Eggen und 80 bis 90 Pfennig beim Tiefpflügen müsse der Landwirt für die Bearbeitung eines Morgens Ackerland bezahlen. Und weil das Dieselöl weniger kostete und ein Dieselmotor sowieso mindeste 30 Prozent sparsamer war als ein Benziner, ergab sich für den Landwirt schon bei einer jährlichen Auslastung von 1200 Betriebsstunden eine Ersparnis von 1500 Reichsmark pro Jahr. Und das war ein anständiger Brocken, für das gesparte Geld konnte der Bauer etwa seine Scheune neu eindecken lassen, damit der Schlepper auch trocken untergebracht werden konnte.

Daher: »Die Verzinsung von 1000 Mark mehr oder weniger Anlagekapital spielt praktisch keine Rolle«, erklärte der Prospekt von 1928 weiter mit Blick auf den Lanz-Bulldog, der mit einem Kaufpreis von 5600 Mark exakt 1000 Mark billiger war als der OE – allerdings senkte Daimler-Benz den Preis später auf 5900 Mark, was zwar den Preisabstand merklich verringerte, die Kaufbereitschaft aber nicht wesentlich erhöhte, geringere Betriebskosten hin oder her. Da half auch der Aufdruck auf dem zweifarbigen Titelblatt nicht: »74% Brennstoffkostenersparnis!«

Die Ansprache war aber anscheinend noch immer zu subtil, daher wurde der Prospekt von 1931 deutlicher: »Ihre Ausgaben für Beförderungsmittel sind zu hoch und müssen gesenkt werden«. Die Lösung? »Beschaffung eines Mercedes-Benz-Dieselschleppers, welcher dank billigem Anschaffungspreise, niedrigsten Betriebs- und Unterhaltungskosten bei wesentlich gesteigerter Leistung ohne weiteres eine jährliche Ersparnis von mehreren tausend Mark gegenüber dem Betrieb mit gleich starken Benzin-Benzol-Fahrzeugen bringt.«

Doch auch die strengen Vorhaltungen nützten nichts: Den OE konnte Daimler-Benz bis 1935 nicht öfter als 380 Mal verkaufen, dann überließen die Stuttgarter das Feld der Konkurrenz. Dafür aber hatte man ja die Lastwagen, und dort brummte das Geschäft.

Der OE-Dieselschlepper hatte gegenüber der Konkurrenz von Lanz einen schweren Stand. Auch Lanz produzierte, wie Mercedes-Benz, seine Traktoren in Mannheim. (Foto: © Daimler AG)

Auch Benz & Cie. stellten 1920 Ackerschlepper vor. Dabei handelte es sich um umgebaute Kriegs-Zugmaschinen. Es gab sie in Straßen- und Ackerausführung. (Foto: © Daimler AG)

Im November 1919 erprobte die DMG in Sindelfingen ihren neuen Zugschlepper Typ 1, der aus dem Vorkriegs-Motorpflug hervorgegangen war. (Foto: © Daimler AG)

Dieser Ackerschlepper stammt von Benz in Gaggenau. Wie die Daimler Motorengesellschaft DMG hatte auch Benz sich am Bau von landwirtschaftlichem Großgerät versucht und schon vor dem Krieg die dreirädrigen Benz-Sendling-Schlepper BS 7 gebaut. Nach der Fusion 1926 hießen die Schlepper »Typ OE«. (Foto: © Daimler AG)

Ein Vertreter der 50er-Serie von Oliver, der 1850, gebaut zwischen 1964 und 1969. Gab's mit eigenem 5,1-Liter-Benziner oder 5,8-Liter-Perkins-Diesel. (Foto: © DanTD, cc-by-sa 4.0)

Der Oliver Super 88 (1954–1958) war ein leicht modifizierter Oliver 88. Der war 1947 erschienen und stellte einen neu eingekleideten Vorkriegstyp dar. (Foto: © Mulad, cc-by-sa 2.0)

Der Oliver Standard 70 wurde zwischen 1935 und 1948 gebaut. Diese Aufnahme aus der Kriegszeit zeigt wieder »Farmettes«, also Frauen, die für die Männer, die im Krieg kämpften, die Arbeit auf den Farmen übernahmen. Diese Damen sind bei der Erdnussernte in Oregon im Einsatz. Beim Lkw handelt es sich um einen 1936er-Dodge mit 1,75 t Nutzlast.

Die Cockshutt-Modelle 20 (hinten) und 40 wurden von Ende der 1940er bis Ende der 1950er gebaut. Die Leistung lag bei 33 bzw. 47 PS. (Foto: © John Schanlaub, cc-by-sa 2.0)

Charles Hart und Charles Parr bauten 1902 den ersten US-Schlepper mit Verbrennungsmotor. Gleichzeit waren sie es, welche die Bezeichnung »Tractor« erfanden.

Im Jahr 1946 war Cockshutt die erste kanadische Firma, die moderne Traktoren herstellte. Die Ursprünge des Herstellers reichen zurück bis in die 1870er-Jahre, 1910 hatte er begonnen, Pflüge zu bauen. Die Baureihe 570 war die letzte des Unternehmens vor Übernahme durch White. (Foto: © Roseohioresident, cc-by-sa 4.0)

OLIVER FARM EQUIPMENT COMPANY

Wenn der Krieg Vater aller Dinge ist, so steht die Weltwirtschaftskrise, die dem Schwarzen Freitag folgte, am Anfang vieler Firmenzusammenschlüsse. Die Entstehung der deutschen Auto Union mit den Marken Dkw, Audi, Horch und Wanderer etwa ist so ein Beispiel. Als amerikanisches Pendant dazu kann man vielleicht die Oliver Farm Equipment Company sehen, nur dass es sich dabei nicht um Automobil- und Motorradhersteller, sondern um Landmaschinenproduzenten handelte, die sich zusammentaten. Die Fusion der Firmen American Seeding, Chilled Plow, Hart-Parr und Nichols and Shepard führte zu einem Konzern, der vom Pflug bis zum Traktor so ziemlich alles produzierte, was dem Farmer das Leben leichter machte. Und während es in der Industriegeschichte oft passierte, dass der Zusammenschluss mehrerer kränkelnder Firmen einen Pleitekandidaten hervorbrachte, so war das hier nicht der Fall: Das neue Unternehmen blühte auf und kaufte auch in den folgenden Jahren weitere Landtechnik-Hersteller dazu.

Kompetenz in Sachen Traktorbau hatte ursprünglich Hart-Parr vorzuweisen, eine Firma, die 1897 die Produktion von Verbrennungsmaschinen aufgenommen hatte. Ihren ersten Traktor hatten die beiden Partner – eben jene Herren Hart und Parr – 1902 fertig, und dem Verkaufsleiter des Unternehmens, W.H. Williams, verdankt die gesamte Fahrzeuggattung ihren Namen: Die bisher gebräuchliche Bezeichnung »traction engine« war ihm nämlich, im wahrsten Sinne des Wortes, nicht zugkräftig genug, so dass er 1907 dafür den Kunstbegriff »Tractor« als Kombination aus »traction« und »power« schuf. Dennoch verschwand nach einer Übergangsfrist in den Dreißigern die Markenbezeichnung von den Traktoren, jetzt wurden alle Maschinen nach der aufnehmenden Gesellschaft als »Oliver« verkauft.

1944 war mit der Cleveland Tractor Company ein weiterer Traktorhersteller, diesmal mit Schwerpunkt Kettenlaufwerk, dazugekommen, aus welchen Gründen auch immer hatte das Unternehmen keinen der lukrativen Militäraufträge erhalten. Ihre Schlepper wurden unter dem Markennamen »Cletrac« in erster Linie in der Bauwirtschaft eingesetzt, auch hier verschwand die Ursprungsbezeichnung zugunsten der Marke Oliver. Cletrac- beziehungsweise Oliver-Raupen gab es in verschiedenen Größen und Konfigurationen, die größte hieß OC-18, hatte einen 14,7-Liter-Diesel-Sechszylinder von Hercules und 161 PS an der Schwungscheibe. Die Raupen-Produktion wurde 1965 eingestellt, Oliver baute jetzt nur noch konventionelle Ackerschlepper.

Die neue Produktlinie war 1948 erschienen und umfasste die Modelle Oliver 66, 77, und 88, wobei nur letztere beiden mit Diesel- oder Benzintriebwerk geordert werden konnten. 1954 erschienen die neuen Super-Modelle, 1958 dann die nächste Generation, bezeichnet als 660, 770, 880 und 990.

VON OLIVER ZU AGCO

1960 wurde das Gesamtunternehmen an die White Motor Corporation verkauft. Die Lkw-Spezialisten verkürzten den Namen auf Oliver Corporation und ließen ihre neue Tochterfabrik weitgehend unabhängig weiter agieren. Die wiederum kaufte weiter kräftig zu, etwa die kanadische Cockshutt Farm Equipment, die in den 1930er-Jahren Oliver-Traktoren montiert hatte, oder die traditionsreiche Firma Minneapolis-Moline. In den folgenden Jahren begann ein fröhliches Badge-Engineering, identische Traktoren wurden, unter unterschiedlichen Namen und anderen Lackierungen mal als Oliver, mal als Minneapolis oder Cockshutt verkauft. Auch einige ausgewählte Fiat-Traktoren wurden als Oliver verkauft. Das Durcheinander endete 1974 mit dem White 4-150 Field Boss, danach hießen alle Traktoren nur noch White.

Heutzutage gehört White zu AGCO, die ehemaligen White- (oder Oliver-, oder Minneapolis-…) Traktoren gingen 2001 in den AGCO-Allis-Baureihen auf.

VETERANEN

KEMNA

Kemna war um 1900 die erste Firma in Deutschland, die sich mit der Herstellung von Dampfpflug-Garnituren als Alternative zu den dominanten Dampflokomobilen von John Fowler aus England befasste. Gegründet wurde das Unternehmen von Julius Kemna im Jahre 1867 in Breslau als Werkstätte für den Bau landwirtschaftlicher Maschinen. Da auf diesem Gebiet England führend war, begann in den Boom-Jahren nach der Gründung des Deutschen Reichs 1871 die Zusammenarbeit mit dem führenden Anbieter schlechthin, nämlich Fowler in England, dessen Dampfpflug- und Dreschsysteme man verkaufte. Die französischen Reparationszahlungen nach Deutschland gab der öffentlichen Hand reichlich Geldmittel an die Hand, um in den Straßenbau zu investieren, und Kemna gehörte zu den ersten Anbietern, die davon profitierten: 1882 (andere Quellen sprechen von 1885) nahm die Maschinenfabrik neben dem Bau von Großpflügen und Häckslern auch die Produktion von Straßenbaumaschinen auf. Um 1900 beschäftigte Kemna rund 900 Mitarbeiter und war zu einem der größten Arbeitsgeber Breslaus aufgestiegen. Mit dem Wissen um die Fowler-Patente stieg Kemna zum führenden Dampfpflug-Bauer auf dem europäischen Kontinent auf und machte auch auf dem Weltmarkt seinen einstigen Lehrmeistern scharfe Konkurrenz. Anders aber als die Briten vermochte Kemna die Zeichen der Zeit richtig zu deuten und verabschiedete sich nach dem Krieg von der veralteten Dampftechnologie: Das Unternehmen brachte 1923 die erste deutsche Diesel-Straßenwalze (der Rohölmotor stammte von Deutz) auf den Markt. Diese wurden ebenfalls ein weltweiter Erfolg.
Breslau wurde nach dem Zweiten Weltkrieg polnisch und in der Fabrik von Kemna entstanden nun unter staatlicher Regie Lokomotiven und Waggons für die Eisenbahn. Im Mai 2004 wurde das Unternehmen privatisiert und an die Firma Bombardier verkauft. In Westdeutschland begann die Firma Hagelstein in Lübeck-Travemünde Kemna-Baumaschinen zu produzieren. Heute existiert das Unternehmen unter dem Namen KEMNA BAU Andreae GmbH & Co. KG in Pinneberg als Straßenbauunternehmen weiter.

MUIR-HILL

Muir-Hill (Engineers) Ltd, Old Trafford, Manchester, begann als Maschinenfabrik in den frühen Zwanzigern. Neben anderen Produkten erzeugten sie auch ziemlich primitive Schmalspurloks mit Benzolmotor, die aussahen wie ein Fordson-Traktor auf Schienen mit einer Antriebskette von der Hinterachse zum Eisenbahn-Radsatz. Die Produktion dieser Kleinlokomotiven endete in den Dreißigern, die Firma verlegte sich auf den Bau von schwerem Baugerät wie Radladern. Auch nach dem Krieg blieb Muir-Hill diesem Geschäftsbereich treu und bot Gabelstapler, Muldenkipper und, vor allem, Radlader (auf diesem Gebiet hielt man auch einige wichtige Patente) an. Auch hier fanden Fordson-Komponenten Verwendung. Dann, im Jahr 1966, begann die Firma mit dem Bau von Großtraktoren, wobei die Erfahrungen mit Baumaschinen den Ausschlag gaben.
Muir-Hill hatte zuvor einige Industrietraktoren mit Ford-Vierzylindern gebaut, die im innerbetrieblichen Rangierverkehr beim Umsetzen von Anhängern und Ladungen zum Einsatz kamen. Der erste wirklich landwirtschaftliche Traktor der Firma war der Typ 101. Er kam 1969 heraus und hatte einen Ford-Motor. Darüber angesiedelt war der Typ 110 mit Sechszylinder-Diesel mit Perkins-Motor, während der 161 den Perkins V8.510 hatte: Das war zu seiner Zeit der leistungsstärkste Traktor Großbritanniens. Muir-Hill-Traktoren erwarben sich bald einen Ruf als solide, kraftvolle Arbeitspferde. Ästhetik gehörte weniger zu ihren Qualitäten. Um einen Enthusiasten zu zitieren: »Die Firma Muir-Hill beschäftigte sich definitiv nicht mit formschönen Blecharbeiten.« Letztlich umfasste das Traktoren-Programm vier Traktor-Baureihen mit Sechszylinder-Dieseln 101, 121, 131 und 141 Brutto-PS sowie den 171 mit V8-Aggregat.

Im Museum der Landwirtschaft und Agrar-Lebensmittelindustrie im polnischen Szreniawie ausgestelltes Lokomobil von Kemna aus dem Jahr 1927. (Foto: © Wistula, cc-by-sa 3.0)

Kipppflug von Kemna für Zug durch Pfluglokomotiven, Baujahr 1921, Uni Hohenheim, Deutschland (Foto: © Stefan Stegemann, cc-by-sa 3.0)

Von ihren Fans liebevoll »Muriel« genannt, sind die Traktoren (hier ein 121) sehr robust. Ihr Markenzeichen: gleichgroße Räder, kurzer Radstand. (Foto: © Peter Mooney, cc-by-sa 2.0)

Muir-Hill baute in den 1960er- und 1970er-Jahren Allrad-Traktoren, war aber als Hersteller von Eisenbahntechnik, Muldenkippern und Hydraulikladern schon seit den 1920ern im Geschäft. Der erste Traktor wurde 1969 gebaut, der letzte Mitte der 1980er-Jahre. Schön waren sie nicht, aber robust und haltbar, wie dieser »Muriel«, der am Strand von Cromer (Norfolk, GB) als Bootsschlepper dient.

Kemna hatte für die kaiserliche Armee einen sehr gelungenen Dampftraktor in eine Artilleriezugmaschine verwandelt. Diese EM (= Einheits-Maschine) musste von verschiedenen Firmen wie etwa MAN nachgebaut werden. Man schätzt, dass zehn Maschinen überlebt haben, darunter dieser EM-Typ. (Foto: © lifar, cc-by-sa 3.0)

Detailansicht der »Velfrey Queen«, einer RSJ-Verbundmaschine aus dem Jahre 1931. Schornstein, zwei Pfeifen – wie vom Lokomotivbau her bekannt. (Foto: © Mick Lobb, cc-by-sa 2.0)

Panzer zu Traktoren: Nach dem Zweiten Weltkrieg wurden britische Sherman-Panzer zu Traktoren umgebaut. Diese Shervick-Traktoren wurden in Afrika eingesetzt und versagten dort jämmerlich. (Foto: © Tyne & Wear Archives & Museums)

Noch immer im Dienst: »Hooky«, ein Dampfkran von Ransomes, Sims & Jefferies, Ipswich, GB. Hier ist die 1920 gebaute Maschine bei einer Vorführung der Gloucestershire Steam & Vintage Extravaganza 2013. (Foto: © Barry Skeates, cc-by-2.0)

Maschinen wie die Velfrey Queen dienten als Zugmaschinen oder trieben per Riemenscheibe etwa Dreschmaschinen an. Für die Feldarbeit waren sie wegen der tiefen Böden kaum geeignet. (Foto: © Howard Dickins, cc-by-sa 2.0)

R.S.J.

Ransomes, Sims and Jefferies, Ipswich, wurde am 12. Mai 1884 ins Handelsregister eingetragen und gehörte zu den traditionsreichsten britischen Maschinenbaufirmen. Als Traktorhersteller sind sie zwar weitgehend vergessen, hatten aber in der Landtechnik einen hervorragenden Ruf. Die Firma beschäftigte sich zunächst mit der Produktion von Maschinen für alle möglichen Zwecke wie Pumpenantrieb und dergleichen mehr. Und da die Eisenbahn die Schlüsselindustrie darstellte, waren auch Lokomotiven und Dampfpressen im Programm. In den 1890er-Jahren wandte sich R.S.J. erstmals der Landwirtschaft zu und baute entsprechendes Gerät. 1903 entstand der erste Traktor-Prototyp, ein 20-PS-Ungetüm mit Dreigang-Schaltung, außerdem begann der Einstieg in den Bau von Elektrofahrzeugen. Um 1905 beschäftigte das Unternehmen bereits 2000 Mitarbeiter, ein Firmenkatalog aus dem Jahr 1914 nennt als Produktportfolio »Antriebsmaschinen aller Art, Hochleistungs-Elektromotoren, Dampfkessel, Dreschmaschinen, Maschinen zur Teeverarbeitung, Getreidemühlen etc.«. Hinter diesem »etc.« verbargen sich im Krieg dann Flugzeuge, im Zweiten Weltkrieg baute man dann Teile für die berühmte »DH Mosquito«. Traktoren entstanden natürlich auch, der erste erschien 1920 und war ein 20-PS-Schlepper mit Perol-Paraffin-Motor. 1936 kam mit dem MG2 ein erster Gartentraktor mit Gleiskette, man hat ihn auch 1966 noch im Laden kaufen können. Zu der Zeit baute man zwar noch immer Landmaschinen, konzentrierte sich aber zunehmend auf die Produktion von Industriezugmaschinen mit Elektroantrieb, 1989 ging die Landwirtschaftssparte an Elektrolux. Jetzt baute man nur noch Rasenmäher. Nach der Übernahme durch die US-amerikanische Firma Textron erlosch R.S.J. als Marke 1998.

SHERVICK

Shervick-Traktoren wurden nach dem Krieg von der britischen Rüstungsschmiede Vickers Armstrong in Newcastle upon Tyne auf verkürzten Laufwerken ausgesonderter Sherman-Panzer A4A2 gebaut, um im Rahmen der Entwicklungshilfe nach Afrika geschickt zu werden. Wie den meisten solcher Behelfslösungen war ihnen kein langes Leben beschieden, denn der Umbau war sehr aufwendig und die Fahrzeuge im Betrieb vollkommen unwirtschaftlich. Der A4A2 zum Beispiel hatte zwei parallel geschaltete Detroit-Diesel-Sechszylinder mit 14 Litern Hubraum und 410 Brutto-PS im Heck. Beim Umbau zum Shervick verlor der Sherman seinen Turm, erhielt ein von drei auf zwei Laufrollenwagen pro Seite verkürztes Fahrgestell und eine neue Oberwanne. Praktisch alle dieser Raupenschlepper gingen nach Afrika, die Attlee-Regierung hatte sie im Rahmen des zwischen 1946 und 1951 laufenden »Groundnut Scheme«-Programms nach Tansania geliefert, um bei der Urbarmachung und Neuanlage von Erdnussplantagen zu helfen. Das Entwicklungshilfe-Programm gehörte zu den am schlechtesten geplanten Agrarprojekten der Nachkriegszeit und beschäftigte Politik und Justiz noch Jahrzehnte später.

ZETTELMEYER

Im Jahr 1897 gründete Hubert Zettelmeyer nach dem Kauf einer Dampfmaschine ein eigenes Unternehmen. Dreizehn Jahr später stellte er dann eine erste eigene Dampfwalze vor, die auch im Ersten Weltkrieg als Artilleriezugmaschine verwendet wurden. 1935 kam mit dem Z 1 der erste Diesel-Schlepper. Er leistete 20 PS und war als Typ Z 2 auch als Straßenschlepper zu haben. Beide hatten vier gleich große Räder. 1944 begrub ein Bombenangriff den Großteil der Werksanlagen unter Trümmern, und wegen der Kriegsschäden fertigte Zettelmeyer erst ab 1950 wieder Traktoren und Straßenschlepper, nun mit 25-PS-Deutz-Dieseln. Der Erfolg blieb aus, nun konzentrierte man sich ganz auf den Baumaschinenbereich. Inzwischen gehört das Unternehmen zu Volvo.

Zettelmeyer baute ab Anfang der 1950er-Jahre wieder Traktoren und Eilschlepper, verlegte sich dann aber auf die Produktion von Baumaschinen. (Foto: © Berthold Werner, cc-by sa 3.0)

GROSSTRAKTOREN

Jeder Traktor ist, zumindest in Augen seines Besitzers, groß – nämlich ein großer Fortschritt, der ihm die Arbeit erleichtert. Das bedeutet aber nicht zwangsläufig, dass es sich dabei um einen Großtraktor handelt. Wenn heute von einem solchen die Rede ist, spricht man in der Regel von Maschinen in der Leistungsklasse von 200-plus-PS, doch das war nicht immer so. Je nach Betrachtungszeitraum galt eine gerademal dreistellige PS-Zahl als veritabler Brocken – alles eine Frage der Perspektive. Allerdings wollten wir in deisem Kapiterl nicht nur die Superlative von heute zeigen, denn das hätte bedeutet, sich auf moderne und modernste Traktoren zu beschränken. Und das war uns dann doch zu wenig. Denn auch in den vergangenen Jahrzehnten wurden Maschinen entwickelt, die nicht nur damlas die Spitze in ihren jeweiligen Segmenten markierten, sondern auch heute noch beeindrucken. An diese zu erinnern lohnt sich, auch wenn es inzwischen viel größere und stärkere gibt.

Für den Modelljahrgang 2016 hat Challenger seine großen Raupentraktoren der Serie MT800E überarbeitet und verbessert. Unter der Motorhaube sitzt der bekannte V12 mit 16,8 l. (Foto: © AGCO)

Die Großtraktorfamilie XERION von Claas stellt mit einer Motorleistung von bis zu 530 PS und bis zu 13 Liter Hubraum ihre Leistungsfähigkeit unter Beweis. (Foto: © Claas)

Versatile war das erste Unternehmen, das serienmäßig Allrad-Schlepper (1966) gebaut hat. (Foto: © Buhler Versatile Inc.)

GROSSTRAKTOREN

CASE

Seine erste Firma für landwirtschaftliche Geräte gründete der aus einer New Yorker Bauernfamilie stammende Jerome I. Case im Jahr 1842 in Racine, Wisconsin. Rund zwanzig Jahre später arbeitete er in seiner »Jerome Increase Case Threshing Company« an Dampfmaschinen. Das erste Modell, das noch von Pferden gezogen werden musste, stellte Case 1869 fertig. Sieben Jahre danach konnte er seine erste dampfgetriebene Zugmaschine vorstellen, bei der lediglich die Lenkung noch von Pferden übernommen werden musste. In der Folgezeit entwickelte sich die J. I. Case Company zum weltweit führenden Hersteller für Dampftraktoren. Damit begnügte sich Jerome Case jedoch nicht und experimentierte zusätzlich mit benzingetriebenen Schleppern. Der erste Anlauf mit dem »Paterson Traktor« von 1892 scheiterte, erst 1911 hatte Case seinen Benzintraktor so weit, dass er tatsächlich markttauglich war. Der Case 30–60 geriet so gut, dass das zwölf Tonnen schwere und 30 PS starke Gefährt einen 1. Preis bei Schleppertests einheimsen konnte. Mit dem kleineren Case 12–25 und dem 42-PS-Schlepper Case 20–40 kamen in den kommenden Jahren weiter Modelle auf den Markt. Besonders hohe Verkäufe erzielte der Case 10–18 aus dem Jahr 1918, der in Konkurrenz zum Fordson-Traktor stand und diesem Paroli bieten sollte. Im Jahr 1919 erzielte Case mit dem Modell 15–27 einen weiteren großen Erfolg, von ihm wurden bis 1927 rund 17.000 Stück gebaut. Mit zu diesem Erfolg trug die Tatsache bei, dass dieser Traktor der erste Case mit Zapfwelle war. Im selben Jahr verließen die letzten dampfgetriebenen Zugmaschinen die Fertigungsstätten von Case. Insgesamt hatte das Unternehmen, das zwischen 1865 und 1969 einen sitzenden Adler (»Old Abe«) im Logo führte, rund 36.000 Exemplare gebaut. Die meisten dieser Dampfer waren schwarzgrün lackiert, die Benzintraktoren dagegen grau.

Das Unternehmen gibt mit der Einführung der neuen Traktorenserie D und DX im Jahr 2003 die Rückkehr der Marke Farmall bekannt. (Foto: © Marilyn Peddle, cc-by-sa 2.0)

TRACTOR WARS

Die Case-Traktoren wurden in dieser Zeit immer gigantischer, die größten Typen hießen 22–40 und 40–72, letztere das Flaggschiff der Reihe. Der Vierzylinder-Motor hatte bei 178 mm Bohrung und 203 mm Hub ein Gesamtvolumen von 22,7 Liter, wurde aber nur zwischen 1921 und 1923 in 41 Exemplaren gebaut: Der hohe Treibstoffverbrauch stand ihm im Wege, zumal Henry Ford nach seinem bewährten Rezept – Stückzahlen hoch, Endpreise runter – einen Preiskrieg anzettelte, um seinen Traktor in einer Zeit der spürbar zurückgehenden Nachfrage in den Markt zu drücken. In die US-Industriegeschichte ging das als »Tractor Wars« ein, denn alle Traktor-Hersteller gerieten unter Druck. Unmittelbare Folge war ein Welle an Pleiten, Fusionen und Übernahmen. Case gehörte zu den Überlebenden, verkaufte aber einen Unternehmensteil an Massey-Harris, das jedoch später die Namensrechte wieder an die originale J.I. Case Company verscherbelte. Doch abseits dieser Wirrungen ging es erst wieder aufwärts, als Henry Ford die Produktion seines Traktors in den USA einstellte, der Fordson wurde jetzt zum Beispiel in Irland weitergebaut.

Im Gefolge der Krise konnte sich Case behaupten und sogar wachsen. Es folgten die erfolgreichen Traktoren Case L mit 47 PS und der kleinere Case C mit 29 PS (beide produziert von 1929 bis 1940). 1937 stieg Case nach Übernahme eines weiteren Landmaschinenherstellers in den Bau von Mähdreschern ein.

Ab 1939 erschien eine neue Traktorenreihe, die vom bisherigen Grau farbenfroh abwich und orange lackiert war. Der Case D wurde bis 1953 gebaut, besaß einen wassergekühlten Vierzylinder-Benzinmotor mit 35 PS sowie Zapfwelle und Motorwinde. Der Case LA hingegen war eine Weiterentwicklung des Modells L. Er leistete 59 PS und wurde bis 1953 hergestellt. Mit den Schleppern der Reihen V und VA, die sich in diesen Jahren am besten verkauften, bediente Case den Markt der kleinen Traktoren und baute während des Zweiten Weltkriegs Rüstungsgüter und militärische Spezialschlepper.

Ein Case MXM 175 mit einer Ballenpresse Case LBX 332 bei der Arbeit. (Foto: © David Slack, cc by-sa 2.0)

Case IH entstand, nachdem die Case Corporation 1984 die Landmaschinensparte von International Harvester übernommen hatte. (Foto: © Bidgee, cc-by-sa 3.0)

Mehr als 150.000 Traktoren der Magnum Baureihe wurden weltweit seit der ersten Vorstellung im Jahr 1987 ausgeliefert. (Foto: © Case IH Agriculture)

Die Super 70 Serie 2+2 wurde 1979 eingeführt und sollte das Flaggschiff für International Harvester sein. Mit der Übernahme durch Case wurde die Produktion eingestellt.

Die sieben Modelle im Bereich zwischen 425 bis 628 PS der Steiger- & Quadtrac-Reihe gelten als kompromisslose Hochleistungstraktoren mit hoher Schlagkraft und sind für große Ackerbaubetriebe konzipiert.
(Foto: © carlfbagge, cc by-sa 2.0)

Ein Case-MX150 im Einsatz als Pumpenfahrzeug. Die große Rohrrolle wurde benutzt, um Wasser zur Bewässerungsanlage zu pumpen. (Foto: © Oast House Archive, cc by-sa 2.0)

Case IH legte mit der Serie 7200 PRO den erfolgreichen Magnum neu auf. Der 7240 PRO stellt das zweitgrößte Modell dar und wird in den USA als 8940 verkauft. (Foto: © WikiAnika, CC0)

KRISEN, NEUAUSRICHTUNGEN UND FUSIONEN

Nach dem Zweiten Weltkrieg lief es zunächst nicht rund für Case. Noch im letzten Kriegsjahr hatte ein umfassender Streik dem Unternehmen zu schaffen gemacht und die Mitbewerber begünstigt. Weiter in die Bredouille gerieten die Amerikaner durch eine zu konservative Haltung in ihrer Produktpolitik. Während die Konkurrenz technisch weiter und innovativer war, hatte Case hier einiges nachzuholen. Doch bedurfte es eines Wechsels an der Unternehmensspitze, bis endlich Taten folgten. Dann ging alles sehr schnell. Case führte Dieselmotoren, Frontlader und Baumwollpflückmaschinen ein.

ein. Vor allem aber rief der Landmaschinenhersteller 1953 mit der neuen Hunderter-Serie eine völlig neu konstruierte Schlepperreihe ins Leben. Den Anfang machte der erste Diesel-Traktor, der Typ 500 von Case. Er brachte einen Sechszylinder mit einer Leistung von 56 PS, besaß vier Vorwärts- und einen Rückwärtsgang und war der erste Selbstzünder von Case. Ihm folgten zwei Jahre später das Modell 400 mit 50 PS und 1956 das Modell 300 mit 27 PS. Zwischen 1958 und 1960 bot Case die darauf aufbauende »B«-Serie an, in zwölf verschiedenen Leistungsstufen (abhängig von den Brennstoffarten) und 124 Modellkonfigurationen, um Landwirte, Reis- und Obstbauern, aber auch Industrieunternehmen und andere Spezialkunden bedienen zu können. Die Linie reichte vom 200B mit 26 PS bis hoch zum 900B mit 66 PS. Dank dieser innovativen Diesel-Reihe konnte Case die Krise überwinden und 1957 sogar die kleine »American Tractor Corporation« (ATC) übernehmen. Die Firma hatte einen hydraulischen Kraftheber entwickelt, und diese Hydraulik-Kompetenz nutzte Case dann beim Modell 320, dem ersten Baggerlader des Unternehmens. Zugleich bedeute das auch den Einstieg in das Baumaschinen-Segment und die Produktion von Raupenschleppern. 1960 führte Case die neuen 30er-Modelle ein, die bis 1969 in den Verkaufsräumen der Händler bleiben sollten. Jeder Traktor war stärker und besser als sein Vorgänger und konnte optional auch ab Werk mit Dreipunkt-Kraftheber bestellt werden. Größter Vertreter der 30er-Serie war der 930 mit 75 PS.

In den Sechzigern begann dann auch Case an der PS-Spirale zu drehen. Der Case 1200 von 1964 war der erste Traktor des Unternehmens, das die 100-PS-Marke überschritt. Der Allrad-Traktor mit vier gleich großen Rädern und Allradlenkung hatte 120 PS und wog 8,5 Tonnen. Er kostete über 20.000 Dollar – das entsprach ungefähr dem Gegenwert von zehn neuen Ford Mustang – und war damit (aber auch der hohen Pflugleistung wegen) eigentlich nur etwas für große Farmen. Das Jahrzehnt schloss Case mit der 70er-Serie ab, die im neuen Jahrzehnt sich zum Rückgrat des Unternehmens entwickeln sollte. Neues Topmodell des Hersteller war der 2670 mit einer Zugleistung von über 200 PS.

FUSIONEN UND ÜBERNAHMEN

Ende der 1960er-Jahre interessierten sich nun andere Firmen ihrerseits für den Landmaschinenhersteller aus Wisconsin. 1967 erwarb der Konzern Tenneco die Mehrheitsanteile an der Case Company.

Tenneco, die Tennessee Gas Pipeline Co., war ursprünglich in den 1930ern gegründet worden als Energieversorger und baute Erdgasleitungen quer durch Amerika. Damit war das Unternehmen zwar erfolgreich, aber immer wieder kam es zu Reibereien mit den örtlichen Kommunen und der Bundesaufsicht Federal Power Commission, die ihnen so manches Geschäft vermasselten: 1947 zum Beispiel verhinderte die FPC, dass zwei auf Eis liegende Pipeline-Projekte umgesetzt wurden, und das gab für Tenneco den Ausschlag, sich neuen, weniger stark regulierten Geschäftsfeldern zuzuwenden. Man verlegte sich auf die Öl- und Gasförderung, auf den Bau von Raffinerien und Tankern, etablierte sich aber auch als Anbieter von Versicherungen und Industrieunternehmen. Ob nun der Einstieg bei Case geplant gewesen war oder nicht, könnte wohl nur ein Blick in die Akten von damals beweisen, denn ebenso wahrscheinlich ist, dass der Schritt zum Landmaschinen-Produzenten die Folge der Übernahme der Kern County Land Co. war, welche Mehrheitseigner bei Case war.

GROSSTRAKTOREN

Kern County wiederum, Kaliforniens Herzstück, war reich an Ölvorräten und hatte bestes Farmland. Hier gab es landwirtschaftliche Nutzflächen und Farmen von einer Größe wie sonst nirgends: 59 % des Ackerlands wurden dort von 3,7 % der Farmbetriebe bestellt, und kein Unternehmen besaß dort so viel Land wie die Tenneco West, eine Tochter des Ölmultis mit Hauptsitz in Houston, Texas. Unter dem neuen Chef James Ketelsen begann eine rund zehn Jahre währende Blütezeit, Case steuerte bis zu 20 % zu Gesamtumsatz des Konzerns bei.

Bei diesen Zahlen war es kein Wunder, dass J.I.Case sich zu Beginn der 1970er-Jahre den englischen Schlepperproduzenten David Brown einverleiben konnte, den deutschen Baumaschinenspezialisten Vibromax und einen 40-Prozent-Anteil an der französischen Poclain. Gleichzeitig änderte sich die Lackierung der neuen Case-Traktoren auf Rot – die Standard-Farbe von Case bis heute. Ketelsen übernahm 1978 den Tenneco-Vorsitz, danach wurden die Case-Zahlen schlechter. Das lag aber auch an den immer schlechteren wirtschaftlichen Bedingungen, dem Rückgang der Inlandsnachfrage infolge der Ölkrise, dem starken Dollar und, vor allem, dem Beschluss der US-Regierung, die UdSSR mit einem Getreideembargo zu belegen.

Das alles führte zur Farmkrise der frühen 1980er. Viele Farmen mussten aufgeben, es kam zu Übernahmen und Fusionen. Mitte des Jahrzehnts durchlebten die Hersteller von Land- und Baumaschinen eine existenzbedrohende Krise, die Neufahrzeugverkäufe brachen ein. Ein Opfer dieser Krise wurde International Harvester. Daraufhin ergriff Tenneco seine Chance und kaufte die Landwirtschaftsabteilung von IH auf. Dies führte zur Gründung von Case IH, in der die beiden Schlepperkonzeptionen vereint wurden. Dermaßen gestärkt war Case IH 1986 in der Lage, einen weiteren US-amerikanischen Konkurrenten zu übernehmen, der damals hatte Konkurs anmelden müssen, nämlich Steiger mit seinen Hochleistungstraktoren. Künftig trugen diese Fahrzeuge beide Namen auf ihren Motorhauben, Case und Steiger.

Ende der 1980er-Jahre startete Case IH die beiden langlebigen Traktorenreihen »Magnum« und »Maxxum«. Die Schlepper der Magnum-Serie wurden am amerikanischen Standort Racine gebaut und zählten zu den modernsten weltweit. Die kleinere Maxxum-Reihe mit ihrer druckgeregelten Hydraulikanlage entstand bis zu seiner Schließung 1997 am Standort Neuss, lediglich der Motor wurde in Lizenz gefertigt.

CNH – CASE NEW HOLLAND

Gegen Ende der 1990er-Jahre wartete Case IH mit neuen Rekordeinnahmen auf. Dermaßen in seiner wirtschaftlichen Attraktivität gesteigert, kam es bald zu neuen Besitzverhältnissen. Hatte Case IH ein paar Jahre zuvor noch den österreichischen Schlepperbauer Steyr samt seinem Produktionsstandort St. Valentin übernommen, fusionierte 1999 die Case IH mit dem zu Fiat gehörenden Unternehmen New Holland zu »CNH Global«, einem der weltweit größten Landmaschinenhersteller. Die Traktoren von Case IH blieben dabei ebenso erhalten wie die Landmaschinen von New Holland. Seinen Europastandort verlegte Case IH im Jahr 2007 von England ins österreichische St. Valentin.

2013 verschmolz die CNH Global mit Fiat Industrial, dem bislang größten Anteilseigner, zu »CNH Industrial«. Zu diesem Konzern gehören nicht nur die Landmaschinensparte mit Case IH, Steyr und New Holland, sondern beispielsweise auch die Fahrzeug-Marken Iveco und Magirus. In der Leistungsklasse bis 115 PS bietet Case IH derzeit (Stand 2018) die Traktoren-Reihen Quantum (Obst- und Weinbau) und Farmall (Wiederbelebung der berühmten IH-Marke, die 2013 ihr 90-jähriges Jubiläum feiern konnte), in der Klasse bis 230 PS die Reihen Maxxum und Puma und in der Klasse oberhalb von 240 PS die Serien Magnum, Magnum CVX, Steiger und Quadtrac an. Die Quadtrac-Hochleistungstraktoren erhielten die Auszeichnung »Machine of the year 2014«, die Magnum-Reihe den Titel »Traktor des Jahres 2015«. Neben Schleppern gehören zur Produktpalette von Case IH außerdem Mähdrescher, Ballenpressen, Lader sowie ein AFS genanntes System zur Fahrzeugsteuerung und zum Landwirtschaftsbetriebsmanagement.

Der Case Magnum 380 CVX ist auch mit Deltaraupen und extrem schwerem Gerät im Schlepp, dank Knicklenkung, extrem wendefähig. (Foto: © Case IH Agriculture)

Die Traktoren des Typs Case IH Quadtrac gehören zu den leistungsstärksten Traktoren weltweit. Es gibt acht Modelle von 370 bis 628 PS. (Foto: © Case IH Agriculture)

Steigerpower versus Quadtracpower – damals bis heute nebeneinander. Die Quadtrac CVX-Traktoren werden von einem elektronisch geregelten Cursor-13-Sechszylinder mit 12,9 Liter Hubraum der Konzernschwester FPT Industrial angetrieben. (Foto: © Case IH Agriculture)

Der Case 240 CVX wird in sieben Modellen von 150 bis 240 PS angeboten. Mit zwei Zapfwellen (vorne und hinten) und entsprechenden Hydraulikanschlüssen bewältigen sie die Feldarbeit quasi in einem Aufwasch. (Foto: © Case IH Agriculture)

Die Modelle der Magnum-Baureihe sind mit einem neuen Case IH SCR Motor ausgestattet. Für den Einsatz von schweren Anbaugeräten verfügen alle Motoren über jede Menge Überleistung. (Foto: © Lee Cannon, cc by-sa 2.0)

Case IH führt bei den Steigern 370-540 und beim Quadtrac 470-540 das stärkste kontinuierlich variable Getriebe der Welt ein. Als Spitzenleistung schafft der CVXDrive-Antrieb 613 PS! (Foto: © Case IH Agriculture)

Ein Hingucker auf jeder Messe: Der komplett fahrerlose Ackergigant bietet Großlandwirten eine innovative Lösung. (Foto: © Case IH Agriculture)

Mit dem Advanced Farming System (AFS) bietet Case IH eine revolutionäre Lösung für integrierte Präzisionslandwirtschaft an. (Foto: © Case IH Agriculture)

CVX / CVT Traktoren für den Fortschritt der Landwirtschaft. Diese innovative Technologie wurde erstmals auf der US Farm Progress Show 2016 gezeigt. (Foto: © Case IH Agriculture)

Seit 1995 ist Case IH mit seinen Advanced Farming Systems AFS® einer der führenden Anbieter von Precision Farming Anwendungen. Mit dem 2016 vorgestellten Autonomen Fahrzeugkonzept (Autonomous Vehicle Concept, AVC) hat Case IH klar Position bezogen. (Foto: © Case IH Agriculture)

Der MTB 500B unterstützt die kleiner strukturierten Landwirtschaftsbetriebe bei der Feldarbeit. Erst seit der Übernahme durch AGCO hat die Marke auch Radtraktoren im Programm. (Foto: © AGCO)

Die 600er Serie wurde in vier Varianten produziert und mit einem Leistungsspektrum von 215 bis 290 PS angeboten. (Foto: © AGCO)

Die Traktoren der Challenger MT800B-Serie sind leistungsstarke, für schwersten Einsatz gebaute Traktoren auf Gummiraupenlaufwerken (Foto: © AGCO)

GROSSTRAKTOREN

Eine Batterie von Hydraulikanschlüssen bietet manigfaltige Möglichkeiten zum Anschluss von Anbaugeräten, dabei können unterschiedliche Optionen abgefragt werden. (Foto: © AGCO)

CHALLENGER

1890 begannen die Amerikaner Benjamin Holt und Daniel Best mit verschiedenen, für die Landwirtschaft bestimmten Dampftraktoren zu experimentieren. Sie arbeiteten unabhängig voneinander für ihre Unternehmen und waren Pioniere für Raupentraktoren und Kraftstoffbetriebene Traktormotoren.

In diesen frühen Tagen hatten Dampfmotoren enorme Ausmaße und blieben oft im weichen Boden stecken – um die Maschine zu befreien, benötigte man oft mehrere Tage. Um die Kontaktfläche des Traktors mit dem Boden zu vergrößern, hatte Benjamin Holt die Idee, die Räder durch Laufbänder zu ersetzen. 1904 wurde der erste Holt-Raupentraktor getestet. Dieser wurde bald zum Pflügen von weichen Böden in der Nähe von Holts Fabrik in Stockton, Kalifornien, eingesetzt und als durchschlagender Erfolg gefeiert.

Nach mehreren Tests kam die erste Raupe mit einem neuen und verbesserten Laufbändersatz für einen Winter zum Pflügen auf der Ranch der Familie Holt zum Einsatz. Kurz darauf rief Holt das »Caterpillar«-Markenzeichen ins Leben. Holt wechselte von Dampf- zu Treibstoffbetrieb, und ab 1909 stürzten sich die Kunden auf seine Raupen.

In der Zwischenzeit gründete Daniel Bests Sohn, C.L. Best, sein eigenes Unternehmen und begann 1910 benzinbetriebene Radtraktoren zu bauen. Fast augenblicklich machte sich der junge Best ans Experimentieren mit einem Raupentraktor.

Die »CLB«-75-PS-Raupe erschien zu Beginn des Jahres 1913 und wurde die erste Maschine des Best-›Tracklayer‹-Markenzeichens. Der 75 Tracklayer wies eine Anzahl bedeutender Konstruktionsfortschritte auf, darunter eine verbesserte Laufbandschwingung zur Reduktion von Stößen auf Rahmen und Motor sowie eine im ganzen Traktor verbesserte Metallurgie.

1925 verschmolzen die Holt Manufacturing Company und die C.L. Best Tractor Company zu Caterpillar Tractor Co. Von 1925 bis heute wurden die Landmaschinen des Unternehmens kontinuierlich weiterentwickelt. Es gab zwei größere Durchbrüche – die Einführung des Dieselmotors 1931 und die Erfindung des versiegelten und geölten Laufbands.

Der Dieselmotor steigerte die PS-Zahl der Maschinen mehr als jemals zuvor und sorgte gleichzeitig für kostengünstigeren Betrieb.

Ein weiterer Fortschritt betrifft den Laufbandbolzen; dieser wird permanent mit einem versiegelnden Gleitmittel überzogen, welches den Kontakt von Metall auf Metall minimiert und den Verschleiß des Bolzens und der Gewindebuchse auf ein Minimum reduziert. Andere Verbesserungen der letzten Jahre waren zum Beispiel der Wechsel von Kabel- zu Hydraulik-Steuerungen sowie die Einführung von computerkontrollierten Überwachungssystemen, Drehmomentverteiler, Planetary-Power-Getriebewechsel, Differenziallenkung etc.

1987 wurde der Traktor Challenger zusammen mit seinem patentierten Mobiltrac-System eingeführt. Mobiltrac war für den Landwirtschaftsbetrieb ein großer Sprung nach vorn im Hinblick auf größere Zugkraft und Flotation, geringere Bodenverdichtung sowie mehr Beweglichkeit bei gleichzeitiger Kostenreduktion und Produktivitätssteigerung. Nachdem Caterpillar die Produktion von Traktoren aufgegeben hatte, wurden diese 2002 unter dem Markennamen Challenger Teil des AGCO-Konzerns.

Diese Palette von Hochleistungstaktoren deckt das komplette Einsatzgebiet von landwirtschaftlichen Betrieben jeder Größe ab. Die MT-Modelle verursachen weniger Bodenverdichtung als vergleichbare Modelle. (Foto: © AGCO)

Traktoren mit ausreichenden Motorleistungen eignen sich nicht nur für die Landwirtschaft, sondern auch für den schweren Erdbau und Baustelleneinsätze aller Art. Hier ein Challenger MT 800 mit einem Anbau-Bodenstabilisierer im Einsatz beim Straßenbau. (Foto: © AGCO)

Der knickgelenkte MT 900B wurde bis 2009 gebaut. Unter der Haube befand sich ein 6-Zylinder-Cat-Motor mit 15,2 Liter bzw. 18,1 Liter (MT965B bis MT975B). (Foto: © AGCO)

Die Traktoren der Challenger MT800B-Serie sind leistungsstarke, für schwersten Einsatz gebaute Traktoren auf Gummiraupenlaufwerken. Für Europa tragen sie inzwischen das Fendt-Logo. (Foto: © AGCO)

Die Großtraktoren der MT600E-Serie sind leistungsstark genug, um die größten Felder und das raueste Gelände zu bewältigen. (Foto: © AGCO)

Der Challenger MT 975 B zählt zu den weltgrößten Traktoren, die in Serie gebaut wurden. Hergestellt und produziert wurde der Challenger von AGCO in den USA. Der C 18 Motor von Caterpillar, mit einem Hubraum von 18,1 Litern leistet hier 570 PS. Mit dem Turbo-Boost schafft er es auf 609 PS. Ausgestattet ist der gelbe Gigant mit einem Fullpowershift-Getriebe mit 16 Vorwärts- und 4 Rückwärtsgängen. (Foto: © AGCO)

Der DT-14 ist ein sowjetischer Traktor, der ab 1955 im Charkowski Traktorny Sawod gefertigt wurde. Die Bezeichnung steht für Dieseltraktor mit 14 PS, hier mit Arbeitern auf einer sowjetischen Kolchose im Jahr 1958. (Foto: © Apatinite, CC BY-SA 3.0)

Der T-150K gehört in die 30-Kilonewton-Zugkraftklasse. (Foto: © LutzBruno, cc-by-sa 3.0)

Der starre Rahmen des Kettentraktors T-150 wurde beim T-150K durch einen zweigeteilten Rahmen ersetzt, dessen Verbindungsgelenk um die Längs- und Hochachse schwenkbar ist und eine hydraulische Knicklenkung von 30° in beide Richtungen ermöglicht. (Foto: © Ground65, cc by-sa 3.0)

GROSSTRAKTOREN

Der T-150K wurde aus dem 1970 vorgestellten Kettentraktor T-150 entwickelt und wurde seit 1972 ununterbrochen in mehreren Varianten hergestellt und meist unter der Markenbezeichnung Belarus 1500 exportiert. (Foto: © FORTEPAN / Nagy Gyula, cc-by-sa 3.0

Dieser Universaltraktor entstand auf Basis des XTZ-17221 mit einer Leistung von 175 PS. Er dient für Arbeiten an Eisenbahn- und Straßenbahnstrecken. (Foto: © Rigel-ab, cc by-sa 3.0)

CHARKOW

Bis Mitte der 1920er Jahre hatte die Sowjetunion eigentlich keine nennenswerte Traktorproduktion aufzuweisen. Wegweisend war aber der Entschluss des Obersten Rates für Volkswirtschaft von 1928, eine Traktorproduktion aufzuziehen. Dafür wurden, am Grünen Tisch, bestehende Industriefirmen bestimmt oder aber die Errichtung neuer Fabriken an geeignet erscheinenden – oder wünschenswerten – Standorten verfügt. Um die Ernährungssituation rasch zu verbessern, wurde statt einer Egenkonstruktion eine erprobte ausländische Konstruktion übernommen, und die obersten sozialistischen Planer entschieden sich dabei für Ur-Konstruktionen, die in mehreren Werken an verschiedenen Standorten (dazu gehörte auch Stalingrad) gebaut werden sollten.

AM ANFANG STAND EIN McCORMICK

Der Bau des Traktorwerks in der Ukraine, damals etwa 15 Kilometer außerhalb von Charkow gelegen, hatte im Januar 1930 begonnen. Feierlich in Betrieb genommen wurde es am 1. Oktober 1931, doch die damalige »Jugtrakorostroja« war weit von dem entfernt, was man heute unter einer Serienproduktion versteht. Und auch im Werk Stalingrad war die Taktung anders: Nach dem Serienanlauf am 17. Juni 1930 war am 20. April 1932, genau laut Plan, der 144. Traktor seit Beginn der Traktorproduktion abgeliefert worden. Hier wie dort entstand der Typ SChTS-15/30 als Nachbau eines amerikanischen McCormick 15-30 mit 6,3 Liter-Petroleum-Motor und einer Leistung von 32,5 PS im Original. Der Traktor in Rahmenbauweise hatte Metallräder mit großen Greifern hinten, interessant war die Zündung, die in ähnlicher Form auch bei einem Flugmotor zu finden war. Um die 400.000 dieser Traktoren wurden in den beiden Werken gebaut.

Nach 1937 wurde dem Werk die Fertigung eines Raupenschleppers nach Caterpillar-Vorlage auferlegt, den bislang nur die Stalingrader gebaut hatten. Der Krieg änderte alles. Das Werk in Stalingrad (das mehr als die Hälfte der Traktorflotte des Landes gebaut haZ) wurde zum Symbol, während die Fertigungsanlagen des Werks in Charkow außerhalb der Reichweite deutscher Truppen ins Altaigebirge nach Rubzowsk an der Grenze zu Kasachstan verlegt wurde. Knapp anderthalb Jahre später lief dort die Fertigung der Kettenraupe wieder an, bei unveränderter Grundauslegung: Rahmenbauweise, Vierzylinder-Petroleummotor mit 7,5 Liter Hubraum und 52 PS, Kettenlaufwerk mit jeweils vier Lauf- und zwei Stützrollen, vorderem Antriebs- und hinterem Leitrad. Die 5-Tonnen-Raupe hieß SChTS-NATI, und auch nach dem Krieg wurden in Charkow (und in Rubzowsk) Kettenschlepper gebaut. Hauptprodukt war der in verschiedenen Werken produzierte Vollketten-Schlepper DT-54 mit eigenem Diesel-Motor, der in drei Jahrzehnten fast eine Million Mal entstand. Während die Stalingrader weiterhin Raupenschlepper produzierten, nahmen die Chakower nach 1950 die Produktion von Radtraktoren auf, der ChTS-7 wurde dann als Artilleriezugmaschine AT-L auch an die NVA geliefert. 1967 fertigte man bereits den einmillionsten Schlepper der Firmengeschichte.

KNICKLENKER AUS CHARKOW

Ab 1973 wurde mit der Produktion des Großtraktors Z150K begonnen, der in der Zugkraftklasse bis 30 kN als Knicklenker in zweiteiliger Rahmenbauweise auch in die DDR importiert wurde. Für Vortrieb sorgte hier ein Sechszylinder-Viertakt-Diesel SMD-62 mit 9,2 Liter Hubraum und einer Nennleistung von 165 PS bei 2100 Umdrehungen. Alles, was danach aus dem Charkower Werk kam, waren im Grunde genommen Weiterentwicklungen dieses Großtraktors, den es später auch mit Kettenlaufwerk gab: Die UdSSR waren der weltweit größte Produzent von Raupenschleppern.

Das Werk überlebte den Zerfall der Sowjetunion, wurde privatisiert und ist nach wie vor mit Rad- und Kettentraktoren im Leistungsbereich von 35 bis 210 PS im Geschäft. Darüber hinaus werden Spezialfahrzeuge und Sonderkonstruktionen angeboten. Im Westeuropa-Export spielen sie, wie alle ehemals sowjetischen Fahrzeughersteller, keine Rolle.

GROSSTRAKTOREN

CLAAS

Der Betrieb der Brüder Claas hatte 1914 mit der Herstellung und Reparatur von Strohbindern begonnen und entwickelte sich in den kommenden Jahrzehnten zu einem europaweit führenden Hersteller von Mähdreschern. Bis heute liegt auf diesen Gebieten die Kernkompetenz von Claas. Lange Zeit dachte daher niemand an einen eigenen Traktor.

1957 stellte Claas dann mit dem »Huckepack« einen Geräteträger für »diverse Arbeitsgeräte« vor. 1960 wurde dessen Produktion aber bereits wieder eingestellt. Ein weiterer Schritt zum eigenen Traktor war Ende der Sechziger dann das HSG-Projekt, ein Versuchsfahrzeug zur Entwicklung eines hydrostatischen Getriebes für Mähdrescher. Daraus entwickelte sich bis 1972 das Vorhaben, in Kooperation mit Daimler einen eigenen Claas-Schlepper zu bauen. Umgesetzt indes wurde dieser Plan nicht.

MIT RENAULT-TRAKTOREN ZUM KOMPLETTANBIETER

Einen wirklich ersten Schritt zum bisher fehlenden eigenen Traktor ging der bis dahin nur für seine Landmaschinen bekannte Hersteller Claas dann allerdings mit dem 1997 herausgebrachten Systemtraktor Xerion. Mit vier Anbauräumen, Allradantrieb und -lenkung versehen, war dieses schwere 250/300-PS-Fahrzeug als Universalmaschine für große Landwirtschaftsunternehmen gedacht. Er besaß vier gleich große, gelenkte Räder und hydraulische Heck- und Frontkraftheber. Reihensechszylinder-Motoren von Perkins verhalfen ihm zu seiner Leistung. Mit dem HM-8 verfügte der Xerion über ein von Claas selbstentwickeltes stufenloses Getriebe. Die 1. Generation dieses Traktors (2500–3000) wurde von 1997 bis 2004 gebaut, die 2. Generation (3300–3800) bis 2013.

Ebenfalls 1997 ging Claas ein Joint Venture mit der US-amerikanischen Firma Caterpillar ein, in dessen Rahmen Claas den »Challenger«-Raupenschlepper der Amerikaner in Europa vertrieb und Caterpillar seinerseits die Mähdrescher des deutschen Herstellers in den Staaten.

Der endgültige Einstieg in den Traktormarkt fand zu Beginn des neuen Jahrtausends statt. Zur Überraschung vieler übernahm Claas 2003 die Mehrheitsanteile am französischen Schlepperbauer Renault Agriculture. In den folgenden Jahren wurden weitere Anteile an den Franzosen erworben bis zu ihrer völligen Übernahme. Renault war der bedeutendste Traktorhersteller in Frankreich gewesen, hatte seine Fahrzeuge allerdings zum größten Teil nur innerhalb Frankreichs verkauft. Mit dem schrittweisen Aufkauf von Renault änderte sich dies, denn von nun an stand das weltweite Vertriebsnetz der deutschen Landwirtschaftsfirma zur Verfügung.

Claas übernahm von Renault die Reihen Ares, Atles, Ceres und Celtis, die im Laufe der nächsten Zeit auf die grün-weißen Hausfarben von Claas umlackiert wurden. Die Ares-Reihe bestand aus drei Modellen mit Leistungen von 90 bis 195 PS, die Celtis-Reihe verfügte über vier Modelle mit 72 bis 100 PS. Die drei Typen der Atles-Reihe waren leistungsstarke Traktoren von 232 bis 282 PS.

Von Claas selbst entwickelt wurden 2004 der Schmalspurtraktor Nectis für den Obst- und Weinbau mit 56 bis 100 PS sowie der Axion ab 2006, mit Leistungen von 163 bis 225 PS. 2011 stellte Claas die Axion 900-Reihe vor; es erschienen die Modelle 920 (315 PS), 930 (345 PS), 940 (375 PS), 950 (405 PS) und schließlich noch der Axion 960, der mit 445 PS den stärksten Motor eingebaut bekam und die Anforderungen der Abgasstufe Stage IV (Tier 4) erfüllt. Zur Abgasnachbehandlung dient der integrierte SCR-Katalysator. Sein CMATIC-Getriebe (stufenloser Antrieb) erlaubt ihm in beiden Fahrtrichtungen drei frei einstellbare Geschwindigkeitsbereiche. Der Axion 960 kann mit bis zu drei verschiedenen Zapfwellen versehen werden.

Der westfälische Landmaschinenbauer besaß nun Traktoren in allen Leistungs- und Anwendungsklassen und hatte sich damit zum Komplettanbieter im Landmaschinenbereich gemausert.

Bereits seit 2008 gehört Renault Agriculture zu 100 Prozent Claas. Weil Renault außerhalb Frankreichs nicht denselben Erfolg gehabt hatte wie zuhause, verschwand

Der Geräteträger des Claas Huckepack ist mit Ladepritsche auch für kleinere Transporte einsetzbar. Er wurde von 1956 bis 1960 gebaut. (Foto: © Claas)

Der HSG diente zunächst als Versuchsfahrzeug für die Entwicklung eines neuen hydrostatischen Getriebes für Mähdrescher (HSG = Hydrostatisches Getriebe), wurde aber schnell zu einem eigenständigen Projekt, mit dem das Unternehmen Ende der 1960er Jahre den Einstieg in das obere Traktorensegment probte. (Foto: © Claas)

Der Geräteträger des Claas Huckepack war für viele Arbeiten, wie hier zum Pflügen, auf dem Acker einsetzbar. (Foto: © Claas)

Die Übernahme des Traktor-Bereichs von Renault führte dazu, dass Traktoren wie der Celtis dann von Claas vermarktet wurden. Diese mittlere Baureihe im Leistungsbereich von 72 bis 100 PS wurde von 2004 bis 2009 gebaut. (Foto: © Claas)

Die Arionfamilie wurde 2007 erstmals vorgestellt. Neben dem Mähen und Schwaden ist der Arion vor allem Pflegeschlepper. Dank des starken Motors und seiner Zugleistung kann er aber auch mal eine große Kurzscheibenegge ziehen. (Foto: © Claas)

Der Großtraktor Xerion beweist mit einer Motorleistung von bis zu 530 PS, die er durch zahlreiche, intelligente Systeme besonders effizient nutzbar macht und mit seinen vier gleich großen, angetriebenen Rädern auch auf den Boden bringt. (Foto: © Claas)

Ab 1993 können beim Xerion Einbauräume vor, über und hinter dem Fahrzeug eingesetzt werden. (Foto: © Claas)

Die neue Torion-Serie deckt drei verschiedene Kategorien mit einem breiten Leistungsspektrum ab. Mit den Torion-Landmaschinen hat Claas das Know-how von Liebherr genutzt. Die Kooperation mit dem Baumaschinenhersteller wird bei allen zukünftigen Torion- und Scorpion-Baureihen fortgesetzt. (Foto: © Claas)

nun auch endgültig sein Name von den Traktoren.

Weitere Reihen, die danach vorgestellt wurden, hörten auf die Namen Nexos (Schmalspurschlepper, 72–101 PS), Elios (Schmalspurschlepper, 72–88 PS) und im Jahr 2010 der Arion 400 (Mittelklassetraktor, 90–125 PS).

Neu im Claas-Angebot sind seit 2013 die Arion 500/600-Baureihen. Die in Halbrahmenbauweise gehaltenen Schlepper der 500er-Reihe besitzen Vierzylinder-Motoren mit Leistungen von 105 bis 163 PS, die 600er-Reihe wartet mit Sechszylinder-Aggregaten mit PS-Zahlen bis zu 185 PS auf; mit CPM (Claas Power Management) erreichen sie sogar 205 PS. Weitere Ausstattungsmerkmale sind ein volllastbares Hexashift-Getriebe mit Schaltautomatik und Tempomat.

Neu in der Axion-Reihe sind die Modelle 800–870. Für ihren Vortrieb sorgen Sechszylinder-Turbo-FPT-Motoren mit Leistungen zwischen 194 und 270 PS. Auch sie verfügen über CMATIC-Stufenlos- bzw. Hexashift-Lastschaltgetriebe und über Heck- und Frontkraftheber.

Seit 2014 existieren die Modelle Atos 220–350 mit Drei- bis Vierzylinder-Farmotion-Motoren mit Common-Rail-Einspritzung, Turbolader und Ladeluftkühler, die für Leistungen von 76–109 PS sorgen. Ein Twinshift-Getriebe mit fünf Gängen und zwei Laststufen oder ein Trishift-Getriebe mit drei Laststufen und ebenfalls fünf Gängen (nur für Atos 350) stehen zur Wahl. Die Funktion Smart Stop ermöglicht das Anhalten, ohne dabei entkuppeln zu müssen.

Seit 2014 ist auch die 3. Generation des Systemtraktors Xerion (4000/5000) mit Leistungsspitzen von bis zu 530 PS im Claas-Angebot (Modell 5000 mit Sechszylinder-Mercedes-Benz-Diesel OM 471 LA; einige Modelle besaßen früher stattdessen einen Caterpillar C13). Nach wie vor sind die Xerion-Traktoren durch ihre gleich großen, angetriebenen Räder gekennzeichnet, die ihnen zu einer optimalen Traktion verhelfen sollen. Ihr Fahrwerk ist in Vollrahmenbauweise gehalten. Der Xerion ist mit drei unterschiedlichen Kabinenversionen erhältlich: der Trac besitzt eine mittig auf dem Rahmen angeordnete feste Kabine, beim Trac VC kann die Kabine um 180 Grad gedreht werden, der Saddle Trac verfügt hinter seiner fest in Fahrtrichtung verbauten Kabine über zusätzlichen Anbauraum. Das Leergewicht der Xerion 4000–5000 liegt zwischen 13.400 und 16.570 Kilogramm.

Claas zählte zu Beginn des zweiten Jahrzehnts im 21. Jahrhundert mit zu den größten Landwirtschaftskonzernen der Welt. Er war Weltmarktführer bei den Feldhäckslern, bei den Mähdreschern belegte er in Europa ebenfalls Platz 1, weltweit behauptet er sich in der Spitzengruppe neben den anderen Großen der Branche wie John Deere, der AGCO GmbH, Kubota aus Japan und Case New Holland auf Platz Fünf. Claas schaffte es nicht nur, den Marktanteil der ehemaligen Renault-Traktoren im Heimatland Frankreich selbst zu halten, sondern darüber hinaus die Produktionszahlen deutlich zu steigern. Sein Jahresumsatz lag im Jahr 2016 bei 3,6 Milliarden Euro.

Mittlerweile gehen rund 68 % der Claas-Traktoren in den Export. Selbst in Deutschland, das den Renault-Schleppern früher reserviert gegenüber stand, eroberte sich das Unternehmen bei Traktoren über 50 PS einen Marktanteil von knapp unter 10 %. Die meisten Modelle werden wie eh und je in Le Mans gebaut, einige – wie das Topmodell Xerion – allerdings auch in Deutschland.

Das auffälligste Merkmal aller TRAC-Varianten sind die vier gleich großen Räder an den zwei gelenkten Achsen. (Foto: © Claas)

Der Xerion verfügt über einen voll tragenden Rahmen. Motor und Getriebe sind separat und vibrationsarm über Silentblöcke gelagert. Hohe Traglasten von bis zu 15 t pro Achse sind möglich. (Foto: © Claas)

Der Axion 900 wurde für Transportarbeiten genauso wie für Feldarbeiten entwickelt. Unter der einteiligen Motorhaube verrichtet ein 6-Zylinder-FPT Cursor-9-Motor mit 8,7 l Hubraum und bis zu 440 PS seine Arbeit. (Foto: © Claas)

Die drehbare Kabine ist eine komfortable Rückfahreinrichtung. Sekundenschnell wird die gesamte Kabine per Knopfdruck aus der mittigen Position über einen Hubturm in die hintere Position über der Hinterachse gebracht. (Foto: © Claas)

Der Xerion 5000 ist der geeignete Helfer auf dem Silageplatz. Geradegezogene Flächen und eine saubere Verdichtung der Silage, so kann ein optimaler Gärprozess stattfinden. (Foto: © Claas)

Gemeinsam mit Liebherr kam mit dem Torion Ende 2017 erstmals eine Radlader-Baureihe für alle landwirtschaftlichen Einsatzbereiche. Die Baureihe umfasst drei Größenklassen. (Foto: © Claas)

Die Kettenraupe D60B berücksichtigte schon die Anforderungen der Bauwirtschaft, sie konnte mit Hilfe von Zulieferern zum Beispiel als Planierraupe ausgestattet werden. (Foto: © SAME Deutz Fahr)

Der Deutz D 40 in rahmenloser Blockbauweise mit hinterer Starrachse und doppelt gefederter vorderer Pendelachse wurde von 1957 bis 1963 in Köln produziert.

Der erste Dieselschlepper von Deutz wurde ab 1927 gebaut und von einem liegenden Einzylinder-Motor mit 14 PS angetrieben. Die Produktion des MTH 222 endete 1930.

GROSSTRAKTOREN

DEUTZ-FAHR

Im Jahr 1864 gründeten Nikolaus August Otto und Eugen Langen in der Kölner Altstadt die kleine Werkstatt »N. A. Otto & Cie.« Nach ihrem Umzug in den Kölner Stadtteil Deutz nannte sich der Betrieb »Gasmotorenfabrik Deutz AG«. Doch nicht mit ihren Gasmotoren, sondern mit ihrem Viertakt-Verbrennungsmotor von 1876 veränderten sie wahrhaftig die Welt.

Anfang des 20. Jahrhunderts machte sich Deutz an die Entwicklung eines Fahrzeugs, das als Ackerpflugmaschine eingesetzt werden konnte. 1907 stellte das Kölner Unternehmen gleich zwei konkurrierende Modelle vor, die Deutzer Pfluglokomotive mit 40 PS Leistung, deren Pflüge vorne und hinten angebaut waren, sowie den 25 PS starken und drei Tonnen schweren Motorpflug, der einen hohen Spritverbrauch aufwies. Beide Maschinen bewährten sich in der Praxis nicht. Zwölf Jahre später versuchte Deutz, seinen im Krieg als Artilleriezugmaschine eingesetzten »Trekker« größeren landwirtschaftlichen Betrieben als Ersatz für Dampfpfluglokomobile schmackhaft zu machen. Das Gefährt war jedoch zu schwer und unhandlich, letztlich wurden nur wenige Stück produziert.

Mitte der 1920er-Jahre – der Lanz-Bulldog hatte für Furore gesorgt – bereitete die im Laufe der Zeit stark gewachsene und mittlerweile in »Motorenfabrik Deutz AG« umbenannte Firma ihren nächsten Versuch vor, auf dem Landmaschinensektor Fuß zu fassen. MTH 222 lautete die Bezeichnung des ersten, ab 1927 serienmäßig produzierten 14-PS-Deutz-Dieseltraktors, der äußerlich sehr dem Lanz-Bulldog ähnelte. Der Dieselmotor stammte aus eigener Fertigung und bot sich wegen der hohen Preise anderer Treibstoffe für die Traktoren geradezu an. Erfolgreicher, weil praxisnäher, war die nachfolgende MTZ-Reihe ab 1929. Die Leistung des stärksten Modells der Reihe betrug 36 PS. Die MTZ-Schlepper wurden bis 1936 hergestellt. Deutz war nun als Traktorhersteller eingeführt.

Als die Kölner 1934 mit den »Stahlschleppern« in selbsttragender Blockbauweise den ersten richtigen Coup auf dem Traktormarkt landeten, hatte sich Deutz bereits mit der Humboldt AG zur »Humboldt-Deutz AG« zusammengeschlossen. Die Stahlschlepper mit ihren Zweizylinder-Viertakt-Dieselmotoren waren Maschinen für vielfältige Einsatzgebiete, wurden stolze zwanzig Jahre lang hergestellt und verkauften sich so gut, dass Humboldt-Deutz unmittelbar der Anschluss an das bisherige Führungsduo Lanz und Hanomag gelang. Die Fahrzeuge waren gedacht für mittlere und große Bauernhöfe, stellten Leistungen von 23 bis 50 PS zur Verfügung und rollten zunächst bis 1942 aus den Fertigungshallen; nach dem Krieg wurden sie erneut aufgelegt. Was sie vom größten Teil der Konkurrenz-Modelle abhob, war ihre Umlauf-Wasserkühlung im Gegensatz zur gebräuchlicheren Verdampferkühlung.

Trotz dieses Erfolges stellten die robusten Stahlschlepper nur das Vorspiel für den nächsten Streich der Kölner dar. Der »Elfer-Deutz«-Bauernschlepper mit Einzylinder-Viertaktdiesel und 11 PS richtete sich 1936 an die bislang sträflich vernachlässigte Klientel der vielen Kleinbauern, für die die großen Traktoren zu überdimensioniert und zu teuer waren. Der handliche Kleinschlepper war das erste serienmäßig gefertigte Fahrzeug seiner Klasse und wurde mit 10.000 verkauften Exemplaren zu einem sehr großen Markterfolg.

Bevor Humboldt-Deutz kriegsbedingt auf die Herstellung von Traktoren mit Holzgasgenerator umstellen musste, hatte das Unternehmen sich durch Zukäufe noch verstärkt. Den Einstieg in die Nutzfahrzeugproduktion war durch die Übernahme von Magirus 1936 möglich geworden, 1938 stieß die Firma »Klöckner-Werke AG« hinzu, sodass der Firmenname mit »Klöckner-Humboldt-Deutz AG« (KHD) abermals eine Änderung erfuhr.

Die Kriegsschäden des Stammwerkes von KHD in Köln ließen erst Ende der 1940er-Jahre an eine Neuaufnahme der Schlepperproduktion denken. Zunächst wurden die bewährten Vorkriegsserien »Stahlschlepper« und »11er Bauernschlepper« im Magirus-Werk mit Modernisierungen wieder neu aufgelegt. Wiederum verkaufte sich der jetzt auf 12 PS gesteigerte Bauernschlepper ausgezeichnet.

GROSSTRAKTOREN

Ab 1950 stand KHD mit seiner neuentwickelten, ausschließlich luftgekühlten Traktorenreihe 514 auf dem ersten Platz der deutschen Schlepperzulassungsstatistik, den sie auf Jahre hinaus behaupteten. Erstes Modell der neuen Reihe war der F1L514/50 mit 15 PS, der auf dem bewährten Bauernschlepper basierte. Der Leistungsbereich der neuen Deutz-Schlepper reichte nun bis 60 PS hinauf.

KHD expandierte in diesen Jahren der vollen Produktionsauslastung im In- und Ausland. Als die Situation auf dem Landmaschinenmarkt gegen Ende der 1950er-Jahre schwieriger wurde, entstand eine Reihe von Kooperationen. 1958 arbeitete KHD mit Porsche-Diesel bei der Entwicklung von Getrieben zusammen, 1961 übernahmen die Kölner die Landmaschinenfabrik Ködel & Böhm aus dem bayerischen Lauingen. 1962 begann die Zusammenarbeit mit dem Schlepperhersteller Fahr, den KHD schließlich in der ersten Hälfte der 1970er-Jahre ganz übernahm.

Mit der D-Reihe kam KHD ab 1958 dem Trend zu stärkeren Traktoren nach. Innerhalb ihrer überarbeiteten Version, der 05er-Reihe, stieg der Konzern ab Mitte der 1960er-Jahre zusätzlich in den Bau von Großtraktoren ein. Spitzenmodell war hier der D 80 mit 80 PS starkem Sechszylinder-Diesel und Servolenkung.

Mit der 06er-Reihe setzte Klöckner-Humboldt-Deutz nicht nur die bereits begonnene Vereinheitlichung der Baugruppen fort, die neuen Schlepper präsentierten sich nun statt mit abgerundeten Motorhauben ganz eckig und seit Mitte der 1970er-Jahre in hellgrüner Lackierung. Das bekannte Magirus-Logo hatten sie schon seit der Vorgängerserie an der Kühlerhaube. Als technische Neuerung wies die 06er Reihe direkt einspritzende Dieselmotoren auf.

Seit den 1970er-Jahren wurde es für Klöckner-Humboldt-Deutz zunehmend problematischer, die Marktposition im Traktorenbereich zu behaupten. Als Mehrzweck-Systemtraktor erschien ab 1972 die neuartige INtrac-Serie. Mehrere Arbeitsgänge sollten mit einem Traktor dieser Reihe ausführbar sein. Doch die Verkaufszahlen blieben hinter den Erwartungen zurück. Trotz späterer Zusammenarbeit mit Daimler, der mit seinem MB-trac ein ähnliches Konzept aufzuweisen hatte, stellte Deutz 1990 die Produktion dieser Reihe wieder ein.

Ab 1981 wurden die bislang getrennt geführten Schleppermarken »Deutz« und »Fahr« zu »Deutz-Fahr« zusammengelegt. Doch die Zeiten der Marktführerschaft in Deutschland gingen zu Ende. Ein Jahr später hielt Deutz-Fahr letztmalig die Spitzenposition und musste sich danach hinter dem Mitbewerber Fendt einreihen. Auch bei den Exporten fielen die Kölner zurück und wurden von John Deere überholt. Nichtsdestotrotz wurde Mitte der 1980er Jahre der traditionsreiche Motorenhersteller MWM übernommen.

Durch Aufkauf des amerikanischen Traktorenbauers Allis-Chalmers wollte KHD seinen Marktanteil in den Vereinigten Staaten ausweiten, doch die unter dem Namen »Deutz-Allis« verkauften Schlepper gerieten zum Misserfolg. 1991 trennte man sich wieder voneinander.

Eine neue innovative Traktorenreihe erblickte 1993 das Licht der Welt. Mit dem AgroXtra führte Deutz-Fahr nicht nur ein verändertes Traktorendesign ein, die abgeschrägte Motorhaube bescherte dem Fahrer außerdem eine erheblich verbesserte Sicht. Die Leistungen der diversen Agro-Reihen bewegten sich zwischen 82 und 125 PS. Hierbei richteten sich die schon zuvor eingeführten AgroPrima und AgroStar an weniger betuchte Kundschaft und verzichteten deshalb auf größeren Komfort.

Mit dem ersten Bilanzverlust in der Firmengeschichte 1987 begann der wirtschaftliche Niedergang, letztlich konnte das Stammhaus Klöckner-Humboldt-Deutz seine Traktorensparte nicht mehr halten und verkaufte Deutz-Fahr 1995 an die italienische SAME-Gruppe, die bald darauf die Produktion von Köln nach Lauingen verlagerte.

Unter dem neuen Besitzer SAME Deutz-Fahr erschien die Agrotron-Großtraktor-Reihe, die das erfolgreiche Konzept des AgroXtra fortsetzte, das Design weiter optimierte und Modelle mit Leistungen bis zu 260 PS beinhaltete. Bemerkenswert an diesen Traktoren war die Tatsache, dass sie erstmals wieder seit den frühen 1950er-Jahren auf Wasserkühlung setzten.

Ende 2017 erschienen der 9340 TTV Warrior (336 PS) und der 7250 TTV Warrior (246 PS, Bild). Ihr Kennzeichen war die brillantschwarze Sonderlackierung. (Foto: © SAME Deutz Fahr)

Die Serie 5 ist auch mit stufenlosem TTV-Getriebe erhältlich. Durch Änderung der hydraulischen Leistung kann die Fahrgeschwindigkeit des Traktors konstant und sanft erhöht (oder verringert) werden, ohne das klassische »Rucken« beim Gangwechsel, das man von herkömmlichen Getrieben kennt. (Foto: © SAME Deutz Fahr)

Im Segment der mittleren Leistungsklasse setzt die neue Serie 5 von Deutz-Fahr neue Maßstäbe. Das futuristisch anmutende, ergonomisch optimierte und attraktive Aussehen trägt die unverwechselbare Handschrift von Guigiaro Design. (Foto: © SAME Deutz Fahr)

Iqui quaspidit adit et magnatem. Nequi di nonsendic to et eos aut mod mi, natem aut esequam doluptate veliciatati velest, cupta eaquos sendic to et eos aut mod mi, natem aut esequam doluptate velsendic to et eos aut mod mi, natem aut esequam doluptate vel (Foto: © SAME Deutz Fahr)

Die Serie 6 TTV bietet eine einzigartige Vielfalt an Modellen und Ausstattungsmöglichkeiten. Zur Grundausstattung gehören ein leistungsstarker Motor, stufenloses TTV Getriebe, vier Zapfwellengeschwindigkeiten mit zwei Sparzapfwellen, somit sind den Einsatzmöglichkeiten keine Grenzen gesetzt. (Foto: © SAME Deutz Fahr)

Ein absoluter Exote auf den Feldern Westeuropas ist der T 860. Die Optimierung von Radlasten und Reifendruck führte zu einem Achtrad-Traktor mit Knicklenkung und einer Leistung von 600 PS. Nach der Vorstellung des Prototyps zur Agritechnika 2007 stand die Studie 2009 dann auf dem Deutz-Fahr-Stand zu bestaunen. (Foto: © DTU, Stadtilm)

Der T860 ist vor allem für die osteuropäischen Märkte bestimmt, daher nutzte der erste Prototyp Kirovets-Elemente. Unter der Haube sitzt aber der 15,8-l-Deutz TCD 2015 mit 600 PS. Das Powershift-Getriebe hält 18 Vorwärts- und sechs Rückwärtsgänge bereit. (Foto: © DTU, Stadtilm)

DTU

Die Deutsche Traktoren Union GmbH entstand 2004 als Tochterunternehmen der Land- & Kraftfahrzeugtechnik GmbH Stadtilm. Ziel der DTU war die Entwicklung, der Bau und der Vertrieb von Traktoren mit neuen Antriebskonzepten sowie der Vertrieb von Landmaschinen und Anbaugeräten für eine neue Traktorengeneration. Die erste Studie eines Allrad-Knicklenkers mit Kirowets-Komponenten wurde 2007 auf der Agritechnica gezeigt, 2009 stand ein zweiter DTU-Prototyp als »Agro XXL« (oder auch »Agron«) auf dem Deutz-Messestand der Agritechnica. Die Weiterentwicklung dieses Achtrad-Konzepts war, so Alexander Leopold, seinerzeit Verkaufsleiter bei SAME Deutz-Fahr, eine Folge der konzeptbedingten Schwächen von Raupentraktoren auf nassen, schweren Böden, auf denen Radtraktoren, sofern sie stark genug wären, Vorteile hätten.

Technisch besonders interessant am DTU-Entwurf war die Tatsache, dass es sich eben nicht um einen Vierachser handelte, sondern jeweils zwei Räder in einem Laufradrollenwagen zusammengefasst waren. Auf jeder Seite fanden sich also zwei Bogys. Antriebswellen führten in die Laufwerksrahmen und von dort an die einzelnen Räder. Für Vortrieb sorgte der Deutz-V8 mit 15,9 Liter Hubraum und 600 PS. Nach 2010 wurde es still um das Projekt, die DTU hat den Großtraktor dann als T860 zur Einsatzreife gebracht.

Im Jahre 2015 hat die DTU die deutsche Generalvertretung für die russischen Kirowets-Traktoren übernommen und dazu den Händlervertrag mit den Kirov-Werken in St. Petersburg erneuert. Mit Beginn des Jahres 2016 kam die Gebietsvertretung für Landmaschinen des russischen Landmaschinenkonzerns Rostselmash dazu. Im Moment konzentriert sich das Unternehmen ganz auf die Einfuhr der preiswerten, aber robusten russischen Landtechnik. Der Service erfolgt über den Werkstattstützpunkt der Land- und Kraftfahrzeugtechnik GmbH in Marlishausen.

Deutz-Fahr stellte auf der Agritechnica 2009 erstmals den 600 PS starken Agro XXL vor. Der Prototyp wurde in Zusammenarbeit mit der DTU entwickelt.
(Foto: © Hans-Christian Quick, cc by-sa 3.0)

Der T860 hat ein Kampfgewicht von 19,7 Tonnen, das zulässige Gesamtgewicht liegt bei üppigen 32 Tonnen..
(Foto: © DTU, Stadtilm)

Der DTU-Koloss ist fast neun Meter lang und dreieinhalb Meter hoch, aber dank der hydraulischen Knicklenkung, die Winkel von 40 Grad ermöglicht, erstaunlich handlich: Der äußere Wendekreis liegt bei 8,75 m.
(Foto: © DTU, Stadtilm)

Der Holzgasschlepper G 25 von Fendt ersetzte ab 1943 die dieselgetriebenen Vorgänger-Traktoren. Gefüttert wurde das Fahrzeug mit Holz. Nur zum Anlassen des Schleppers diente Benzin.
(Foto: © Fendt AGCO GmbH)

Der Fendt Favorit 614 LS war ein für die 1970er Jahre typischer Standardtraktor. Mit seinen ursprünglich 135 PS gehörte er schon zu den leistungsstärksten Vertretern dieses Segments.
(Foto: © Fendt AGCO GmbH)

Der Fendt »Favorit 622 LS« erschien im Jahr 1980 und gehörte dank seines Sechszylinder-Direkteinspritzers mit 200 PS zur Oberklasse der Traktoren. Zu seinen Stärken zählte u.a. das Bearbeiten von schweren, großflächigen Böden.
(Foto: © Fendt AGCO GmbH)

GROSSTRAKTOREN

Der Fendt »Favorit 4S« kündigte im Jahr 1966 durch sein kantig-eckiges Äußeres die Ablösung der ersten FF-Reihe an. Sein MWM-Motor lieferte 90 PS. (Foto: © Fendt AGCO GmbH)

Um die gehobene Mittelklasse kümmerte sich mit Beginn der 80er Jahre die Reihe »Farmer 300«. Zur Ausstattung zählten Vierradbremse, Turbomatik und eine Komfortkabine. Das abgebildete Modell 308 LS wurde bis Mitte der 90er Jahre hergestellt. (Foto: © Fendt AGCO GmbH)

Der 626 LSA stand zwischen 1981 und 1986 im Fendt-Programm. Der Diesel-Direkteinspritzer mit 11,4 Litern Hubraum kam mit Aufladung auf 252 PS. (Foto: © Lifetec 18, cc-by-sa 3.0)

FENDT

1928 gelang dem damals erst 17-jährigen Hermann Fendt in der elterlichen Schlosserei mit dem zunächst nur 4 PS, dann 6 PS starken »Grasmäher« ein zwar einfaches, aber funktionierendes Gefährt, das die Arbeit kleinerer Bauernbetriebe erleichtern sollte. Sein Benzinantrieb wurde später von einem Dieselmotor abgelöst. Diesen Nachfolger taufte Fendt auf den Namen F 9 Dieselross und begründete mit diesem den Start einer sehr erfolgreichen Schlepperreihe. Das mit einem Deutzaggregat von zunächst 6, später 9 bis 12 PS Leistung ausgerüstete Gefährt war der erste Dieselkleintraktor in Europa und rief dadurch eine unerwartet hohe Nachfrage bei den Kleinbauern in der Region hervor. Schnell konnte er deswegen in Serie produziert werden. Bereits 1934 gab es diesen zuverlässigen und preiswerten Fendt-Bauernschlepper mit Luftbereifung.

1933 gelang dem Betrieb mit dem F 18 Dieselross und seinem Einzylinder-16-PS-Diesel sein erster Bestseller. Als erster Traktor in Europa besaß der F 18 eine unter Last schaltbare Zapfwelle, welche den Anbau eines fahrunabhängigen Mähwerks ermöglichte. Der Durchbruch war geschafft. Bis zur Einstellung im Jahr 1942 rollten stolze 2000 Exemplare aus den Werkshallen des Familienbetriebs, den seit 1937 die Brüder Hermann und Xaver Lanz leiteten.

Der Ausbruch des Zweiten Weltkrieges verhinderte eine Wiederholung dieses Erfolges beim Nachfolgemodell F 22 Dieselross mit wassergekühltem 22-PS-Zweizylindermotor, der erstmals eine Motorhaube besaß. Fendt wurde mit seinem Modell F 22 in den Schell-Typenbegrenzungsplan aufgenommen. Weil aber ab Mitte 1942 grundsätzlich in Deutschland keine Traktoren mehr mit Flüssigtreibstoffen betankt werden durften, rüsteten die Marktoberdorfer ihre Schlepper auf Holzgasbetrieb um.

Nach dem Zweiten Weltkrieg bot Fendt den Landwirten an, ihre ungeliebten Holzgastraktoren auf Dieselaggregate umzurüsten. Bald folgte der Zusammenbau einiger F 18-Modelle aus übriggebliebenen Teilen. Selbst der Holzgasschlepper G 25 wurde unter der Bezeichnung F 22 V noch bis 1946 angeboten. 1950 konnte Fendt mit dem Universalschlepper F 15 eine völlig überarbeitete Neuauflage seines Dieselrosses anbieten. Schon äußerlich unterschied der Schlepper sich von seinen Vorgängern durch die modern abgerundete Motorhaube sowie die grüne Lackierung. Der Motor kam jetzt und in Zukunft hauptsächlich von MWM und leistete bei diesem Modell 15 PS, das Getriebe entwickelte Fendt selber.

Fendt bot das Dieselross bald in verschiedenen Leistungsstufen an, die vom 15-PS-Kleindiesel bis zum 40-PS-Großschlepper reichten, und traf mit dieser Reihe voll ins Schwarze. Schon zu Beginn der 1950er-Jahre befanden sich die Marktoberdorfer in der Spitzengruppe der deutschen Traktorenanbieter, die sie von da an nicht mehr verließen. Zum nationalen Erfolg kamen die Exporte: In rund 30 Ländern fanden die Fendt-Traktoren ihre Abnehmer. Mit dem Geräteträger F 12 GT führte Fendt in dieser Zeit erfolgreich einen neuen Fahrzeugtyp ein, der in den kommenden Jahren weiter gepflegt und verbessert wurde.

Ende der 1950er-Jahre ersetzte Fendt seine Dieselrösser durch eine neue, erfolgreiche Schlepperreihe in drei Leistungsstufen. Schlepper mit dem Namen »Fix« bedienten die mittlerweile rückläufige unterste Klasse von 15 bis 22 PS, solche mit der Bezeichnung Farmer deckten das begehrtere Mittelfeld der Leistungsstufen von 25 bis 65 PS ab, die Reihe Favorit endlich kümmerte sich um die zukunftsträchtigen und leistungsstärksten neuen Fendt-Traktoren im Bereich zwischen 40 und 110 PS. An Motoren kamen fast ausschließlich luftgekühlte MWM-Diesel zum Einsatz.

Eine neue Traktorenreihe löste ab 1972 die erfolgreiche FF-Serie ab. In der unteren und mittleren Leistungsklasse wurde die Farmer 100-Reihe mit 75-PS-Drei- und Vierzylinder-Dieselmotoren eingeführt. Zur Ausstattung gehörte die Anfahrautomatik Turbomatik, ein vollsynchrones Feinstufengetriebe und wahlweise auch ein Allradantrieb.

Ab 1974 kümmerte sich die preiswerte Farmer 200-Serie mit ihren Schmalspurvarianten um Sonderkulturen wie Wein- und Obstanbau. Zu Beginn der 1980er-Jahre

gesellte sich eine weitere Farmer-Reihe mit der Kennzeichnung 300 hinzu und versorgte sehr erfolgreich das Feld zwischen 62 und 115 PS.
Die oberste Leistungsklasse bediente die Favorit 600-Serie, deren Sechszylinder-Diesel bis zu 135 PS zur Verfügung stellten, in ihrer LS-Variante bis zu 150 PS. Das Spitzenmodell Favorit 626 LS/LSA (1981–1985) bot sogar eine Motorleistung von 252 PS an.
Laufende Verbesserungen und technische Neuerungen hinsichtlich des Fahrkomforts führten Fendt Mitte der 1980er-Jahre, als sich viele Mitbewerber im Niedergang befanden, auf den ersten Platz der deutschen Fahrzeug-Zulassungsstatistik der Landwirtschaftsgerätehersteller. Erst im Laufe der 1990er-Jahre übernahm John Deere diese Position.
Die beiden Brüder Xavier und Hermann Fendt hatten sich bereits 1981 aus dem Unternehmen zurückgezogen und es in die Hände einer Führung gelegt, die nicht mehr aus der eigenen Familie stammte.
Die 1990er-Jahre sahen neben einer neuen Generation an Farmer-/Favorit-Traktoren, deren größte Vertreter bis zu 230 PS leisteten und bis zu 50 km/h schnell fahren konnten, mit dem Xylon einen Systemtraktor, ähnlich dem MB-trac von Daimler, der in den Leistungsstufen 110, 125 und 140 PS zum Kauf stand.
Als besonders innovativ erwies sich das Mitte der Neunziger entwickelte, unter Last stufenlos verstellbare Vario-Getriebe, mit dem erstmals die Favorit 900-Reihe ausgestattet wurde, anschließend auch die übrigen. Der Fahrer brauchte sich mit dieser Automatik während des Fahrens nicht mehr um das Gängewechseln zu kümmern.
Die neuen Vario-Schlepper-Reihen zeigten sich ab Ende des Jahrzehnts in einem neuen, sehr modern-futuristischen Design aus dem Hause Porsche und boten Leistungen bis hinauf zu 300 PS, später sogar noch darüber. Trotz all dieser Fortschritte empfand die Familie Fendt nach den neuerlichen Turbulenzen, die die 1990er-Jahre für die Branche gebracht hatten, ihr Unternehmen als gefährdet. In dem amerikanischen Landwirtschaftsunternehmen AGCO (Allis-Gleaner Corporation), dem mittlerweile drittgrößten Anbieter von Landmaschinen, zu dem auch Massey Ferguson gehört, fand Fendt ab 1997 einen starken Partner und konnte dort als eigenständige Traktorenmarke weiterbestehen.
Ab 1998 erweiterte Fendt sein Fahrzeugangebot schrittweise um Mähdrescher, Häcksler und Ballenpressen aus dem AGCO-Werk in Dänemark, um zu einem Vollanbieter im Landwirtschaftsbereich zu werden.
Als reine Leistungsstudie wurde 2007 der gewaltige, dreiachsige Trisix Vario-Großtraktor vorgestellt, dessen Reihensechszylinder-Diesel von MAN unglaubliche 540 PS zur Verfügung stellte. Zu einer Serienproduktion indes kam es nicht.
In den 2000er-Jahren ersetzte nach und nach die Vario-Reihe ihre Vorgänger. Diese führte die traditionellen Serien der vergangenen Jahre und Jahrzehnte fort, verzichtete aber auf Namenszusätze wie »Farmer« oder »Favorit«. Alle Vario-Traktoren waren und sind mit dem stufenlos schaltbaren Vario-Getriebe ausgestattet, das ihnen den Namen gab.
Fendt bietet ein Vollsortiment an Traktoren aller Leistungsklassen an, vom Schmalspurschlepper für Obst- und Weinbau bis zum Hochleistungstraktor. Im Jahr 2014 wurde der kompakte Großtraktor 800 Vario erneuert. Ausgerüstet mit der Elektronikbedienung Variotronic, steht dieser Traktor mit Motorleistungen von 226 bis 287 PS zum Kauf. Ebenfalls 2014 erfuhr der Fendt 900 Vario eine Überarbeitung und deckt nun Leistungen zwischen 275 und 396 PS ab. Im aktuellen Programm (Stand 2018) bietet Fendt im Bereich der leistungsstärksten Großtraktoren den Fendt 1100 MT mit 457 bis 598 PS, den Fendt 1000Vario mit 396 bis 517 PS und den Fendt 900 Vario MT mit 380 bis 431 PS an.

Der Fendt 900 Vario war 1995 der erste Fendt mit Vario-Antrieb. Inzwischen umfasst die Baureihe fünf Maschinen mit Motorleistungen von 275 bis 396 PS Maximalleistung. (Foto: © Fendt AGCO GmbH)

Das Vario-Getriebe kombiniert die Vorteile eines Lastschaltgetriebes mit denen eines stufenlosen Fahrantriebs. Seit 1995 ist der stufenlose, unter Last schaltbare verstellbare Antrieb ein starkes Argument für die Anschaffung eines Fendt. Der 828 ist das Topmodell der 800 Vario-Reihe. (Foto: © Fendt AGCO GmbH)

Fendt 939 Vario mit Zwillingsbereifung. Dieser Traktor erschien 2010 und lieferte 390 PS. An bis zu 22 Schnittstellen lassen sich Zusatzgeräte anschließen. (Foto: © Fendt AGCO GmbH)

1996 präsentierte die AGCO-Tochter Fendt die Vario-Serie und setzte Maßstäbe im Segment der Großtraktoren. Hier sind die populärsten Vertreter der Reihe versammelt: Links die Serie 7 (144–237 PS), in der Mitte ein Serie 9 (275–396 PS) und rechts ein 823 als Vertreter der Serie 8 (226–287 PS). (Foto: © Fendt AGCO GmbH)

Der Fendt 1000 Vario von 2015 ist das neue Flaggschiff der Fendt-Großtraktoren-Reihe. Sein Sechszylinder-Dieselmotor von MAN macht ihn mit bis zu 500 PS zu einem Großtraktor im wahrsten Sinne des Wortes. (Foto: © Fendt AGCO GmbH)

Im September 2017 feierte der Landtechnikhändler Hilaire Van der Haeghe ein halbes Jahrhundert Zusammenarbeit mit Fendt. Zum Festakt wurde ein goldener Fendt 724 Vario, eines der meistverkauften Schleppermodelle in Belgien, ins Rampenlicht geschoben.
(Foto: © Fendt AGCO GmbH)

Fendt-Traktoren halten in der Bundesrepublik den größten Marktanteil. Meistverkaufter Traktor 2017 war der Fendt 724 mit 237 PS. Er kam auf 783 Zulassungen. In der Klasse ab 200 PS wurden 2121 Fendt verkauft, John Deere kam auf 1291 Einheiten. (Foto: © Fendt AGCO GmbH)

2017 wurden auf dem Rollenprüfstand der Deutschen Landwirtschafts-Gesellschaft (DLG) die drei Vario-Typen 1042, 1046 und 1050 getestet. Die Fendt-Traktoren hatten den niedrigsten jemals gemessenen Diesel-Wert. Das Fachmagazin Profi: »Im Mittel … nahezu 20 % sparsamer als alle bisher von uns getesteten Traktoren! Während es bei den leichten und mittleren Arbeiten zum Teil sogar über 25 % weniger sind, liegt der Verbrauch selbst bei den schwersten Arbeiten rund 15 % unter den Mittelwerten …«
(Foto: © Fendt AGCO GmbH)

Der Fendt Trisix blieb ein Einzelstück. Allradantrieb, CVT-Getriebe, 540 PS – ein Traktor der Superlative, der zum denkbar ungünstigsten Zeitpunkt, nämlich als die Finanzkrise die Märkte erschütterte, erschien. (Foto: © Fendt AGCO GmbH)

Seit Januar 2018 bietet AGCO seine Challenger-Raupentraktoren und die selbstfahrenden und gezogenen Spritzen in der Region Europa und Naher Osten unter der Marke Fendt an. (Foto: © Fendt AGCO GmbH)

GROSSTRAKTOREN

JCB

Die »Grundsteinlegung« von »J.C. Bamford Excavators Limited« – einprägsamer bekannt geworden als JCB – fand in einer Garage im englischen Rocester statt, in der Joseph Cyril Bamford, Jahrgang 1916, nach dem gerade überstandenen Weltkrieg mit bescheidensten Mitteln eine neue Existenz begründete. Cyrils Großvater besaß eine Landmaschinen-Firma, die zu den größten des Landes gehörte und unter anderem Ballenpressen, Rechen und Heuwender im Angebot hatte, Cyril selber baute in Kippanhänger für Traktoren, später in den ausgehenden 1940er- und 1950er-Jahren immer mehr Baumaschinen, was schließlich in der Übernahme des Baumaschinenherstellers Chaseside Ende der 1960er-Jahre gipfelte.

Hatte JCB sich in den 1970er-Jahren zu einem der größten Hersteller in Großbritannien aufgeschwungen, so begann das englische Unternehmen in den 1980er-Jahren Europa und die Welt zu erobern. Mitte der 1990er-Jahre avancierte JCB zu Europas größtem Produzenten von Baumaschinen. Fabriken und Niederlassungen existieren von JCB in der ganzen Welt, ein Werk befindet sich auch in Köln Porz.

Mitte der 1980er Jahre begann JCB mit der Entwicklung eines »Hochgeschwindigkeits«-Traktors, der helfen sollte, den Zeitaufwand auf den Straßen deutlich zu reduzieren. Ergebnis dieser Bemühungen war 1991 der Fastrac 125, der über vier gleichgroße Räder verfügte und dessen Fahrerkabine sich genau in der Mitte des Fahrzeuges befand. Weitere Merkmale waren ein Allradantrieb, Zapfwellen, eine Dreipunkt-Hydraulik, vollgefederte Achsen und ein Sechszylinder-Dieselmotor. Dieser Traktor erreichte eine Spitzengeschwindigkeit von 64 km/h auf der Straße und war damit auch für Autobahnen zugelassen.

Die erste Baureihe 100 wurde bis 1997 hergestellt, ihre Modelle leisteten zwischen 115 und 188 PS. 1995 startete die 1000er-Reihe mit den Traktortypen 1115, 1115S und 1135, deren Leistungen zwischen 115 und 147 PS lagen. Im Modell 1115 kam erstmals die Vierradlenkung »Quadtronic« zur Anwendung, die für stark erhöhte Wendigkeit sorgte.

In den kommenden Jahren ergänzten weitere Reihen die Fastrac-Serie mit meist höheren Motorleistungen, 1998 die Baureihen 2000 (128–158 PS) sowie 3000 (168–188 PS, die überarbeitete Reihe ab 2002: 173–224 PS), 2005 die Baureihe 8000 mit 248 PS. Diese wurde ab 2011 ebenfalls überarbeitet: der Fastrac 8280 kam mit einem wassergekühlten Sechszylinder-Diesel mit 256 PS Leistung, das Modell 8310 mit einem ebensolchen, der 280 PS zur Verfügung stellte. Beide Schlepper wurden mit Front- und Heckkraftheber, vorderer und hinterer Zapfwelle sowie mit einem stufenlosen Getriebe geliefert. Ihre Höchstgeschwindigkeit auf der Straße betrug an die 70 km/h. 2007 stellte JCB die Reihe 7000 vor. Neben einem Powershift-Getriebe mit 24 Vorwärts- und 12 Rückwärtsgängen offerierte diese ein Leistungsspektrum zwischen 170 und 270 PS.

Die Baureihe 3000 Xtra löste im Jahr 2010 die ältere Serie 3000 ab, in ihre beiden Schleppermodelle sind Motoren von Sisu mit 190 bzw. 220 PS verbaut. Das schnellste Modell, der 3230 Xtra, bietet eine Höchstgeschwindigkeit von sage und schreibe 80 km/h. Ohne direkte Vorgängerserie wurde brandneu im Jahr 2015 die Baureihe 4000 vorgestellt. Die ersten drei Modelle – 4160, 4190 und 4220 – verfügen über gesteigerte Leistungen. Ebenfalls bestückt mit Sisu-Motoren, liegt deren Leistungsbereich zwischen 160 und 230 PS. Auch die kleinste Reihe wartet mit Kraftheber und Zapfwellen vorne und hinten auf. Das hydrostatische Vierradlenksystem ist für diese Schlepper optional zu haben.

Die Traktoren der bereits erwähnten Großtraktoren-Reihe Fastrac 8000 wurden seit 2017 von den beiden neuen Modellen Fastrac 8290 (280 PS) und Fastrac 8330 (348 PS) abgelöst. Diese verfügen darüber hinaus über Spitzengeschwindigkeiten von 70 km/h, Command-Plus-Kabine und selbstnivellierende Vollfederung.

Die neue Fastrac-Flaggschiffe im Stil der 4000er der Serie 8000 stellte JCB im September 2016 vor. Zur neuen Kabine und der geänderten Optik – Scheinwerfer hoch gesetzt – kamen technische Änderungen wie die neue ausgelegte hydrostatische Lenkung und die Neugestaltung von Frontkinematik und Zapfwellen. (Foto: © JCB)

Die zweite Fastrac-Generation kam 1998 auf den Markt. Sie war wesentlich ausgereifter und nicht nur für schnelle Transportetappen, sondern tatsächlich auch für den Einsatz als Traktor geeignet. (Foto: © JCB)

JCB fertig den Fastrac seit 1991. Zu den Features gehörten von Anfang an die Vollrahmenbauweise, die mittig platzierte Kabine, die Vollfederung an Vorder- und Hinterachse und – inzwischen – die Ausstattung mit Scheibenbremsen und ABS. Je nach Baujahr und Ausführung kamen Sechszylinder-Diesel von Cummins mit 5,9 und 6,7 Liter Hubraum zum Einsatz. (Foto: © JCB)

Der Fastrac Typ 8280 wiegt 10,5 Tonnen und hat eine Höchstgeschwindigkeit von 70 km/h. Unter der Haube sitzt ein 8,4-Liter-Diesel von SISU mit 283 PS. Im Schlepp hat der JCB ein dreiachsiges Güllefass von Joskin mit einem Fassungsvermögen von 22.500 Litern. (Foto: © JCB)

Wahrscheinlich ein Modell D und damit ein Vertreter der langlebigsten JD-Familie überhaupt: Sie wurde vom 1. März 1923 bis zum 3. Juli 1953 gefertigt. (Foto: © John Schanlaub, cc-by-sa 3.0)

Nach der Übernahme ließ John Deere den Namen Lanz allmählich verschwinden. Es gab noch einige Baureihen mit Doppelnamen, so wie diesen 700 (Bauzeit 1962 bis 1966), danach war Schluss.

Kein Großtraktor im eigentlichen Sinne: ein Traktor der Serie A, gebaut zwischen 1935 und 1950, in der Ausführung als Plantagenschlepper (O = Orchard, Obst). Die ungewöhnliche Formgebung sollte verhindern, dass bei der Durchfahrt sich Äste verfangen und abreißen. Beim Motor handelte es sich um einen 5,1-Liter-Zweizylinder. (Foto: © Randy, cc-by-sa 2.0)

GROSSTRAKTOREN

Der Typ 420 – hier als C (»Crawler«, Kettenschlepper) – war eine unglaublich umfangreiche Traktorserie. Von 1956 bis 1958 wurden rund 30.000 Stück gebaut. (Foto: © Alfa van Beem, CC0)

JOHN DEERE

Der spätere Weltmarktführer auf dem Gebiet der Landmaschinen startete aus bescheidensten Anfängen. Im beschaulichen Grand Detour südlich der Stadt Oregon im US-Bundesstaat Illinois entwickelte der Hufschmied John Deere mit improvisierten Mitteln 1837 den ersten selbstreinigenden Stahlpflug, der zu einem großen Erfolg wurde. Unter dem Namen »Deere & Company« expandierte die neu gegründete Firma in den kommenden Jahrzehnten. Zu Beginn des 20. Jahrhunderts – der Firmengründer lebte da schon nicht mehr – gliederte Deere nicht weniger als ein halbes Dutzend ehemals selbständiger Landmaschinenhersteller und ihre Produkte bei sich ein.

Nach dem Ersten Weltkrieg stieg Deere mit dem »Waterloo Boy« in die Herstellung von Traktoren ein. In den 1920er-Jahren entstand sein erster selbstkonstruierter Schlepper, das Modell D, in kostengünstiger Zweizylinder-Technik. Dieser wurde zwanzig Jahre lang sehr erfolgreich gefertigt und sollte der langlebigste Schlepper der Firma werden. Der Zweite Weltkrieg verschaffte Deere eine weitere Aufschwungphase, da kriegsbedingt immer mehr Männer durch Maschinen ersetzt werden mussten.

In den 1950er-Jahren machte der amerikanische Landmaschinen-Hersteller außer mit neuen Traktorreihen auch mit zahlreichen Innovationen auf sich aufmerksam; die ersten selbstfahrenden Mähdrescher, Baumwollpflücker und Maisernter kamen auf den Markt, und alle waren serienmäßig mit elektrischem Anlasser ausgerüstet. Zusätzlich bereitete Deere in dieser Zeit eine brandneue und -moderne Schlepperreihe vor, deren Entwicklung stolze sieben Jahre in Anspruch nehmen sollte. Ende der 1950er Jahre verabschiedete sich Deere von seinem Konzept der Zweizylinder-Traktoren.

Allen Erfolgen zum Trotz war es Deere bislang nicht gelungen, auf dem europäischen Traktorenmarkt einen Fuß in die Tür zu bekommen. Deshalb verschaffte der Konzern sich 1956 die Aktienmehrheit beim deutschen Traktorenhersteller Heinrich Lanz.

In Mannheim wurden die Lanz-eigenen Traktoren nur noch eine Übergangszeit lang gebaut. Im Jahr 1960 verließen dann die ersten Schlepper einer neuen, unter Deeres Leitung konstruierten Reihe das Mannheimer Werk, welche die alten Lanz-Bulldog in Europa ersetzen sollten. Die Modelle 300 (28 PS) und 500 (36 PS) trugen den Doppelnamen John Deere-Lanz, unter dem das Mannheimer Werk für einige Jahre ebenfalls noch firmieren durfte. Lackiert waren sie aber in Deeres Hausfarben Grün-Gelb. In Abkehr von der bisherigen Politik der Amerikaner handelte es sich bei diesen Traktoren erstmals um moderne, in Halbrahmenbauweise gefertigte Vierzylinder-Modelle. Spitzenmodell und Ersatz für den großen 60-PS-Lanz-Bulldog wurde der 65 PS starke 3010, dessen Einzelteile anders als die bisher genannten Typen aus den USA importiert wurden. Ab der 10er-Reihe Mitte der 1960er-Jahre, deren Motoren aus Frankreich kamen, verzichtete Deere erstmals ganz auf den renommierten Namen Lanz.

Die Vielzahl an weltweiten Filialen erforderte nun, dass die verschiedenen Werke sich an gemeinsame Standards halten und zusammenarbeiten mussten. Bestimmte Reihen der Deere-Traktoren kamen von nun an aus der Mannheimer Produktionsstätte, die sich so zum größten Deere-Werk außerhalb der USA entwickelte. In den Staaten selber war Deere unterdessen zum Marktführer geworden.

1967 – Lanz gehörte endgültig Deere und tauchte im Firmennamen nicht mehr auf – erschien die 20er-Serie mit Drei-, Vier- und Sechszylinderschleppern und mit unter Last schaltbaren Getrieben. Von der allgemeinen Krise auf dem Traktorenmarkt jener Jahre war John Deere nicht betroffen. Die 30er-Reihe deckte zu Beginn der 1970er-Jahre das Leistungsspektrum zwischen 35 und 145 PS ab und verfügte über das neue Lastschaltgetriebe HILO. Weiterhin zeigten sich die Landwirte begeistert von der neuen Sound-Guard-Kabine, einer Fahrerkabine mit Überrollbügel, unter deren Schutz der Lärmpegel spürbar reduziert war. Die neue 40er-Reihe, die Ende des Jahrzehnts aufgelegt wurde, war serienmäßig mit diesen Kabinen sowie mit Frontantrieb ausgestattet. Um auf Kundenwünsche eingehen zu können, bot Deere eine große Zahl an Wahl- und Zusatzausrüstungen an, mit denen der Traktor bestellt werden konnte.

GROSSTRAKTOREN

Der starke Rückgang der Verkaufszahlen in den 1980er-Jahren als Folge einer schweren Rezession ging an John Deere nicht spurlos vorüber. Während aber Mitbewerber entweder auf der Strecke blieben oder mit anderen fusionieren mussten, blieb Deere selbstständig und erholte sich gegen Ende des Jahrzehnts rasch wieder.

Die Expansion durch Zukäufe, Kooperationen und Programmausweitungen setzte sich in den 1990er-Jahren fort.

Zur erstmaligen Marktführerschaft nicht nur in Deutschland verhalfen John Deere die völlig neu konstruierten 7000er- und 6000er-Reihen, von denen die Letztere in Mannheim produziert wurde. Das Besondere an diesen neuen Traktoren, die zu Beginn der 1990er-Jahre vorgestellt wurden, war deren Chassis-Konstruktion aus einem Brückenstahlrahmen statt der bisherigen Blockbauweise sowie ihr durchgängig modularer Aufbau. Dies erlaubte den einfachen Anbau einer Vielzahl von landwirtschaftlichen Arbeitsgeräten. Leistungsmäßig bewegten sich die neuen Traktoren im Bereich zwischen 75 und 160 PS. Mit 225 bis 425 PS stießen die Reihen 8000 und 9000 in noch höhere Leistungs-Regionen vor und waren damals die größten von Deere gebauten Modelle. Alle Reihen wurden ab 1994 bzw. 1996 vorgestellt und vermochten hinsichtlich Wendigkeit, Komfort und Rundumsicht (mittels der neuen ComfortGuard-Kabine als Weiterentwicklung der alten SG-Kabine) sowie ihrer Steuerung zu beeindrucken. Der stärkste aktuelle Traktor ist der 9620 RX mit 670 PS und vier Raupenketten.

Seit 2001 hat John Deere seine Führerschaft bei Landmaschinen und Traktoren auf dem deutschen Markt nicht mehr hergegeben. International scheint er ohnehin schwer einholbar, denn die globale Marktpräsenz wurde nach der Jahrtausendwende immer weiter ausgebaut. Sie bescherte dem Konzern laufend neue Rekordumsätze. Bereits im Jahr 2000 wurde mit Timberjack einer der führenden Forstmaschinenhersteller eingekauft. Das Produktangebot umfasst deshalb aktuell neben Traktoren, Land- und Rasenpflegemaschinen zusätzlich Forst- und Baumaschinen. Doch damit nicht genug: Selbst Finanzdienstleistungen hat John Deere im Angebot.

Seit Ende der 1990er-Jahre waren weitere Innovationen in neuen Traktor-Reihen eingeführt worden, wie etwa die TLS-Vorderachsfederung, die für eine gleichbleibend gute Zugkraftverteilung sorgt, oder die »PowerTech«-Motoren, die höchste Leistung bei minimalem Kraftstoffverbrauch versprechen. Für Sonderanwendungen stehen Spezialtraktoren bereit. Zu den neuen Reihen, die seit der Jahrtausendwende erschienen sind, gehören die 6010er-Reihe mit Vier- und Sechszylinder-Traktoren im Leistungsbereich zwischen 80 und 150 PS, welche ab dem Jahr 2003 abgelöst wurde von der 6020er-Reihe, deren stärkster Traktor 160 PS erzeugte; an ihre Stelle trat seit 2006 die Reihe 6030, die bis zu 205 PS zur Verfügung stellte.

In Mannheim befindet sich indes nicht nur die größte außeramerikanische Produktionsstätte von Deere, hier ist außerdem der Hauptsitz des Konzerns für Europa beheimatet. Weitere Standorte von John Deere in Deutschland stehen in Bruchsal (Fahrerkabinen), Zweibrücken (seit den 1960er-Jahren: Mähdrescher u. a.), Gummersbach (SABO-Rasenmäher) und Stadtlohn (Erntevorsätze der 1995 aufgekauften Firma Kemper). Der größte Teil der in Deutschland produzierten Maschinen wird in alle Welt exportiert, in letzter Zeit besonders nach Asien und Osteuropa.

Global ist der Landmaschinenhersteller in über 30 Ländern mit zahlreichen Niederlassungen vertreten. Seine Produkte werden in über 160 Ländern verkauft, und das bei einem Jahresgesamtumsatz von sage und schreibe mehr als elf Milliarden Euro.

Ein Vertreter der 9R-Serie mit Zwillingsbereifung: Der John Deere 9620RX kam auf 670 PS und gewaltige 2800 Nm Drehmoment. Die Kraftübertragung erfolgt über eine 18-Gang-Elektronik, die maximale Hydraulikleistung liegt bei 435 l/min. (Foto: © Deere & Company)

Der 8370 RT (hinten) und als Radtraktor 8370R. Beide haben einen 9-Liter-Diesel, für die maximal 407 PS benötigt der John-Deere-Motor aber einen Turbolader mit variabler Geometrie und Ladeluftkühler. Serienmäßig ist eine Luftfederung. (Foto: © Deere & Company)

Die 8R-Serie, hier das Modell 8345R ist nur unwesentlich kleiner als die 9R-Serie. Für Vortrieb sorgt hier ein neun Liter großer Diesel mit Partikelfilter und SCR-Kat, der Großtraktor wurde zur »Maschine des Jahres 2016« gewählt. Motorleistungen von 270 bis 370 PS sind zu haben, vielfältig auch die Reifenoptionen: Hinten sind bis zu 2,15 m Höhe und 0,9 m Breite möglich. (Foto: © Deere & Company)

Zu den Großtraktoren zählt auch der maximal 340 PS starke 7310R. John Deere bietet für seine Großtraktoren nun auch die Möglichkeit, 1,7 Tonnen Ballast an der Unterseite des Traktors per Elektronik anzubauen. Hier aber sind konventionelle Pickup-Gewichte verbaut, wahlweise 900, 1150, 1500 und 1800 kg schwer. (Foto: © Deere & Company)

Der Quadtrac 9620 RX ist der eindrucksvollste unter den Großtraktoren von John Deere. Wo andere Schlepper Reifen haben, hat er Bandlaufwerke. Dadurch verringert sich der spezifische Bodendruck des rund 25 Tonnen schweren Traktors um rund ein Viertel. Das Knickgelenk in der Mitte verbesserte die Beweglichkeit und egalisierte Höhenunterschiede zwischen Vorder- und Hinterachse von bis zu 13 Grad. (Foto: © Deere & Company)

Die über 600 PS starke 9RX-Zugmaschine wiegt in Topausstattung komplett ballastiert über 28 Tonnen und kommt, bei Ausrüstung mit den 920 mm breiten Durabuilt-Raupen auf einen Bodendruck von lediglich 0,420 kg/cm². Die beiden Laufrollen aus Polyurethan haben einen Durchmesser von jeweils 417 mm. Die Gestaltung des Laufrollenwagens erinnert entfernt an ein Panzerlaufwerk.

(Foto: © Deere & Company)

Die Knicklenker erhöhten Effizienz und Leistung im Vergleich zu anderen russischen Traktoren um das Zweieinhalb- bis Dreifache. Auch beim Räumen. (Foto: © Atmega644, cc-by-sa 4.0)

Im Juli 1962 lief der erste K-700 vom Band. Der 220 PS starke Traktor war einer der ersten, der Großflächengeräte tragen konnte. (Foto: © Kirowetz PTZ)

Am 18. Juli 2012 feierten die Kirow-Werke das 50-jährige Jubiläum der berühmten Baureihe K-700 und stellten die sechste Generation des legendären Traktors, den K-9000, in Serienausführung vor. Erste Studien waren 2008 entstanden, die Leistung liegt zwischen 354 und 516 PS. (Foto: © Kirowetz PTZ)

Giganten unter sich: Ein John Deere der 9R-Serie neben einem 700 A, wie er zwischen 1975 und 2002 gebaut wurde. (Foto: © Ralf Weinreich)

GROSSTRAKTOREN

KIROWETZ

Im Anfang war der Ford: Die in Sankt Petersburg beheimatete Firma Kirowetz – die wiederum auf die russischen Putilow-Werke von 1801 zurückgeht – begann 1924 mit der Lizenzproduktion des Fordson-Traktors. Das Werk hatte im Ersten Weltkrieg 60 Halbketten-Panzerfahrzeuge gebaut und bekam nun, nachdem die Wirren des russischen Bürgerkriegs abgeklungen waren, den Bau von Traktoren zugewiesen. Die Entscheidung für das US-Muster hatte gute Gründe, denn der Fordson wies, ebenso wie der Lanz, die so genannte Blockbauweise auf, und das war bahnbrechend: Motor, Getriebe und Hinterachse waren starr miteinander verbunden, was die Konstruktion wesentlich vereinfachte und für einen Zugtraktor die nahezu ideale Bauform darstellte. Anders aber als der Lanz war der Fordson von Anfang an auf eine Großserienproduktion ausgelegt und hatte einen einfach zu bedienenden Benzinmotor, was ihn zur idealen Vorlage machte. Der Fordson wurde bis 1934 gebaut und dann durch die Farmall-Nachbauten Universal-1 und Universal-2 ersetzt, die aber ziemlich unzuverlässig waren und ziemlich bald nach Kriegsende aussortiert wurden. Bis zum Kriegsbeginn waren rund 150.000 Traktoren aller Baureihen produziert worden. Im Krieg wurden vor allem Panzer gebaut; die Beseitigung der Kriegsschäden und die Umstellung auf die neue Traktorgeneration nahm beinahe die gesamten 1950er-Jahre in Anspruch.

DIE GROSSTRAKTOREN MIT KNICKLENKUNG

1962 erschien der erste der legendären Großtraktoren der Baureihe K-700. Zu haben war er in verschiedenen Leistungsklassen. Zunächst kam er mit dem 14,9 Liter-V8-Diesel von JaMS mit 215 (andere Quellen: 210 PS) und, mit Aufladung, als K-700A (220 PS. Der erste dieser zunächst elfeinhalb Tonnen schweren Traktoren verließ am 13. Juli 1962 die Werkshallen, bis zum Jahresende sollten 14 weitere folgen. Im Jahr darauf kamen 50 weitere dazu. Nach dieser Nullserie begann 1964 die Großserienfertigung auf einer eigens eingerichteten Produktionslinie, die im September in Betrieb ging und bis Jahresende 1200 Maschinen ausspuckte. Bei diesem Allradtraktor in der 60-kN-Klasse – also der stärksten Zugkraftklasse – war der Hinterachsantrieb abschaltbar, Vorder- und Hinterteil waren dank der Knicklenkung beweglich gelagert und konnten in gewissem Rahmen unabhängig voneinander auch in schwierigem Gelände Bodenkontakt halten. Die Kraftübertragung erfolgte über Gruppengetriebe mit insgesamt 16 Vorwärts- und acht Rückwärtsfahrstufen, geschaltet wurde mechanisch. In die DDR begann der Import ab 1967.

In den Sechzigern stieg das Unternehmen zum größten russischen Produzenten von landwirtschaftlichem Gerät auf, die berühmte Knicklenker-Serie wurde nur im Detail verfeinert. 1975, nach 100.000 Einheiten, begann die Ablösung der K-700-Serie durch den K 701. Diese Serie hatte einen Diesel-Direkteinspritzer mit 22,3 Litern Hubraum. Der flüssigkeitsgekühlte V12 leistete 300 PS bei 1900 Umdrehungen. Auf dieser Basis begann dann die Entwicklung von Industrie-Zugmaschinen und Maschinen für die Forstwirtschaft. 1980 schließlich präsentierten die Russen den K-710 mit 500 PS, den bis dahin leistungsstärksten Großtraktor ihrer Geschichte. Er war Höhe- und Endpunkt der ersten Knicklenker-Generation, wurde aber nur fünf Mal gebaut. Für Stückzahlen – die 300.000er-Marke wurde 1985 überschritten – sorgten weiter die kleineren Maschinen, sofern bei einem siebeneinhalb Meter langen und dreieinhalb Meter hohen Traktor von »klein« geredet werden kann.

Zwei K-744P3 auf dem Feld. Der Großtraktor wurde zwischen 2007 und 2012 gebaut. Aus 17,2 Litern Hubraum holte der Allrad-Gigant satte 390 PS. (Foto: © PD)

DER NEUBEGINN IN RUSSLAND

Nach dem Zusammenbruch der UdSSR begannen unruhige Zeiten, bis 1992 schließlich das Unternehmen privatisiert wurde und im Jahr 2000 mit der Serie K-744 der Schritt in die Neuzeit glückte. Diese fünfte Fahrzeug-Generation entstand zunächst für den Inlandsmarkt, am 1. Februar 2001 waren die längst nicht mehr zeitgemäßen Kirowetz-Typen K-700, K-701 und K-703 ausgelaufen, stattdessen ging der K-744P in den Leistungsstufen 250, 300 und 350 PS mit einem YaMZ-Turbo-V8 und 17,2 Liter Hubraum in Produktion. Inzwischen sind fast 500.000 Kirowetz gebaut worden.

GROSSTRAKTOREN

MASSEY FERGUSON

Zu Beginn der 1890er-Jahre vereinigten Daniel Massey und Alanson Harris ihre beiden Betriebe zur »Massey-Harris Company« und entwickelten fortan gemeinsam Erntemaschinen. Ab 1917 erweiterten Massey-Harris ihr Produktangebot um Traktoren, die sie von einem Hersteller aus Chicago bezogen. Als dieser Hersteller verkauft wurde und nicht mehr liefern konnte, baute Massey-Harris die Fahrzeuge kurzerhand in der eigenen Fabrik bis 1923 selber weiter. Dann ließen sich die mittlerweile technisch veralteten Schlepper nicht mehr absetzen. Vier Jahre später wagten die Kanadier jedoch auf Grundlage dieser Traktoren einen Wiedereinstieg in dieses Marktsegment. Das kanadische Unternehmen war erfolgreich und begann, ins Ausland zu expandieren.

Die ersten Traktoren, die Massey-Harris verkaufte, trugen schlicht die Bezeichnungen No. 1, 2 und 3. (Foto: © AGCO Massey Ferguson)

MASSEY UND HARRIS

1930 war Massey-Harris so weit, seinen ersten vollständig selbstkonstruierten Traktor vorstellen zu können, den GP 15/22 mit 20 PS Motorleistung. Weitere Schlepper folgten bis zum Ausbruch des Zweiten Weltkrieges, darunter der »Pacemaker« von 1936 und das 36 PS starke Modell 101 von 1938. Dennoch spielten Traktoren bei Massey-Harris noch nicht die Hauptrolle, diese kam den Mähdreschern zu. Den Kanadiern war 1938 die Entwicklung des ersten selbstfahrenden Mähdreschers in Amerika gelungen, deshalb avancierten sie hier konsequenterweise bald zum Marktführer.

Dennoch produzierte Massey-Harris nach dem Zweiten Weltkrieg weiterhin auch Traktoren. 1947 erschien das Modell 44, ein von der Formgebung traditionell gehaltener, aber mit neuer Technik versehener Traktor, der in den USA sehr erfolgreich wurde. Weitere Modelle hörten auf die Bezeichnungen 11, 20, 30 und 55. Zum meistverkauften Traktor der Kanadier wurde jedoch das Modell »Pony«, und zwar aufgrund der starken Nachfrage aus Europa, wo man mit diesem Kleinschlepper wesentlich mehr anfangen konnte als in Amerika. Das Modell »Pony« wurde deshalb ab 1951 nur noch in Frankreich speziell für den europäischen Markt hergestellt. Seit 1950 stattete Massey-Harris seine Traktoren mit einer Dreipunkt-Hebevorrichtung aus, wie sie Harry Ferguson zum Ziehen und Ausrichten von Landwirtschaftsgeräten entwickelt hatte. Sie war dieser allerdings weder ebenbürtig noch mit ihr kompatibel.

FERGUSON

Die letzte Herkunftslinie von Massey Ferguson führt nach Großbritannien. Hier lebte mit dem Iren Harry Ferguson der dritte Namensgeber des Traktorenbauers. Ferguson war 1918 vom britischen Landwirtschaftsministerium beauftragt worden, zur effizienten Steigerung der Lebensmittelproduktion neue landwirtschaftliche Geräte zu entwickeln. Was er stattdessen erfand, war nichts weniger als eine Revolution in der Landwirtschaft. An seinem Dreipunkteaufhänger für Traktoren, der 1928 erstmals in einem frühen Prototypen vorgestellt wurde, konnten die unterschiedlichsten Landwirtschaftsgeräte befestigt werden. So machte dieser das Pferd als Zugtier für landwirtschaftliche Geräte endgültig entbehrlich und fungierte zudem als hydraulischer Heber, der die angehängten Geräte in jede gewünschte Arbeitsposition bringen konnte. Weil ein Teil des Gewichts der Landwirtschaftsgeräte auf den Traktor übertragen wurde, war es zudem möglich, die Leistung eines leichteren Schleppers besser zu nutzen. Den ersten Traktor, der mit dieser Dreipunktaufhängung versehen war, baute Ferguson 1933 in eigener Regie zu Demonstrationszwecken und taufte ihn entsprechend seiner Lackierung »Black Tractor«. Anschließend tat sich Ferguson mit dem britischen Schlepperhersteller David Brown zusammen und präsentierte 1936 den ersten serienmäßig hergestellten Traktor mit Dreipunktsystem, den Ferguson-Brown Typ A.

Da Ferguson und Brown allerdings verschiedene Vorstellungen von der zukünftigen Produktpolitik hatten, trennten sich beide wieder. Ferguson knüpfte anschließend Kontakte zu Henry Ford in den USA. 1939 entstand auf diese Weise der Traktor Ford 9N mit Dreipunktaufhängung. Von da an wurden alle Ford-Schlepper mit dieser Aufhängung versehen und diese auch explizit mit dem Namen Ferguson benannt.

Der Ferguson 35 wird ab 1957 von Massey Ferguson in roter Lackierung als MF 35 weiterproduziert. Auf dem Bild trägt er noch die Aufschrift »Ferguson«. (Foto: © AGCO Massey Ferguson)

Der erste vollständig selbstkonstruierte Schlepper von Massey-Harris, der GP 15/22. (Foto: © Melbr00ks, cc-by-sa 3.0)

Der Reihenkultur-Schlepper Modell 30 von Massey-Harris wurde von 1946 bis 1952 gebaut. Der Benzin-Motor hatte vier Zylinder und einen Hubraum von 2,7 Litern, die Leistung lag bei 36 PS.

Verkaufsschlager von Massey Ferguson war das Modell 135, hergestellt von 1964 bis 1975, mit Motorleistungen bis zu 48 PS. (Foto: © ACGO Massey Ferguson)

Zur Ausstattung des Massey Ferguson 6499, der zwischen 2008 und 2012 gebaut wurde, gehörte ein 32-Gang-Vollsynchron-Dynashift-Eco-Wendegetriebe. Sein Sechszylinder-SISU-Motor leistete 215 PS. (Foto: © AGCO Massey Ferguson)

Massey Ferguson 275, produziert von 1975 bis 1983. Die Baureihe hatte Perkins-Diesel-Motoren. (Foto: © Marinho, cc-by-sa 2.0)

Der MF 8690 stellte mit seinen 340 PS zwischen 2008 und 2013 die oberste Leistungsklasse im Programm von Massey Ferguson dar. Er wurde, als 8680 mit 310 PS, in 2009 zum »Traktor des Jahres« gekürt. (Foto: © AGCO Massey Ferguson)

1947 gerieten beide Geschäftspartner aber darüber in Streit. Ford Junior – Henry Ford war unterdessen gestorben – wollte nicht mehr länger Lizenzgebühren an Ferguson zahlen und dessen Namen ebenfalls nicht weiter verwenden. Daraufhin erstritt sich Ferguson vor Gericht eine satte 10-Millionen-Dollar-Abfindung. Ford konnte die Dreipunktaufhängung weiter verwenden und Ferguson begann in den kommenden Jahren damit, seine eigenen Schlepper auf den Markt zu bringen.

Sein Erfolgsmodell TE 20 (»Tractor England«; in den USA verkauft als »Tractor Overseas « TO 20) wurde in Zusammenarbeit mit der Standard Motor Company von 1947 bis 1956 in England über 500.000 Mal verkauft. Dieser »Graue Fergy« war ein echter Allroundschlepper, brachte es auch in den USA und Kanada auf stattliche 60.000 Exemplare und kam sogar bei der Antarktis-Expedition von Edmund Hillary in den späten 1950er-Jahren zum Einsatz. Die Standard Motor Company lieferte bis 1951 Benzin- und anschließend Dieselmotoren für diese Schlepper.

MASSEY-HARRIS-FERGUSON

1953 verkaufte Harry Ferguson seine Fabrik an Massey-Harris, das daraufhin Toronto zum neuen Firmensitz erkor. Ein paar Jahre lang firmierte das neue Unternehmen als »Massey-Harris-Ferguson«, bevor man schließlich das »Harris« aus der Firmenbezeichnung strich. Weil die kanadischen ebenso wie die britischen Traktoren zahlreiche Fans hatten, ließ man beide Traktorenprogramme eine Zeit lang nebeneinander her laufen. Ein Jahr nach der Fusion entstand so beispielsweise das Ferguson-Traktor-Modell 35, anfangs noch in Grau, schließlich aber ab 1957 nur noch im einheitlichen Massey-Ferguson-Rot lackiert. Von diesem abgeleitet waren der Massey-Harris 50 und der Ferguson 40.

Ab 1958 erschien unter dem nun einheitlich verwendeten Namen Massey Ferguson eine neue Baureihe von Traktoren, die mit Perkins-Dieselmotoren ausgestattet wurden, unter ihnen die Typen MF 65, 85 und 88. Speziell für den Markt in den USA und Kanada gedacht waren die leistungsstarken MF 97 und 98. Ein Jahr später übernahm Massey Ferguson die Traktoren der Standard Motor Company ebenso wie den Motorenhersteller Perkins, noch ein Jahr später folgte der traditionsreiche italienische Hersteller Landini. Diese Expansionen waren möglich aufgrund der ständig steigenden Absatzzahlen, gerade auch in Europa. Massey Ferguson baute ein Zentralersatzteillager in Paris, vergrößerte seine Werke in Deutschland und weitete seine Typenvielfalt auf 60 Modelle aus. Weitere Produktionsstätten entstanden während der 1960er-Jahre u. a. in Indien, Brasilien, Italien, Australien und Mexiko.

Die Erfolgskurve von Massey Ferguson zeigte trotz der Krisen anderer Hersteller immer noch steil nach oben; das Unternehmen gehörte mittlerweile zu den weltweit führenden Produzenten von Landwirtschaftsmaschinen. Mitte der 1960er-Jahre erschien eine neue Traktorreihe, die »Roten Giganten«, bestehend aus den Modellen MF 135, 165 und 175. Unter diesen wurde der MF 135 zum bestverkauften Traktor mit Rekordabsatzzahlen in Deutschland. 1968 wurde diese Reihe mit stärkeren Motoren aufgewertet. Der Erfolg ging bei Massey Ferguson in den 1970er-Jahren weiter. Das Unternehmen stieg bei Eicher ein und übernahm 1973 den deutschen Traktorenhersteller komplett. 1974 folgte der Erwerb von Hanomag. Beide Übernahmen waren jedoch nicht von Dauer. Im selben Jahr schloss Massey Ferguson einen Lizenzvertrag mit dem polnischen Schlepperhersteller URSUS, der fortan MF-Traktoren in Polen bauen durfte. Zu den stärksten Traktoren des heute zum AGCO-Konzern gehörenden Unternehmens zählen der bis zu 400 PS starke MF 8700 S sowie MF 7700 S mit maximal 280 PS.

Zwei MF8740 auf dem Weg zum Händler: Den europäischen Markt bedient MF vom französischen Werk Beuvais aus. Die Motorn stammen von AGCO-Tochter Sisu. (Foto: © AGCO Massey Fergusson)

Mit der 8600er Reihe (2009–2013) hatte Massey-Fergusson erstmals mit einem Standard-Traktor die 300-PS-Marke geknackt. Nobel war die Ausstattung des Großtraktors. Die Fahrerkabine hatte serienmäßig Heizung und eine manuelle Klimaanlage. Und wer mochte, konnte Sitzheizung, elektrisch verstellbare Spiegel und eine Klimaautomatik ordern. (Foto: © AGCO Massey Ferguson)

2009 war der Massey Fergusson 7499 mit dem 220 PS starken SISU-Sechszylinder erschienen. Er war das stärkste Modell der 7400er Serie und brachte 205 PS an die Zapfwelle.
(Foto: © AGCO Massey Ferguson)

Bis zur Einführung des MF8740 im Frühjahr 2018 war der MF 8737 der stärkste, je von Massey Fergusson gebaute Traktor. Die 8700er Reihe hatte auf der Agritechnica 2013 ihre Premiere gefeiert und in ihrer Spitze 400 PS entwickelt. Der Biturbo-Sechszylinder stammte von Sisu (beziehungsweise Agco) und kam auf einen Hubraum von 8,4 Litern. (Foto: © AGCO Massey Ferguson)

GROSSTRAKTOREN

MB-TRAC

Daimler-Benz arbeitete gegen Ende der 1960er-Jahre an einem Schlepper, der so viel wie möglich von der Technik des Unimog nutzen, aber speziell auf die Landwirtschaft zugeschnitten sein sollte. Mit diesem Gefährt wollte der Stuttgarter Konzern endlich den Durchbruch in einem Marktsegment schaffen, um das er bisher trotz fortschrittlicher Technik mit wenig Erfolg gebuhlt hatte. Das Verwenden des Unimog und seiner Komponenten als Basis des neuen Traktors diente nicht nur der Sicherstellung seiner technischen Überlegenheit gegenüber den Mitbewerbern, sondern zudem der Reduktion der Herstellungskosten.
1967 erschien ein erster Prototyp mit der Bezeichnung A 60. Firmeninterne Differenzen beendeten vorläufig seine Weiterentwicklung, bis die Ankündigung eines ähnlichen Konzeptes von Klöckner-Humboldt-Deutz (KHD) zur Wiederaufnahme der Arbeiten am zukünftigen MB-trac führte.

Der MB-trac 65/70 war zu Beginn der 70er Jahre der erste in Serie gebaute Allradschlepper der neuen MB-trac-Reihe von Mercedes-Benz. Von Anfang an nachteilig war der hohe Anschaffungspreis. (Foto: © Daimler AG)

ÜBERLEGENE MIXTUR AUS UNIMOG UND TRAKTOR

1972 stellte Daimler das erste Modell vor, den MB-trac 65/70. Obwohl sein äußeres Erscheinungsbild im Gegensatz zum Unimog einem typischen Traktor glich, unterschied er sich von einem solchen in vielerlei Hinsicht. Vom Unimog geerbt hatte der MB-trac die Rahmenbauweise, die vier gleich großen Räder samt Allradantrieb und anfänglich auch die Portalachsen. Seine Hinterachse war starr ausgeführt, die Vorderachse hingegen gefedert. Anders als beim Unimog oder bei Konkurrenzschleppern lag die Fahrerkabine zwischen den Achsen, wodurch bei voller Zugkraft das Gewicht des MB-trac gleichmäßig verteilt wurde. Neben den Möglichkeiten zum Anbau von Zusatzgeräten vorne und hinten am Schlepper stand ein dritter Anbauraum hinter der Fahrerkabine zur Verfügung.
Das Fahrerhaus selber war modern und übersichtlich gestaltet. Der Fahrer hatte eine gute Rundumsicht und fand die Bedienelemente vorteilhaft angeordnet. Eine weitere Erleichterung stellte die Servolenkung des MB-trac dar. Diese technische Überlegenheit garantierte dem neuen Traktor von Daimler ein Höchstmaß an Interesse, und tatsächlich gingen die Abnahmezahlen in den folgenden Jahren steil nach oben. 1975 ersetzten die MB-trac 700 und 800 ihre Vorgängermodelle.
Mit 65 und 72 PS bildeten sie die leichte Reihe des vielseitig verwendbaren Schleppers. Planetenachsen hatten die Portalachsen abgelöst. Im darauffolgenden Jahr wurden sie von der schweren Reihe mit den Modellen MB-trac 1000 und 1100 (95 und 110 PS) nach oben hin ergänzt.
Doch nicht nur im Landwirtschaftsgewerbe fanden die MB-trac ihre Abnehmer. Ähnlich wie beim Unimog interessierten sich schon bald auch Kommunen, Bauunternehmen, die Forstwirtschaft und die Industrie für die Universalfahrzeuge aus Gaggenau.

Die vier MB-trac-Baureihen auf einem Bild von 1976: 440, 441, 442 und 443. Die Produktion aller Baureihen lief zwischen 1973 und 1991. Laut Werksunterlagen wurden 41.365 Allrad-Schlepper verkauft. (Foto: © Daimler AG)

Der MB-trac 1000 (Baureihe 441) stand zwischen 1987 und 1991 im Programm. Für Vortrieb sorgt der OM 366 aus dem Lkw-Programm mit 100 PS. Das Leergewicht lag bei 4500 kg. (Foto: © Daimler AG)

Die erste MB-Trac-Baureihe erschien 1972 und hatte die Baureihenbezeichnung 440, die Verkaufsbezeichnung lautete 65/70. Typisch war die Lackierung: Die Farbe des Aufbaus lautete »Kieselgrau«, die Kotflügel und Felgen waren blutorange lackiert. Auch der MB-Trac 700, der 1975 den 65/70 ablöste, trug anfangs dieses Farbkleid. (Foto: © Daimler AG)

Die schwere Baureihe umfasst die Modelle MB-trac 1300 turbo, 1400 turbo und 1600 turbo (1987–91). Höhe- und Endpunkt stellte aber der 1800 turbo intercooler der Baureihe 443 dar, der nur 1990 und 1991 angeboten wurde. (Foto: © Daimler AG)

Anfang der 70er Jahre baute Daimler-Benz auf Basis des Unimog mit dem MB-trac einen vielseitigen Schlepper, der sich sehr von den Mitbewerbern unterschied. Nach der Einstellung der Reihe führte die Firma »Werner GmbH« den Traktor unter dem Namen WF-trac fort.
(Foto: © Werner GmbH)

DER ERFOLGREICHE MB-TRAC WIRD OPFER DER LANDWIRTSCHAFTSKRISE

Daimlers drittem Einstieg in den Schlepperbau schien der Erfolg nicht verwehrt zu bleiben. Zu Beginn der 1980er-Jahre überarbeitete und modernisierte der Konzern den MB-trac. Mit den Modellen 1300 und 1500 folgten im oberen Leistungssegment Kraftpakete von 125 und 150 PS. Die Fahrerkabine war nun schallisoliert, die Bedienungsfreundlichkeit des Schleppers weiter optimiert.

Doch das neue Jahrzehnt meinte es im Allgemeinen nicht gut mit der Landwirtschaftsbranche. Viele Firmen wurden zum Aufgeben, zu Fusionen mit stärkeren Partnern oder zum Wechsel der Branche gezwungen. Die Verkaufszahlen brachen letztlich auch beim MB-trac ein. Hilfe versprach sich Daimler von der Kooperation mit Mitbewerber KHD, der ein ähnliches Traktorkonzept mit seinen Intrac-Modellen verfolgte.

Ende der 1980er-Jahre legte Daimler eine letzte Baureihe des MB-trac auf, die alle Anforderungen der Praxis abdeckte und in dem Spitzenmodell 1800 Intercooler mit 180 PS Motorleistung gipfelte.

Zu Beginn der 1990er-Jahre sollte dann eigentlich eine gemeinsame Nachfolgereihe mit KHD entwickelt und vertrieben werden. Weil aber zur selben Zeit beim Unimog eine vollkommen neue Reihe erschien, deren Komponenten nun nicht mehr für den MB-trac kostensenkend mitverwendet werden konnten, und die Aussichten eines Markterfolges insgesamt nicht rosig erschienen, wurden diese Pläne nicht in die Realität umgesetzt. Stattdessen beendete Daimler Ende 1991 die Fertigung des MB-trac. Die Karriere des Systemtraktors war damit noch nicht zu Ende. Die Firma »Werner GmbH« aus Trier, die auch Wechselaufbauten für den Unimog herstellt, übernahm den MB-trac und entwickelte ihn weiter zum »WF-trac«, dessen Arbeitsfeld seither in der Forstwirtschaft liegt. Seine variablen Fahrzeugkomponenten können vom Kunden je nach Einsatzzweck individuell zusammengestellt werden.

Den MB-trac bot Daimler-Benz in den Ausführungen »Agrar«, »Grünland«, »Kommunal« und »Industrie« an, der WF-trac dagegen soll vor allem in der Holzwirtschaft punkten.
(Foto: © Werner GmbH)

MB-trac 1500 (Baureihe 443) in der Farbgebung der späten Modelle: Aufbau hellgelbgrün, Grill, Motorhaubenoberfläche und Kotflügel dunkelgrün. (Foto: © Daimler AG)

GROSSTRAKTOREN

McCORMICK / IHC

Cyrus McCormick und William Deering besaßen im 19. Jahrhundert jeweils einen eigenen Betrieb für Landwirtschaftsgeräte. McCormick hatte 1831 den Getreidemäher erfunden, Deering 1874 den Vorläufer des Getreidebinders. Die Siedler und Farmer im Mittleren Westen der USA waren dankbare Abnehmer für die Gerätschaften der beiden. Die Konkurrenz zwischen ihnen war so groß, dass sich die Firmen »McCormick Harvesting Machine Company« und »Deering Harvesting Company« auf dem Markt zeitweise geradezu bekriegten. Schließlich siegte jedoch die Vernunft, und beide Firmen schlossen sich im Jahr 1902 mit ein paar weiteren, kleineren Anbietern von landwirtschaftlichen Geräten zur »International Harvester Company« zusammen. Als bereits nach kurzer Zeit eine teilweise schon marktbeherrschende Position in den USA erreicht war, griff IHC in andere Teile der Welt über, gründete Niederlassungen zunächst in England und weiteren Ländern des Britischen Empires, anschließend in Schweden, Russland und im Jahr 1908 in Deutschland, genauer in Neuss bei Düsseldorf. Zwei Jahre zuvor hatte der amerikanische Mutterkonzern mit den Modellen Titan und Mogul seine ersten beiden Traktoren vorgestellt. Doch diese großen und klobigen Eisenungetüme wollte in Deutschland niemand haben. 1924 gelang IHC in den USA mit dem leichten Hackfruchttraktor Farmall nicht nur ein beeindruckender Vielzweckschlepper, er war zudem der Beginn einer langen Reihe von erfolgreichen Traktoren dieses Namens – nicht nur in den USA.

TRAKTOREN MADE IN GERMANY

Mit dem Modell F 12 G, alternativ versehen mit den Firmenbezeichnungen »McCormick « oder »Deering«, brachte die deutsche IHC-Niederlassung in Neuss 1937 ihren ersten eigenen Traktor auf den Markt. Es handelte sich dabei um eine an deutsche Verhältnisse angepasste Variante des einige Jahre zuvor bereits in den Vereinigten Staaten erschienenen und seitdem importierten Modells Farmall F 12. Ungewöhnlich für Europa war der ab 1949 20 PS starke, wassergekühlte Vierzylinder-Viertakt-Vergasermotor des in Halbrahmenbauweise gefertigten Traktors. Den deutschen Bauern wäre ein Diesel sicher lieber gewesen. Dennoch kamen die zwar einfachen, aber zuverlässigen und robusten Schlepper, die wahlweise mit Gummi- oder Eisenrädern zu haben waren, bei ihnen gut an.

Das IHC-Werk in Neuss gehörte zu den Schlepperbauern, die im Schell-Typenbegrenzungsplan Berücksichtigung fanden. So kam es, dass der F 12 G, umgebaut zum Holzgasschlepper, unter der neuen Bezeichnung N 6 noch bis 1944 produziert werden konnte. Während der Kriegsjahre stellte das Neusser Werk ergänzend zu den Traktoren Rüstungsgüter her. Ohnehin in der deutschen Rüstungsschmiede »Ruhrgebiet« gelegen, verschonten die alliierten Bomber Neuss nicht. Das Schlepperwerk erlitt dadurch sehr starke Beschädigungen, wurde aber nach dem Krieg nicht aufgegeben, sondern wieder aufgebaut.

Nach dem Krieg machte sich IHC an eine Neuauflage des F 12. Allerdings erfuhr der Traktor zu diesem Zweck einige Überarbeitungen, darunter eine veränderte Optik in strahlendem Rot und dem Schriftzug »McCormick-Deering International«. Die erstmals komplett in Deutschland entwickelte D-Serie wartete mit einem Vierzylinder-Viertakt-Diesel auf und ließ die Absatzzahlen der McCormick-Traktoren steil in die Höhe gehen.

Das erste Modell daraus, der 25-PS-Schlepper DF 25, wurde 1951 eingeführt und besaß an der Kühlerhaube den bekannten Namen Farmall. Weitere preiswerte und erfolgreiche Modelle, gefertigt in Blockbauweise, folgten ab 1952.

Sie hörten auf die Bezeichnungen DLD 2, DED 3, DGD 4 und bedienten die Leistungsklassen zwischen 14 und 30 PS.

Ab 1957 ersetzte eine überarbeitete, mit neuer Kühlerhaube versehene D-Reihe die Vorgängerserie. Sie war mit dem innovativen »Agriomatic-Getriebe« ausgestattet, das es dem Schlepperfahrer ermöglichte, ohne zu kuppeln vom Straßen- in den Ackergang zu wechseln. Mitte der 1960er-Jahre löste die neue »Common Market« (EWG)-Serie

Diese Bild, ebenso wie das nebenstehende, wurde im Auftrag der Regierung von Irving Rusinow (1914–1990) erstellt. Es ist aber nicht anzunehmen, dass er mit einem McCormick Deering unterwegs war, obwohl der oft zu sehen ist, so auch vor diesem Schulgebäude in Kansas.

Die Firma International hat ihre neuen Baureihen 1923 in McCormick-Deering 10-20 und 15-30 umbenannt. Für die nächsten Jahrzehnte trugen alle Traktoren diesen Markennamen.
(Foto: © Motopark, cc-by-sa 3.0)

Der McCormick Deering 10/20 wurde zwischen 1923 und 1939 praktisch unverändert gebaut. Für Vortrieb sorgte der 4,6-Liter-Benzinmotor von International.
(Foto: © Valerie Everett, cc-by-sa 2.0)

Erntezeit in Kansas, 1941: Der Traktor – ein McCormick-Deering W-Serie (und damit enger Verwandter des Farmall H – dient hier als stationärer Antrieb einer Dreschmaschine. Das Stroh bringen die Herren rechts in Ballenform. Zur maximalen Verdichtung hüpfen sie in die Kiste. (Foto: © NARA, PD)

Raupenschlepper waren bis in die 1930er Jahre hinein bei allen Traktorproduzenten ein Thema, in den USA mehr noch als in Europa. In der Regel wurden sie von entsprechenden Radtraktoren abgeleistet. Bei diesem McCormick TA 40, der hier am 1. November 1935 in Maryland bei Rodungsarbeiten eingesetzt wird, dürfte der 10-20 dahinter stecken. Möglicherweise handelt es sich aber auch bereits um einen der neucn TD 40 mit dem 7,6-Liter-Diesel von International. So oder so: Der Bau wurde 1939 eingestellt. (Foto: © NARA, PD)

Alle McCormick Traktoren im Leistungssegment von 80 bis 310 PS entstehen im 2013 runderneuerten Werk im italienischen Fabbrico. Es hat heute eine Fläche von 132.000 m², von denen 55.000 m² bebaut sind. Der Produktionsausstoß liegt bei 60 Traktoren pro Tag, zu denen weitere 60 Maschinen kommen, die in den Werken Luzzara und San Martino in Rio gebaut werden. (Foto: © ARGO GmbH)

Die Serie X60 war 2012 erschienen. Dabei handelte es sich um Ackerschlepper in der mittleren Klasse mit Leistungen von 90 bis 110 PS. Die Serie X70 dagegen umfasst fünf Modelle mit 150 bis 214 PS und ließ die Wahl zwischen dem Getriebe Autospeed mit 8 Powershift-Gängen und E-Plus mit Speed Sequencer und servounterstütztem Bereichswechsel. (Foto: © ARGO GmbH)

Die weltweite Einführung der neuen Serie X8 erfolgte auf der Agritechnica 2015. Zum ersten Mal bot McCormick damit Traktoren jenseits der 300-PS-Marke an. An den Start ging die Baureihe mit drei Modellen mit Leistungen von 264, 286 und 310 PS. (Foto: © ARGO GmbH)

Die Serie X60 mutierte für 2014 zur Serie X6 und wurde überarbeitet. Sie bestand aus zwei Modellen mit Vierzylinder-Motoren von 121 und 133 PS. Vom Vorgänger übernommen wurde das robuste Fahrgestell, die neue Kabine setzte, so der Hersteller, auf »Komfort, Ergonomie und Stil«. (Foto: © ARGO GmbH)

die bisherigen D-Reihen vollständig ab. Neben dem Herstellernamen »McCormick International« gehörte zur Typbezeichnung jetzt der Zusatz »D« für das Produktionsland Deutschland, gefolgt von einer dreistelligen Ziffer. Den Namen Farmall dagegen gab IHC hierzulande auf. Wiederum mit einem neuen Kühlergrill versehen, boten die fünf neuen Typen ein Leistungsspektrum von 26 bis über 70 PS. Vor allem die stärkeren Modelle verkauften sich so gut, dass der bereits 1960 erreichte 2. Platz in der Zulassungsstatistik im Jahr 1972 von einem 1. Platz übertroffen wurde.

Dies war auch der Einführung von wirklich starken Traktoren geschuldet, die bislang gefehlt hatten, durch britische Importe nicht ersetzt werden konnten, aber bis zum Jahr 1972 als Eigenentwicklungen (Sechszylinder-Modelle 946 mit 85 PS und 1046 mit 100 PS) endlich zum Verkauf standen. Dem mittlerweile angebotenen Leistungsspektrum zwischen 26 und 100 PS setzte das neue Modell 1246 mit seinen 120 PS die Krone auf.

Mitte der 1970er-Jahre strukturierte IHC Neuss sein Traktorprogramm um und führte neue Modelle ein. Zu diesen gehörten die Sechszylinder-Modelle 955 und 1055, gebaut von 1977 bis 1982 mit 90 bzw. 100 PS, sowie der McCormick-Schleppertyp 1255 mit 125 PS, dessen Produktionszeit zwischen 1979 und 1994 lag. Der Erfolg blieb dem Schlepperhersteller zunächst treu, bis gegen Ende des Jahrzehnts ein folgenreicher Arbeitskampf beim Mutterkonzern in den USA die Wende einläutete. Dieser lange und heftige Streik schädigte wegen der dadurch nicht lieferbaren Komponenten den deutschen Ableger in Neuss.

Die Verluste von International Harvester waren so groß, dass nicht nur die Marktführerschaft an John Deere weitergereicht wurde, sondern 1985 der Traktorenhersteller »J. I. Case«, welcher seit 1967 zum texanische Konzern »Tenneco« gehörte, die angeschlagene Firma übernahm. Von nun an hieß innerhalb der neuen »Case Corporation« die Traktormarke »Case IH«. Daraus ergab sich die neue Bezeichnung der zukünftig gemeinsamen rot-schwarzen Schlepper – »Case International«.

McCORMICK GEHT AN ARGO

Der Standort Neuss kam in den Folgejahren zunehmend unter Druck, denn der neue Besitzer Case suchte sein Heil in schmerzhaften Rationalisierungsmaßnahmen. Zu diesen gehörte die Verlagerung einzelner Baureihen ins Ausland. Obwohl seit Beginn der 1990er-Jahre eine neue erfolgreiche Reihe namens »Maxxum« in Neuss von den Bändern lief, rettete dies den deutschen Standort nicht. Ende der 1980er-Jahre hatte McCormick den Prototyp der neuen Maxxum-Reihe vorgestellt, Anfang 1990 begann dann bereits die Serienauslieferung. Bis zu ihrer Einstellung im Jahr 1997 wurden rund 10.000 Maxxum-Traktoren gebaut. Das neue Produktionszentrum für Europa lag fortan in Doncaster / Großbritannien, während die Neusser Werkstätten 1997 geschlossen, ein Jahr später sogar abgerissen wurden.

Die Maxxum-Reihe hingegen wurde im englischen Doncaster mit dem Modell Case IH Maxxum MXC zunächst fortgeführt. Seit der Markenname mitsamt dem Doncaster Werk allerdings im Jahr 2000 an die italienische »ARGO«-Gruppe weiterverkauft wurde, entstanden in England wieder Traktoren mit der Aufschrift »McCormick«. Auch die Modellbenennungen »Farmall« und »Maxxum« fanden sich nach wie vor auf den Motorhauben damaliger Schlepper. Im Jahr 2007 allerdings wurde auch das englische Werk in Doncaster geschlossen. Seitdem wird die rundum erneuerte McCormick-Traktorlinie ausschließlich bei ARGO in Italien gebaut. Der stärkste Traktor ist momentan der X8.680 mit einer Motorleistung von 310 PS.

GROSSTRAKTOREN

NEW HOLLAND

Im Jahr 1895 begann der deutschstämmige Abraham Zimmermann in der Ortschaft New Holland im US-amerikanischen Bundesstaat Pennsylvania mit dem Verkauf von Ottomotoren aus Deutschland. Bald erweiterte der gelernte Mechaniker sein Geschäftsfeld um die Reparatur von (Land-)Maschinen und entwickelte schließlich sogar seine eigenen Stationärmotoren. Mit der Gründung der »New Holland Machine Company« 1903 entstand dann die Urmutter des heutigen Weltkonzerns. Diese begnügte sich nicht mehr mit Verkauf und Reparatur, sondern stieg selber in die Herstellung von Landmaschinen ein, zumal Zimmermann bereits lokalen Erfolg mit seiner selbstkonstruierten Futtermühle hatte feiern können. In den kommenden Jahrzehnten vergrößerte sich der erfolgreiche Betrieb ständig und mit ihm die Bandbreite an Landmaschinen. Der Wind drehte sich für New Holland mit der Weltwirtschaftskrise in den 1930er-Jahren. Die Farmer, die New Holland belieferte, hatten unter dieser schwer zu leiden, ihr Einkommen rutschte in den Keller und folglich geriet auch Abe Zimmermanns Landmaschinenbetrieb in die roten Zahlen. Als Retter in der Not trat gegen Ende des Jahrzehnts eine Gruppe von vier Investoren auf, die ihm die New Holland Machine Company abkaufte. Unter dieser neuen Führung ging es für die Firma wieder aufwärts, denn sie sorgte für die Entwicklung neuer Produkte, unter denen vor allem eines herausstach und zum Bestseller wurde: die erste selbstbindende Heuballenpresse.
1947 interessierte sich das US-amerikanische Elektronikunternehmen Sperry Corporation für New Holland und übernahm es schließlich. »Sperry New Holland« setzte den Erfolgskurs durch weitere innovative Produkte wie den Haybine-Mähaufbereiter fort. Mitte der 1960er-Jahre expandierte New Holland weiter durch den Aufkauf des mittlerweile größten europäischen Dreschmaschinenherstellers, der belgischen Firma Claeys, deren Namensschriftzug zukünftig die Mähdrescher von New Holland zieren sollte. Das Unternehmen entwickelte sich zum Spezialisten für hochwertige Erntemaschinen.

NEW HOLLAND WIRD ZUM TRAKTORHERSTELLER

Nach Jahren stabilen Wachstums kamen 1986 die Dinge in Bewegung: Die Muttergesellschaft Sperry Corporation wurde von der Burroughs Corporation aufgekauft, die Tochterfirma New Holland hingegen kam an den Auto- und Traktorproduzenten Ford. Ford besaß seinerzeit ein umfassendes Traktorprogramm, das die Erntemaschinen von New Holland perfekt ergänzten und ihn zum drittgrößten Landmaschinenhersteller machte.
Allerdings verlor Ford bald das Interesse am Agrarsektor und wollte sich stattdessen auf seine Automobilherstellung konzentrieren. Deshalb wurde »Ford-New Holland« mit seiner Landmaschinen- und Traktorproduktion 1991 an Fiat abgestoßen. Fiat war selber bereits seit 1919 im Schlepperbau tätig, hatte Mitte der 1970er-Jahre extra für diesen Produktionszweig die »Fiat Trattori SpA« gegründet – später umbenannt in »Fiatagri« – und war bis Ende der Achtziger zum führenden europäischen Traktorenhersteller aufgestiegen.
1994 war die Übernahme abgeschlossen. Bis zum Ende des Jahrzehnts durfte Fiat für die neue Firma »New Holland Geotech« noch den Namen »Ford« auf den blauen Traktoren verwenden (eine zweite Schlepperreihe trug den Schriftzug »Fiatagri« und war in Terracotta lackiert). Mit der »Genesis«-Reihe (die diesen Namen nie auf der Haube trug!) war schon 1993 eine erste sehr erfolgreiche und innovative Traktorserie erschienen. Offiziell Serie 70 genannt, bestand sie aus Fahrzeugen in der Leistungsklasse zwischen 140 und 210 PS und wurde bis 1999 produziert. In ihr kam erstmals das elektronisch gesteuerte Powershift-Getriebe zur Anwendung.
Nachdem Fiat Ende der Neunziger die Case Corporation aufgekauft hatte, entstand mit »Case New Holland« (CNH) einer der größten Land- und Baumaschinenhersteller der Welt. Seit dem Jahr 2000 sind alle Traktoren von New Holland im traditionellen Ford-Blau lackiert, tragen aber nicht mehr die Namenszusätze Ford oder Fiatagri. New Holland hat eine breite Palette an Traktoren für alle Anwendungsbereiche im

Dieser New Holland TN 75S entstand zwischen 1999 und 2003 im italienischen Werk. Mit dem 2,9-l-Motor gilt er nicht mehr als Großtraktor. (Foto: © JoachimKohlerBremen, cc-by-sa 4.0)

Der T9 als Ablösung der Serie T9000 kam 2011 in sechs Modellen von 354 PS bis 608 PS. Bis auf den T9.390 hatten alle Typen einen 12,7-Liter-Motor. (Foto: © ermell, cc-by-sa 4.0)

Zwischen 2011 und 2013 entstand der New Holland T7.250. Sein 250 PS starker Sechszylinder-Diesel erfüllte bereits die Norm Tier 4A. Optional gab es ihn mit PowerCommand Volllastschaltgetriebe, Sofort-Start-Automatik und Rundumsichtkabine.

(Foto: © New Holland Agriculture)

2014 feierte NH den 50. Geburtstag des Werks Basildon mit der »Golden Jubilee Edition« von T7.270 Auto Command und T6.160 Auto Command. Zu den Besonderheiten zählten u.a. der Metalliclack mit vergoldeten Applikationen und eine nett eingerichtete Kabine mit Lederlenkrad und dickem, langflorigem Teppich. Zur Arbeit eigentlich viel zu schade. (Foto: © New Holland Agriculture)

Der New Holland Ford 6640 gehörte ursprünglich zur bis 1999 gebauten PowerStar Serie 40. Die Motorleistung des wassergekühlten Ford-Diesels betrug zunächst maximal 77 PS, die folgende TS-Serie (Bild) wartete dann mit dreistelliger PS-Zahl auf. (Foto: © Ness Kerson/madNESS Photography for AusAID, cc-by-sa 4.0)

Die Flaggschiffe der New Holland-Flotte, die Traktoren der Serie T9, wurden im September 2010 vorgestellt. Mit 354 bis 608 PS Nennleistung waren die Knicklenker ab 2012 auch mit straßentauglicher Bereifung der Dimension 900/ 60R 42 bestückt. Damit lag die Außenbreite bei maximal 2,93 m. (Foto: © New Holland Agriculture)

Die zwei Modelle umfassende T7-Serie wurde 2015 vorgestellt, zur Premiere spielte eine Hardrock-Band. Denn mit diesen Heavy Duty-Traktoren, so der Hersteller, werde man den Acker rocken, denn durch die hohe Leistung von T7.290 und T7.315 (Bild) könne man auch energieintensivste Aufgaben erledigen, ohne einen noch größeren Traktor anschaffen zu müssen. (Foto: © New Holland Agriculture)

Der T8.435 war 2018 das Spitzenmodell der T8-Serie, die fünf verschiedene Leistungsoptionen von 320 bis 435 PS umfasste. Die Ausrüstung mit dem Kettenlaufwerk war optional und hieß SmartTrax. (Foto: © New Holland Agriculture

Anfang 2017 stellte New Holland seine runderneuerte mittlere Baureihe T5 vor. Die Serie umfasste fünf Modell vom T5.75 bis zum T5.115, wobei die Zahlen hinter dem Punkt die PS-Leistung angaben. (Foto: © New Holland Agriculture

Programm, von der leistungsstärksten Klasse (T9, 390–669 PS) bis hinunter zu Gartenschleppern (T3000, ab 34 PS) und Kompaktfahrzeugen (Boomer, ab 16 PS). Seit 2010 hält die Abgasnorm Tier 4 in die Traktorserien der oberen Leistungsklassen von New Holland Einzug. Seit 2009 experimentiert das Unternehmen darüber hinaus mit wasserstoffgetriebenen Schleppern.

UNTER DEM DACH VON CNH INUSTRIAL

Nach der Spaltung Fiats 2011 in zwei Unternehmensgruppen – eine für Autos und eine für Lkw, Land- und Baumaschinen – kam New Holland zu Fiat Industrial, das sich wiederum 2013 mit CNH Global zu CNH Industrial zusammenschloss. Zu dieser Konzerngruppe gehören neben New Holland u. a. noch die Marken Case IH, Steyr, Iveco und Magirus.

2014 erlebte die ehemals erfolgreiche Genesis-Reihe der 1990er-Jahre eine Art Wiederauferstehung in Form der Modelle Genesis T8.320/350/380/410/435 mit Leistungszahlen zwischen 250 und 380 PS aus Sechszylinder-FPT-Cursor 9-Motoren, mit serienmäßiger Soft-Start-Automatik und automatischer Zapfwellenschaltung. Ihr Anspruch ist, wieder an die Innovationskraft der Originalreihe anzuknüpfen. SmartTrax T8-Modelle verfügen darüber hinaus über ein Raupenlaufwerk, das sich ständig den Bodenunebenheiten anpasst. Im selben Jahr erschienen die Jubiläumsmodelle T7 (bis zu 313 PS beim T7 Heavy Duty) und T6 (bis zu 158 PS), denn am englischen Standort Basildon feierte New Holland 50 Jahre Traktorenproduktion – 1964 war hier in Ergänzung zum Werk in Dagenham mit dem Bau von Ford-Traktoren begonnen worden. Die stärksten Traktoren von New Holland sind zur Zeit diejenigen der T9-Baureihe mit EcoBlueHI eSCR-Cursor 9- bzw. -13-Motor mit Leistungen bis hinauf zu 669 PS. Ihre EcoBlue-SCR-Technik befähigt die T9-Traktoren zur Einhaltung der Abgasnorm Tier A4. Die Reihe umfasst derzeit sechs Modelle vom T9.390 bis zum T0.670. Alle wichtigen Bedienelemente wie Handgas, Getriebe und Hydraulik befinden sich in der Bedienarmlehne namens »Sidewinder II«. Weitere Ausstattungsmerkmale sind ein Volllastgetriebe, das Fahrgeschwindigkeitsmanagement GSM, das für gleichbleibende Geschwindigkeit bei wechselnder Belastung und fürs Wechseln der Gänge sorgt, und das Antriebsstrang-Management Terralock.

Die T8-Serie bietet maximale Vielseitigkeit mit den drei besten Modellen, die die Wahl zwischen herkömmlichen Rädern oder SmartTrax-Ketten bieten. SmartTrax bietet die Manövrierfähigkeit und Flexibilität eines herkömmlichen Radtreckers mit gleichmäßiger Gewichtsverteilung, reduziertem Bodendruck und erhöhter Traktion. (Foto: © New Holland Agriculture

PAUL-NUTZFAHRZEUGE

So breit das Nutzfahrzeugangebot der großen Hersteller auch gefächert ist, so gibt es doch die eine oder andere Nische, die sie nicht bedienen können oder wollen. Der Sonderfahrzeugbau ist daher oft Sache von Spezialfirmen wie der Firma Paul Nutzfahrzeuge in Vilshofen an der Donau. Das Unternehmen mit heute rund 330 Mitarbeitern wurde vor über 200 Jahren als Schmiede und Wagnerei gegründet. Noch heute in Familienhand, sind die Vilshofener schon vor Jahrzehnten in den Bereich des Sonderfahrzeugbaus eingestiegen.

Zum Standardprogramm gehören Achseinbauten, Hinterachs-Zusatzlenkung, Fahrgestell- und Fahrerhausumbauten, wobei die Antriebstechnik von Mercedes-Benz und weiteren namhaften Herstellern kommt. Diese Modifikationen sind notwendig für Sonderaufbauten wie Betonpumpen, Feuerwehren oder Autokrane.

AGRO MOVER

Paul mischt inzwischen auch in der Landwirtschaft mit. Er ist, so der Hersteller, »konsequent auf die gestiegenen Anforderungen moderner Agrarlogistik zugeschnitten«. Tatsächlich kann der Agro Mover große Transportvolumina wirtschaftlich bewältigen und geht dabei ausgesprochen bodenschonend zur Sache. Er punktet in Sachen Nutzlast und Ladevolumen, ist nicht übermäßig teuer und ist, anders als andere Spezialfahrzeuge, schnell und mit bis zu 80 km/h in vollem Umfang autobahntauglich. Die Basis sind 4x2- und 4x4-Lkw von Mercedes-Benz, MAN oder Iveco. Die Eintragung als Land- und Forstwirtschaftliche Zugmaschine bzw. Ackerschlepper (LoF) erfolgt für den Agro Mover in Deutschland beim TÜV-Süd.

Der Agro Mover ist mit seinen 80 km/h zwar autobahntauglich, bietet aber mit Kugelkopf- und Sattelkupplung, Nebenantrieb und einer flexibel wählbaren Zahl von Hydraulikanschlüssen ein hohes Maß an agrarspezifischer Ausrüstung. (Foto: © Paul Nutzfahrzeuge)

Der Agro Mover auf Basis eines Mercedes-Benz Arocs 2051 AK 4x4 mit Heckzapfwelle und Heckkraftheber feierte im September 2016 Premiere. (Foto: © Paul Nutzfahrzeuge)

Die Kombination aus mechanischer Heckzapfwelle und hydraulischem Heckkraftheber erlaubte in Verbindung mit Load-Sensing-Hydraulik und ISOBUS- Terminal den gleichzeitigen Betrieb von bis zu insgesamt fünf unterschiedlichen An- und Aufbaugeräten. (Foto: © Paul Nutzfahrzeuge)

Auf der Agritechnica im November 2017 präsentierte Paul Nutzfahrzeuge GmbH einen Deutz TTV 9340 Agrotron. Bei dem sich die komplette Fahrerkabine hydraulisch heben, senken und um bis zu 200 Grad im Uhrzeigersinn drehen ließ. Das Fahrgestell des Traktors wurde dabei nicht angetastet. (Foto: © Paul Nutzfahrzeuge)

Die Bedienung der neuen Hub- und Drehkabine erfolgte über eine separate Steuereinheit in der Kabine über den Joystick des Deutz-Traktors. (Foto: © Paul Nutzfahrzeuge)

SAME Sametto Export 4RM von 1965. Die Sametto-Traktoren folgten der DA-Reihe nach.
(Foto: © Historical Archive SAME DEUTZ-FAHR – Treviglio – Italy)

SAME 240 aus dem Jahr 1963 mit attraktiver Besatzung. Gebaut wurde der Schlepper seit 1958. Sein luftgekühlter Zweizylinder-Dieselmotor leistete 42 PS. Außerdem besaß er sechs Vorwärtsgänge und einen Rückwärtsgang. (Foto: © Historical Archive SAME DEUTZ-FAHR)

Im selbstentwickelten Traktor »Cassani 40 HP« realisierten die Cassani-Brüder 1927 ihre Vorstellungen von einem leistungsstarken und trotzdem sparsamen Motor.
(Foto: © Historical Archive SAME DEUTZ-FAHR – Treviglio – Italy)

SAME Centauro 60 mit luftgekühltem Vierzylinder-Motor. (Foto: © Joost J. Bakker, cc-by-sa 2.0)

SAME Panther mit 83 PS leistendem Fünfzylinder-Diesel. Gefertigt wurde er ab 1973. (Foto: © Historical Archive SAME DEUTZ-FAHR – Treviglio – Italy)

SAME Titan 160 mit Sechszylinder-Diesel und einer Leistung von 159 PS.

SAME

Die beiden Brüder Francesco und Eugenio Cassani aus dem norditalienischen Vailate der Provinz Cremona hatten den Ehrgeiz, leistungsstarke und effiziente Motoren für unterschiedlichste Anwendungen zu konstruieren. Ende der 1920er-Jahre führten ihre Anstrengungen zum ersten Traktor Italiens, der mit einem Dieselmotor ausgestattet war, dem 40 PS starken Cassani 40 HP. Durch seinen sparsamen Motor den Mitbewerbern eigentlich überlegen, konnte sich das Fahrzeug wegen technischer Geburtsfehler dennoch nicht durchsetzen. Deshalb blieben die Cassanis die nächsten Jahre noch beim Motorbau, den sie im Laufe der Zeit immer mehr perfektionierten und mit der Entwicklung von Einspritzvorrichtungen ergänzten. Ihre Diesel-Aggregate gelangten in Lastwagen, Schiffe und Flugzeuge.

Ausgerechnet während des Zweiten Weltkrieges mit seinen Versorgungsengpässen fiel es den Brüdern ein, ihre Tätigkeiten mit der Gründung der Firma SAME in der norditalienischen Stadt Treviglio zu krönen. SAME stand für »Società Accomandita Motori Endotermici«.

Der nächste Versuch, zum Motor gleich die passende Anwendung zu bauen, fand jedoch erst nach dem Krieg statt. Im Jahr 1948 versuchten sich Francesco und Eugenio Cassani erneut an einem eigenen Schlepper. Und diesmal landeten sie einen Volltreffer. Ihr 10-PS-Universaltraktor stieß auf so starke Resonanz, dass sie beschlossen, sich in Zukunft auf die Herstellung von Schleppern mit Dieselmotoren zu konzentrieren. Künftig sollte SAME immer wieder mit technischen Innovationen von sich reden machen, darunter z. B. Experimente mit modularen Motoren, synchronisierte Getriebe und Servolenkungen. Zu Beginn der 1950er-Jahre etwa präsentierten die Cassanis mit der DA-Serie die weltweit ersten konventionellen Schlepper mit Vierradantrieb. Welche Motoren hier zum Einbau kamen, verriet bereits der Serienname: DA stand für »Diesel Aria« – luftgekühlte Dieselmotoren. Zu »intelligenten« Traktoren wurden dank des automatischen Steueraggregats SAC die Endfünfziger-/ Anfangsechziger-Modelle SAME 240, 360 und 480.

Den Bekanntheitsgrad von SAME konnten ab Mitte der 1960er-Jahre die beiden Traktoren Leon 70 und Minitauro gehörig steigern. Diese Modelle waren vom Centauro 60 abgeleitet, der 1965 erschien. Zu diesem Zeitpunkt hatte SAME seine Absatzzahlen bereits kräftig steigern können und expandierte ins Ausland, etwa in die Niederlande, Belgien, die Schweiz, Großbritannien, Spanien und Portugal.

SAME WIRD ITALIENS ZWEITGRÖSSTER TRAKTORHERSTELLER

Anfang der 1970er-Jahre kam der italienische Mitbewerber auf dem Schleppermarkt »Lamborghini Trattori« in Schwierigkeiten. Lamborghini hatte wie SAME nach dem Zweiten Weltkrieg mit der Schlepperproduktion angefangen. Francesco Cassani ergriff sogleich die Gelegenheit und kaufte 1972 die Firma. Die Marke Lamborghini ließ er bestehen. Ein Jahr später verstarb Cassani.

Zu den Modellen, die in den 1970er-Jahren von SAME unter eigenem Markennamen vorgestellt wurden, gehörten beispielsweise der Panther, der mit Einspritzpumpen, Synchrongetriebe und hydrostatischer Servolenkung aufwartete, der Tiger 100 mit SAME-Fahrerkabine und in Öl schwimmend gelagerten Scheibenbremsen – er galt damals als der beste europäische Traktor in der 100-PS-Klasse –, der Buffalo, mit dem SAME in die Hochleistungsklasse einstieg, der Taurus 60 im unteren Leistungssegment oder der Hercules 160, der mit 160 PS der bis dahin stärkste SAME-Traktor war.

Ende der 1970er-Jahre ergab sich für die Italiener die Gelegenheit zu weiterer Expansion, als der Schweizer Traktorenbauer Hürlimann einen starken Partner suchte. SAME gründete nach der Übernahme des Schweizers die »SAME-Lamborghini-Hürlimann-Gruppe« und rangierte in der Rangliste der italienischen Schlepperbauer nun auf Platz zwei.

GROSSTRAKTOREN

Die Krise auf dem Traktorenmarkt der 1980er-Jahre spürte auch SAME. Die Absatzzahlen waren bis etwa zur Mitte des neuen Jahrzehnts rückläufig. Doch im Gegensatz zu manchem Konkurrenten war der italienische Konzern gut aufgestellt. Vor allem zwei Scheppermodelle waren es, die ihn diese Problemjahre überstehen ließen: »Laser« und »Explorer«. Erstmals wurde bei beiden Modellen besonderer Wert auf das Design gelegt. Der Explorer entwickelte sich dabei zu einer langlebigen Reihe, von der mittlerweile bis zu 70.000 Exemplare verkauft wurden.
Zu Beginn der 1990er Jahre erschien die Modell-Serie Titan. In ihr hielten die SLH-Elektronik und das Full-Power-Shift-Getriebe Einzug. Die Leistung der Titan-Modelle reichte von 145 bis 189 PS. Eine weitere Neuerung bei SAME waren kleine Schmalspur-Schlepper, die für Obst- und Weinbaugebiete gedacht waren.

Die Modellreihe Diamond wurde zwischen 2008 und 2012 produziert. Die Traktoren wogen, je nach Ausführung zwischen 9430 und 10.435 Kilogramm. (Foto: © SAME Deutz-Fahr)

SAME DEUTZ-FAHR ENTSTEHT

Mitte der 1990er Jahre trennte sich der Konzern Klöckner-Humboldt-Deutz (KHD) von seiner traditionsreichen Landmaschinensparte Deutz-Fahr. SAME sah erneut die Gelegenheit sich zu erweitern und übernahm den deutschen Traktoren- und Landmaschinenbauer.
Das italienische Unternehmen benannte sich einmal mehr um und hieß fortan »SAME Deutz-Fahr«. Wie schon die Marken Lamborghini und Hürlimann blieb auch Deutz-Fahr erhalten und erweiterte mit seinen Schleppern und Mähdreschern die Produktpalette von SAME.
In den 2000er-Jahren folgten zunächst laufend ausgeweitete Investitionen in den Motorenbauer Deutz AG, die SAME im Jahr 2005 zu dessen Hauptaktionär werden ließen. Seit 2010 indessen hat sich SAME aus der Deutz AG immer weiter zurückgezogen.
Die 2000er-Jahre waren bei SAME gekennzeichnet durch weitere Zukäufe. 2005 wurde der kroatische Mähdrescher-Hersteller Duro Dakovic übernommen, der zusammen mit Deutz-Fahr für den Landmaschinenbereich bei SAME zuständig ist. 2011 entstand ein Joint-Venture mit der chinesischen Firma Shandong Changlin, die unter der Bezeichnung »Shandong Changlin Deutz-Fahr Machinery« Traktoren von Deutz-Fahr baut. Im selben Jahr erweiterten die Weinbaumaschinen des französischen Herstellers Grégoire das Produktangebot der Italiener. 2012 schließlich folgten weitere Kooperationen mit einem russischen und mit einem türkischen Hersteller, die ebenfalls unter dem Markennamen Deutz-Fahr Traktoren produzieren. 2013 kam es noch zu einer Vereinbarung zwischen SAME und Claas über eine gemeinsame Entwicklung von Traktoren im Leistungsbereich zwischen 70 und 110 PS.
Im Jahr 2012 konnte das italienische Unternehmen aus Treviglio sein 70-jähriges Jubiläum feiern sowie die Tatsache, mittlerweile zum viertgrößten Traktorenhersteller der Welt aufgestiegen zu sein. Neben vielen Standorten weltweit gibt es auch einen im bayrischen Lauingen an der Donau (den von Deutz-Fahr). Im Hochleistungsbereich erschien 2013 der SAME Audax 200 ST mit 220 PS, Smarttronic-Volllastgetriebe und langem Radstand. Das aktuelle Traktorenangebot von SAME reicht darüber hinaus von den Standardtraktoren Dorado (102 PS), Explorer (116 PS) und Virtus (136 PS) über die Raupenschlepper Krypton bis zu den Kleintraktoren Argon, Solaris und Tiger sowie dem Schmalspurschlepper Frutteto.

Auf der Agritechnica 2017 präsentierte Same die Typen Virtus 120, 130 und 140 mit bis zu 129 PS. Die Pendants von Deutz-Fahr ließen noch auf sich warten. (Foto: © SAME Deutz-Fahr)

Das Topmodell der Virtus-Reihe hat einen elektronisch gesteuerten Heckkraftheber mit 7 t Hubkraft. Vorne ist optional eine Frontzapfwelle in Kombination mit einem Frontkraftheber verfügbar, dann liegt die Hubkraft bei 2,9 t. (Foto: © SAME Deutz-Fahr)

Der Iron 110 stand als Standard-Traktor zwischen 2009 und 2013 im Programm. Der knapp fünf Tonnen schwere Same-Schlepper in Blockbauweise war weitgehend baugleich mit dem Agrotron 110 von Deutz-Fahr. Die Kraftübertragung erfolgte über eine vierstufige Lastschaltung mit 24 Vorwärts- und Rückwärtsgängen. (Foto: © SAME Deutz-Fahr)

Der SAME Audax 200 ST war eines von zwei neuen im Jahr 2013 vorgestellten Traktormodellen im Hochleistungsbereich. Als Weiterentwicklung der Iron-Baureihe verfügt die Audax-Serie über 200/220 PS starke Sechszylinder-Deutz-Tier-4i-Motoren, SMARTronic-Getriebe mit 33 Gängen und MaxiVisions-Kabinen. (Foto: © SAME Deutz-Fahr)

Übersicht über die Ende der 70er Jahre zum Verkauf angebotenen Schlüter. Um sich von den Mitbewerbern abzuheben, nennt sie Schlüter hier »Traktomobile«. (Foto: Sammlung Gebhardt)

Der Schlüter Super 850 V mit wassergekühltem Viertakt-Sechszylinder-Diesel wurde Anfang der 70er Jahre hergestellt und leistete 85 PS. (Foto: © Axel Kirch, cc-by-sa 4.0)

Vom Profi Trac 2500 VL baute Schlüter zwischen 1976 und 1987 lediglich 13 Maschinen, fünf davon gingen in den Export. Die 240 PS Motoren stammten von Deutz. Mit 8-fach Bereifung ist ein solcher Bolide – immerhin 11,4 Tonnen schwer – der Star auf jedem Event, um so mehr mit Zwillingsbereifung. (Foto: © Pauluweit, cc-by-sa 3.0)

GROSSTRAKTOREN

Auf die Spitze getrieben: der Schlüter »Profi Trac 5000 TVL« war mit 500 PS Leistung der stärkste Schlüter-Traktor und blieb dennoch nur eine Studie. Nie ging der Koloss in Serie.

Bevor die deutschen Traktorhersteller auch nur wussten, wie man »Großtraktor« schreibt, hatte Schlüter sie schon auf dem Acker: Der Super Trac 1600 TVL ist ein schönes Beispiel dafür. (Foto: © BlueBreezeWiki, cc-by-sa 3.0)

SCHLÜTER

Im Jahr 1937 brachte die »Motorenfabrik Anton Schlüter München GmbH« mit dem Modell DZM 14 ihren ersten eigenen Traktor auf den Markt, gebaut in Rahmenbauweise und versehen mit einem Einzylinder-Motor. Vorausgegangen war die Eigenentwicklung eines wirtschaftlichen Dieselmotors. Kurz darauf stellte Schlüter mit dem DZM 25 einen 25-PS-Schlepper in Blockbauweise vor, der sich vor allem an die vielen noch nicht motorisierten Kleinbauern richtete. Diese Maschinen waren einfach gehalten, aber zuverlässig und preiswert. Bis zum Verbot der Herstellung herkömmlich betriebener Schlepper im Jahr 1942 konnten vom 25-PS-Modell immerhin tausend Stück gefertigt werden. Anschließend baute Schlüter bis Kriegsende weitere 500 Traktoren mit dem von den Machthabern in Deutschland allein noch zugelassenen Holzgasantrieb.

In dem den Krieg heil überstandenen zweiten Produktionswerk in Freising (das Münchner Werk war vollkommen zerstört) nahm Schlüter ab 1947 seine Schlepperfertigung wieder auf. Der gut laufende 25-PS-Schlepper mit wassergekühltem Viertaktdiesel-Motor erhielt ab 1949 die Bezeichnung DS 25 und wurde ebenso wie das 15-PS-Modell DS 15 bis Mitte der 1950er-Jahre verkauft und sogar ins Ausland exportiert. In der zweiten Hälfte des Jahrzehnts deckte Schlüter mit seinen Traktoren unterschiedliche Leistungsklassen ab und zielte dabei vor allem auf die oberen PS-Zahlen. Spitzenmodell war hierbei der 45 PS starke AS 45 mit Dreizylinder-Viertakt-Diesel und einem Fünfganggetriebe von ZF. Schlüter spezialisierte sich wegen der geänderten Kundenwünsche in den 1960er-Jahren auf PS-starke Hochleistungsfahrzeuge wie den S 900 (80 PS) und die »Super«-Serie (bis zu 130 PS), alle nun einheitlich in Rot lackiert.

Der Super 1500 V von 1966 mit seiner Leistung von 130 PS wurde ein Exporterfolg nach Jugoslawien und ebnete den Weg zu einer folgenreichen Traktorenbestellung zwölf Jahre später. Der Konkurrenzdruck nach immer leistungsfähigeren Großtraktoren führte schließlich zum kaum praktisch einsetzbaren Koloss Profi Trac 5000 TVL mit 500 PS aus einem MAN-Motor. Genau diesen Traktor bestellte dann Ende der 1970er-Jahre der damalige jugoslawische Staatspräsident Tito. Doch der Ausbruch des Bürgerkriegs in Jugoslawien machte diese für Schlüter existenzwichtige Bestellung zunichte. Vom mit 280 PS leistungsschwächeren Profi Trac 3000 TVL konnten immerhin alle dreizehn gebauten Exemplare abgesetzt werden – zwölf davon nach Jugoslawien!

Dieser Umstand war für Schlüter umso schlimmer, da sich die Branche in den 1980er-Jahren ohnehin in einer neuen Absatzkrise befand und der Betrieb zu klein war, um diese aus eigener Kraft zu überstehen. Und im Gegensatz zu einigen Mitbewerbern fand Schlüter keinen zahlungskräftigen Partner.

Zu Beginn der 1990er-Jahre führte Schlüter noch die »Euro-Trac«-Serie ein. In den Jahren 1991–1993 wurden noch einmal verschiedene Leistungsklassen mit den Modellen Euro-Trac 1300 LS, 1600 LS und 1900 LS abgedeckt. Doch noch im Jahr 1993 ging das Unternehmen in Konkurs.

Finanziert worden war die Fertigung dieser letzten Schlepper durch Grundstücksverkäufe – darunter befand sich sogar das eigene Betriebsgelände. Als die Stadt die Räumung desselben einforderte, wurde die Produktion eingestellt. Anschließend führte die »LandTechnik Schönebeck« – ehemals Traktorenbauer in der DDR – die »Euro-Trac«-Reihe weiter, musste jedoch nach nur 32 gebauten Maschinen selber die Tore schließen.

Zwei Jahre später übernahm die Firma Egelseer aus Fürth das vollständige Ersatzteillager von Schlüter und fertigte den Euro Trac immerhin noch bis 2004 in Einzelfertigung und auf Bestellung.

GROSSTRAKTOREN

STEYR

1942 hatte das aus einer Waffenfabrik hervorgegangene österreichische Unternehmen »Steyr-Daimler-Puch« für die Wehrmacht den »Raupenschlepper Ost« gebaut. Erst nach dem Zweiten Weltkrieg betrieb Steyr mit dem Modell 180 (26 PS aus einem selbstkonstruierten Zweizylinder-Dieselmotor) ernsthaft die Entwicklung von Traktoren, für die in Österreich ähnlich wie in Deutschland ein hoher Nachholbedarf bestand. Nach dem Nachfolgemodell Steyr 80 (15 PS), das 16 Jahre lang lief, standen die Kaufwilligen Schlange.

In den 1970er-Jahren entwickelte Steyr-Daimler-Puch mit 120 bis 160 PS sehr leistungsstarke Traktoren für entsprechend große Landwirtschaftsbetriebe, die wiederum mit eigenen Lkw-Motoren bestückt waren. Auf den Komfort des Fahrers legte die neue Reihe 80 großen Wert, deshalb hielten nun Heizung und Klimaanlage Einzug in die Fahrzeuge.

Im Jahr 1980 war die Steyr-Daimler-Puch AG zu Österreichs drittgrößtem Unternehmen emporgestiegen. Steyr-Daimler-Puch baute die Schlepperpalette aus und bot von den jeweiligen Modellen zusätzlich Schmalspurvarianten an. Mit dem 60 PS starken Modell 280 – der Motor stammte aus den eigenen Lastwagen – richtete sich ab 1952 der bislang leistungsstärkste Steyr-Traktor direkt an Großbetriebe. Die Nachfrage nach den Steyr-Schleppern steigerte sich im Laufe der 1950er-Jahre. Neben den inländischen Käufern kam ein zunehmend höher werdender Exportanteil hinzu. Besonders das Modell 84a von 1956 mit einer Leistung von 18 PS war im Ausland gefragt. Die anfänglich grün lackierten Traktoren waren mittlerweile mit einem roten Anstrich versehen.

In den 1960er-Jahren wurden alle Typen überarbeitet. Eine neue so genannte »Jubiläumsserie« (Steyr-Daimler-Puch feierte im Jahr 1964 sein 30-jähriges Bestehen) bestand aus Schleppern mit Leistungen von 28 bis 50 PS. Das Modell 190 war hierbei erstmals mit einem Allradantrieb ausgestattet. Die bisherige Formgebung der Motorhaube erfuhr ab dieser Reihe eine Modernisierung. Der österreichische Konzern setzte in diesen Jahren weitere Akzente durch so innovative Entwicklungen wie schnelllaufende Dieselmotoren oder Wendegetriebe. Gegen Ende der 1960er-Jahre stellte Steyr-Daimler-Puch in der neuen Plus-Serie Motoren mit kraftstoffsparender Direkteinspritzungstechnik vor und bescherte den Fahrern einen erhöhten Komfort durch die ergonomische Gestaltung ihres Arbeitsplatzes. Aus dieser Reihe erwies sich der Steyr 760 mit seinem volllastbaren Getriebe als großer Erfolg.

Um die Wettbewerbsfähigkeit zu erhalten, folgten in den kommenden Jahren umfangreiche Rationalisierungs- und Umstrukturierungsmaßnahmen, in deren Verlauf die Traktorensparte ausgelagert und 1996 an die Case Corporation verkauft wurde. Seit 1999 ist sie eine Traktorenmarke von Case New Holland (CNH).

Die Steyr-Traktoren waren unterdessen – nach Vorbild von Deutz – mit Freisichthauben bestückt worden. Im Jahr 2000 erschienen die Schleppermodelle der CVT-Reihe, mit stufenlosem Getriebe und Leistungen zwischen 120 und 170 PS. Getoppt wurden sie vom Hochleistungstraktor CVT 6200, der sogar 200 PS zur Verfügung stellte. Das noch aus Zeiten der Waffenfabrik Steyr herrührende Gewehrvisier-Logo auf der Haube aller Steyr-Schlepper wich 2007 einem neutraleren Design. Drei Jahre später führte Steyr mit der CVT-ecotech-Reihe eine Traktorserie ein, deren bis zu 269 PS starke Modelle über weiterentwickelte, umweltfreundlichere Motoren und stufenlose Getriebe verfügten.

Die ersten Traktoren von Steyr ab 1934 orientierten sich erkennbar an der Marke Fordson. (Foto: © CNH Österreich GmbH)

Der Steyr 1200 war ein in Blockbauweise gehaltener Traktor der Plus-Reihe. Seine Bauzeit lag zwischen 1972 und 1975. Er besaß einen wassergekühlten Sechszylinder-Motor mit Turboladung und Direkteinspritzung, dessen Leistung 115 PS betrug. (Foto: © Ferd JDF, cc-by-sa 3.0)

Der 2009 auf den Markt gebrachte Steyr CVT 6226 bezog 224 PS aus seinem wassergekühlten Sechszylinder-Diesel, in der Power-Plus-Variante sogar 251 PS. Natürlich hatte er Allradantrieb. (Foto: © CNH Österreich GmbH)

Zur Profi-Reihe von Steyr gehört das Modell 6145 mit Sechszylinder-Diesel und 145 PS. (Foto: © CNH Österreich GmbH)

Die Terrus-Familie besteht seit Februar 2018 aus drei Mitgliedern mit 250, 270 und 300 PS. Die Ausstattung ist ziemlich ähnlich: CVT-Getriebe, Reifen bis zu 2,05 m Durchmesser, Frontzapfwelle mit zwei Geschwindigkeiten (1000/1000 ECO), ABS und die besonders leise gefederte Kabine mit nur 69 dbA. Das zulässige Gesamtgewicht liegt bei 16,8 Tonnen. (Foto: © CNH Österreich GmbH)

Der Valmet 565 hatte einen wassergekühlten Dreizylinder mit 2,7 Liter Hubraum aus eigener Fertigung unter der Haube. Viel wichtiger aber: Er hatte ein Vollsynchron-Getriebe. (Foto: © AGCO)

Der Valmet 1502 von 1975 hatte Vorderradadtrieb. Der Fahrer saß sehr komfortabel genau in der Mitte des Dreiecks, das von der Vorderachsfederung zu den Lagerpunkten der Tandemachse verlief. Der 6,6-Liter-Turbo entwickelte 136 PS. (Foto: © AGCO)

Ende 2014 rollte die vierte Generation der T-Serie vor. Die komplett neue Reihe ging mit Motorleistungen zwischen 155 bis 250 PS und maximalen Drehmoment von bis zu 1000 Nm an den Start. (Foto: © AGCO)

Valmet (Valtion Metallitehdas) war ein finnischer Waffenhersteller gewesen und hatte 1951 mit der Traktorproduktion begonnen. 1960 wurde die Produktion in Brasilien aufgenommen, und dieser 138.4 Turbo stammt von dort. (Foto: © AGCO)

1979 ging Valmet eine Partnerschaft mit Volvo ein und produzierte seine Traktoren unter der Bezeichnung »Volvo BM Valmet«. 1985 übernahmen die Finnen die Anteile der Schweden. (Foto: © AGCO)

Nach der Trennung von Volvo schlüpfte Valmet bei Massey-Ferguson unter und begann mit der Traktor-Produktion am französischen MF-Standort. (Foto: © AGCO)

Bei 1993 war Valmet ein Staatsbetrieb, ebenso Sisu. Nach 1993 wurde der Name in Valtra geändert, eine Bezeichnung, die schon zuvor für das Anbau- und Zubehörprogramm genutzt worden war. (Foto: © AGCO)

VALMET / VALTRA

Valtion Tykkitehtaat, eine ehemalige Kanonenfabrik, begann Ende der 1940er-Jahre mit der Entwicklung eines Traktors. Der Motor entstammte den Entwürfen eines englischen Ingenieurs, eines gewissen Herrn Pobjoy. Unglücklicherweise kam Pobjoy bei einem tragischen Flugzeugunglück ums Leben und einige seiner Zeichnungen gingen mit ihm verloren. Dennoch konnte in der Valtion-Tykkitehtaat-Fabrik, die heute den Namen »Rautpohja-Fabrik« trägt, im Jahre 1949 der erste Prototyp fertiggestellt werden. Der 1-Zylinder-12-PS-Motor entsprach jedoch nicht den Erwartungen, unter anderem deshalb, weil sich der Motor nicht starten ließ.

In der Folge versuchte man die Traktorenentwicklung von einer anderen Seite her anzugehen: Die bestehenden Traktoren wurden bis ins Detail untersucht. Der neue Projektleiter, Olavi Sipilä, ein junger Universitätsabsolvent, stellte bei der Produktentwicklung die Anforderungen der Kunden in den Vordergrund. Valtion Metallitehtaat, die staatlichen finnischen Metallwerke, wurden nach dem Zweiten Weltkrieg auf dem Fundament der finnischen Waffenindustrie aufgebaut. Die Hauptaufgabe dieser Werke bestand darin, durch die Herstellung vielfältiger ziviler Produkte einen Beitrag zum Wiederaufbau nach dem Krieg zu leisten.

Ilm Jahre 1951 wurde der Name »VALtion METallitehtaat« in VALMET Corporation umbenannt und das Werk arbeitete von nun an zusammen mit Valtion Tykkitehtaat und anderen an der Herstellung von Landmaschinen. Das Traktorenprojekt wurde im April desselben Jahres nach Tourula verlegt. Gemeinsam mit Olavi Sipilä baute man aus Komponenten von zehn Prototypen, mit deren Produktion bereits in Rautpohja begonnen worden war, den ersten Prototypen eines serienreifen Valmet-Traktors.

Drei der ersten zehn Valmet-Traktoren wurden unmittelbar nach ihrer Fertigstellung den Landwirten in der Nachbarschaft überlassen. Nachdem sich dies herumgesprochen hatte, bekundeten auch viele andere ihr Interesse. Die positive Reaktion der Kunden veranlasste die Firma, im Jahr darauf 75 Traktoren herzustellen. Der Traktor aus einheimischer Produktion wurde auf den Landwirtschaftsmessen des Sommers 1952 schließlich öffentlich vorgestellt.

Im Jahr 1953 waren bereits etwa tausend Traktoren im Einsatz, sowohl das Marketing als auch der Service liefen reibungslos. Man war gerüstet, um 1954 die Produktion zu steigern. Das Jahr 1954 brachte schließlich den Durchbruch für Valmet. Der Traktor wurde im Sommer auf Landwirtschaftsmessen vorgestellt. Die Nachfrage war da, und bereits im September verließ der 2000ste Valmet-Traktor das Werk.

FINNISCHES ERFOLGSMODELL

Die einfache Bauweise des Traktors und die Möglichkeit, mühelos verschiedene Arbeitsmaschinen anzuhängen, regte die Phantasie der Besitzer an, selbst diverse Vorrichtungen zu erfinden. Das Riemenscheibensystem wurde zum Beispiel dazu verwendet, Heupflöcke anzuspitzen, oder es wurde eine Sägevorrichtung »gebastelt«, oder ein Gerät, mit dem eine Melkmaschine direkt auf der Weide eingesetzt werden konnte, usw. Im selben Jahr bekam Valmet mit Baron G. Wrede einen neuen Geschäftsführer. Ende der 1920er-Jahre hatte dieser den ersten finnischen Traktor Kullervo entwickelt. Nun wollte er sein Wissen bei Valmet einbringen. Der Umsatz stieg nun sprunghaft in die Höhe. Im Frühjahr 1955 wurde bereits der 3000ste Traktor ausgeliefert.

Einige Verbesserungen trugen dazu bei, dass sich von Jahresbeginn an die Produktion auf 16 Traktoren pro Tag steigerte. Nach dem Sommer wurden schließlich sogar 20 Maschinen täglich hergestellt. 1955 verließen insgesamt 571 A-Modelle und 1511 Valmet-20-Modelle das Werk. In ganz Europa nahm der Wiederaufbau nach dem Krieg allmählich Form an. Neue Produkte und Technologien wurden entwickelt. Da lag es auf der Hand, dass die Leistung von 20 PS nicht lange ausreichen würde. Im Frühling 1955 beschäftigte sich Valmet Linnavuori erstmals mit der Dieseltechnologie. Die Entwicklungstrends waren damals äußerst vielfältig. Landwirtschaftsexperten warnten z.B. davor, dass die Konsumenten mit einer technischen Neuerung, wie etwa der Einspritzpumpe, nicht zu Rande kommen würden. Die Motorenhersteller waren in verschiedene Lager gespalten. Die Deutschen befürworteten den Vorkammer-Dieselmotor, Fordson präsentierte in Großbritannien 1954 den Vierzylinder-Dieselmotor mit Direkteinspritzung, auch Scania hatte bereits 1951 zu Dieselmotoren mit Direkteinspritzung gewechselt.

Die Exporte nach Brasilien befanden sich im Aufwind. Die brasilianische Regierung plante, wie schon zuvor im Fall der Autoindustrie, nun auch einheimische Traktoren herzustellen. Die brasilianischen Behörden machten eine Ausschreibung, an der sich 20 Traktorenhersteller beteiligten. Die Auflagen waren jedoch streng: Die Regierung forderte, dass nach vier Jahren 95 Prozent der verbauten Teile eines Traktors brasilianischer Herkunft sein müssten.

Full Pull: Valtra ist mit drei Werksteams in der 3,5 to Pro Stock Class vertreten. Die Basis bildet dabei die T-Serie. (Foto: © AGCO)

VON VALMET ZU VALTRA

Valmet erlangte schließlich den zweiten Platz der Ausschreibung. Als Standort der Fabrik wurde die 60 km östlich von São Paulo gelegene Stadt Mogi das Cruzes gewählt. Valmet entsandte zum Aufbau der Firma seine eigenen Mitarbeiter, und die ersten fünf von Valmet do Brasil produzierten Traktoren verließen, wie mit der Regierung vereinbart, im Dezember 1960 das Montageband.

Die Maschine wurde 360 D genannt. Da die Regierung alle Unternehmen anhielt, möglichst viele inländische Produkte zu verwenden, entschied sich Valmet für die MWM-Motoren (Motorenwerke Mannheim), die im Lande hergestellt wurden und bereits in anderen brasilianischen Modellen eingesetzt worden waren. Nach Fusionen mit anderen Firmen in den Neunzigern und einer anschließenden Neuorganisation des Unternehmens erfolgte die Umbenennung in Valtra – Valmet Traktors.

Valtra Inc. ist heute der fünftgrößte Traktorenhersteller in der westlichen Welt. Valtra ist außerdem die führende Traktorenmarke in Skandinavien und gleichzeitig die zweitgrößte in Südamerika. Das Unternehmen zählte lange zu den am schnellsten wachsenden in Europa und seine Produkte werden insgesamt in über 70 Ländern weltweit vertrieben. Die Produktion von Valtra-Traktoren erfolgt auf Grund eines in der Branche einzigartigen, raschen und effizienten Bestellsystems. Traktoren werden ganz nach Kundenwunsch zusammengestellt.

AUCH VALTRA VERLIERT DIE SELBSTSTÄNDIGKEIT

Valtras Produkte sind hochqualitative Landwirtschaftstraktoren in den Leistungsklassen von 60 bis 260 PS und umfasst leistungsstarke, technisch fortschrittliche Traktoren. Die Hauptkomponenten werden vom Unternehmen selbst entwickelt und produziert. Durch das umfangreiche Angebot an Bauelementen und Bestandteilen können etwa eine halbe Million unterschiedliche Produktvarianten gefertigt werden. Die Traktorenwerke befinden sich in Suolahti und Nokia in Finnland und in Mogi das Cruzes in Brasilien. Das Dieselmotorenwerk, Sisu Diesel Inc., gehört zum Unternehmen und produziert Motoren für den Einsatz in Off-Road-Fahrzeugen, von denen ein beachtlicher Teil an Landwirtschafts- und Baumaschinenhersteller in aller Welt geliefert wird. Valtra-Traktoren werden für extreme Einsatzbedingungen konzipiert. Im hohen Norden bewähren sie sich bei eisigen Temperaturen, im Schnee und im harten Waldeinsatz. In den Tropen andererseits sind sie unerbittlicher Hitze, Staub und Korrosion ausgesetzt. Valtra-Traktoren werden auf all diese Einsatzbedingungen hin getestet und sind bei ihren Anwendern für ihre Zuverlässigkeit und Robustheit bekannt.

Diese 3D-Grafik wurde für den Produktkatalog zur S-Serie entworfen. (Foto: © AGCO)

Die S-Serie von Valtra bietet, so der Hersteller, mehr Auswahl als jede andere Marke. Der Kunde hat die Wahl zwischen sechs verschiedenen Leistungsklassen. Valtra-Schlepper können in beiden Fahrtrichtungen arbeiten, weil leicht auf Rückwärtsfahrt umzustellen: Hinten in der Kabine befinden sich eine verstellbare Lenksäule und die Pedale. Alle anderen Bedienelemente sind in der Armlehne untergebracht, die sich zusammen mit dem Fahrersitz dreht. Das Leistungsspektrum reicht seit der letzten Überarbeitung 2014 von 300 bis 405 PS. (Foto: © AGCO)

Die neue SkyView-Kabine kam bei den Traktoren der N-Serie und der T-Serie zum Einsatz. Sie hatte Polycarbonat-Glas mit einem Scheibenwischer im hinteren Teil des Dachs und auch ein Panoramadach. Valtra verbaute bis zu 7 m2 an Glas. (Foto: © AGCO)

Bei Valtra werden Schlepper auch nach Kundenwunsch gefertigt und lackiert. Dieser »Hot Rod« gehört zur N-Serie. Rund 2000 Traktoren enstehen so im Jahr. (Foto: © AGCO)

GROSSTRAKTOREN

VERSATILE

Versatile gehört hierzulande zu den großen Unbekannten – wobei das durchaus wörtlich zu verstehen ist: Die Nordamerikaner sind Spezialisten für Großtraktoren im Leistungsbereich von 200 bis 600 PS.

Begonnen hat alles 1952 im kanadischen Toronto, als die Hydraulic Engineering Company, Produzent einer ganzen Reihe von landwirtschaftlichem Anbaugerät in den Traktorbau einstieg und dafür eine Fabrik in Winnipeg eröffnete. Das Unternehmen, das für sich in Anspruch nimmt, als erste Marke überhaupt auf nordamerikanischem Boden Allradtraktoren in Serie gebaut zu haben, wurde 1966 in eine Aktiengesellschaft umgewandelt und änderte den Namen in »Versatile«. Gebaut wurde zunächst die Baureihe D100 / G100, ein 6,5-Tonnen-Traktor in der 100-PS-Klasse mit Motoren von Ford oder Chrysler. 1967 wurde das Angebot sukzessive erweitert, Anfang der Siebziger hatte der größte Versatile 145 PS. Die Sechs- und Achtzylinder-Motoren stammten von Cummins (V6/V8) oder Ford (6,4 Liter). Zeitweise hatte Versatile bei den Allrad-Traktoren einen Marktanteil von 70 Prozent. In jenem Jahrzehnt wurden die Traktoren immer größer. Höhe- und Endpunkt dieser Entwicklung war der 1977 vorgestellte »Big Roy« Versatile 1080.

Dieser hatte vier Achsen und einen 18,8-Liter-Cummins-Diesel. Er leistete 600 PS und wog 26,1 Tonnen. So ein Ungetüm war selbst für amerikanische Straßen überdimensioniert, tatsächlich sollte dieser Großtraktor wohl für den australischen Markt gebaut werden, wo die Farmen mitunter noch größer sind als in den USA, das Gelände sich aber meist über eine zusammenhängende Fläche erstreckt. In den USA sind die Parzellen oft zerstückelt, und der Farmer muss, um dorthin zu gelangen, öfter öffentliche Straßen benutzen. Und weil bei so einem Riesen auch das Anbaugerät alle Dimensionen sprengt, sind Fahrten über öffentliche Straßen oft nicht so einfach. Außerdem lieferten sich zu dieser Zeit die Hersteller von Großtraktoren ein Wettrüsten: Der Big Bud war im Aufbau, und Steiger entwickelte den Panther Twin ST650 mit 650 PS. In dieser Katgeorie spielte nun auch Versatile mit seinem 1080 mit.

Auf dem Zeichentisch der Konstrukteure entstand ein Vierachser mit acht Rädern der Dimension 30,5 x 32, angetrieben von einem Cummins-Diesel KTA-1150 im Heck. Die Kabine, modern nach Maßstäben der Zeit, saß davor, und vor ihr wiederum der Tank mit einem Volumen von 2100 Litern. Zwei seitliche Schiebetüren ermöglichten den Zugang zum Kommandostand, um dorthin zu gelangen, gab es ausziehbare Leitern. Besonders übersichtlich war der 1080 nun nicht gerade, daher hatte er – wir sind wohlgemerkt im Jahr 1977 – eine Rückfahrkamera und einen 9-Zoll-Kontrollmonitor für den Fahrer. Die Kraftübertragung erfolgte über ein Sechsgang-Schaltgetriebe für Geschwindigkeiten zwischen 6 bis 21 km/h. Zwölf 60-Watt-Leuchten sorgten für die Beleuchtung bei Nachtfeldeinsätzen. Im Kühlkreislauf zirkulierten 80 Liter Flüssigkeit, die beiden Lüfter hatten einen Durchmesser von jeweils 70 Zentimetern: An diesem Knicklenker war wirklich alles groß.

Leider auch der Misserfolg, denn er blieb ein Einzelstück. Das innovative Konzept brachte zwar genügend Zugkraft auf den Boden, doch weil alle Räder in denselben Spuren liefen, wurde der Boden dort, wo Big Roy drüberrollte, zu stark verdichtet. Daher kehrte man beim nachfolgenden Typ 1150 mit 475 PS wieder zum konventionellen Allradantrieb zurück und versuchte mit Zwillings- oder gar Dreifachbereifung die Bodendrücke zu verringern.

In den Achtzigern brach der Markt für Großtraktoren weltweit ein, Versatile geriet in Schwierigkeiten und wurde 1986 von Ford-New Holland aufgekauft. Sie waren nun im typischen Blau lackiert und trugen den Ford-Schriftzug. Zwei Jahre später kehrte die Bezeichnung Versatile wieder zurück, allerdings nicht das typische Rot: Es blieb beim Blau. Nach der Fusion von New Holland mit Case IHC wurden im Jahr 2000 Fabrik und Namensrechte an die amerikanische Buhler Industries Inc. verkauft, und die wiederum ging 2007 an die russische Rostselmash Ltd., was Versatile – das rund 1200 Traktoren im Jahr produzierte – den Zugang zu den Märkten Osteuropas verschaffte.

Ein Versatile 856 von 1985. Die Maschine hatte einen Zehnliter-Motor von Cummins, die Maximalleistung lag bei 240 PS. (Foto: © Roseohioresident, cc-by-sa 4.0

Versatile verspricht »einfache Bedienung, Wartung und Instandhaltung« durch hochwertigste Komponenten. Außerdem sind alle Servicepunkte gut zugänglich. (Foto: © Buhler Versatile Inc.)

Zu groß, um Erfolg zu haben: Versatile 1080 »Big Roy«. Es gab damals noch keine Anbaugeräte, die mit 600 PS Zugleistung fertig werden konnten. (Foto: © Shahnoor Habib Munmun, cc-by-sa 3.0)

Das Delta-Laufwerk von Versatile ist in seinen Grundzügen dem Challenger nachempfunden, wobei die Kraftübertragung tatsächlich von Caterpillar stammt. Die Motoren stammen von Cummins. (Foto: © Buhler Versatile Inc.)

Gegenwärtig – Stand 2018 – bietet Buhler Industrie in Europa die Allrad-Traktoren 380/405/430/400 an. Es gibt sie aber auch in 4x2-Ausführung, dann heißen die Maschinen, entsprechend der leicht aufgerundeten Motorleistung, 265/295/315/335/365. Das Unternehmen war mit einem Stand auf der Agritechnica 2017 vertreten. (Foto: © Buhler Versatile Inc.)

Zetor präsentiert sich als sehr designaffine Marke und versteht es, seine Traktoren überraschend in Szene zu setzen. Der Kalender für das Jahr 2017 wurde zusammen mit dem in Tschechien sehr bekannten Werbefotografen Martin Fridner gestaltet. (Beide Fotos: © Zetor)

Topmodell der Tschechen ist die Crystal-Reihe. Zu haben sind diese Traktoren mit Common-Rail-Dieseln und Leistungen von 144 und 163 PS. Die Allrad-Traktoren wiegen je nach Ausstattung zwischen 4,8 und 5,8 Tonnen. (Foto: © Zetor)

GROSSTRAKTOREN

Besucher bewundern den Zetor Z25 auf der Leipziger Frühjahrsmesse 1951. In jenem Jahr bauten die Tschechen 8500 Traktoren, und das war längst nicht genug. (Foto: © Deutsche Fotothek, cc-by-sa 3.0)

Z25 K, 1961, im ehemaligen Jugoslawien. In jenem Jahr lief der 158.570 Traktor dieses Typs vom Band, davon waren 97.000 Einheiten in den Export gegangen.

2015 überraschte Zetor mit einer Designstudie, die Pininfarina entwickelt hatte. Die Studie zum Zetor-Jubiläum wurde 2017 als »Major« in die Serienfertigung überführt. (Foto: © Zetor)

ZETOR

Die Frage, was ein Großtraktor ist, wurde ja schon am Kapitelanfang gestellt, und mit einem »es kommt darauf an« beantwortet. Im Falle von Zetor gilt das ganz besonders: Nach heutigen Maßstäben hat Zetor eigentlich erst in den letzten Jahren große Traktoren gebaut. Wenn auch keine Großtraktoren in der 200-PS-plus-Klasse. Doch zu ihrer Zeit, als Europa noch geteilt war, gehörten die Zetor-Traktoren zu den ganz Großen.

IM ZEICHEN DES Z

Die Traktor-Geschichte von Zetor beginnt mit dem Z 25 am 15. März 1946. Der einprägsame Markenname war eine Kombination aus dem Z im Markenzeichen der Firma – Brno Zbrojovka – und dem international gebräuchlichen Wort »Traktor«. des Unternehmens aus Brünn

Entwickelt hatte den Traktor im Auftrag des tschechischen Staatsrats der Ingenieur František Musil, der im Juni 1945 damit begann, einen kostengünstigen Schlepper zu bauen. Wie bekannt, ist ihm das gelungen. Diesem ersten Zetor folgten weitere Ausführungen in verschiedenen Leistungsklassen, 1956 erschien mit dem Zetor 50 Super ein respektabler 50-PS-Schlepper, der sich vor der westlichen Konkurrenz nicht verstecken musste. Ganz im Gegenteil: Er machte ihnen starke Konkurrenz. Die Tschechen nämlich konnten ihre Traktoren von Anfang an auf zahlreichen, auch westlichen, Importmärkten verkaufen. Von den 3500 Traktoren des Jahres 1947 gingen rund ein Drittel ins Ausland, darunter Irland, Dänemark und Belgien.

Mitte der Fünfziger begann die Produktion von Kettenschleppern, im real existierenden Sozialismus hatte man nicht genug Gummi für die Reifenproduktion. Stahl und Eisen dagegen gab's genug, daher konstruierte man den Standard-Schlepper Zetor 35 auf ein Gleisketten-Laufwerk um. Weil aber der Kettenschlepper doppelt so schwer wie der Radtraktor geriet, die Motorleistung von 35 PS bei beiden aber gleich blieb, wurde, sobald die Reifenproduktion gesichert war, die Raupenproduktion eingestellt. Doch in diesen drei Jahren waren 4200 Kettenschlepper entstanden.

Doch Mangelwirtschaft hin oder her: Um gute Ideen waren die Tschechen nicht verlegen, Zetor darf für sich in Anspruch nehmen, um 1960 der Traktorhersteller mit dem konsequentesten Baukastensystem weltweit gewesen zu sein, was die Kosten senkte und Stückzahlen nach oben trieb: Nicht einmal 20 Jahre nach Produktionsbeginn waren bereits über 150.000 Einheiten gebaut worden, und Zetors UR-Baureihe war weltweit ein Begriff.

VON ZETOR ZUR HTC

Die folgenden Jahre und Jahrzehnte brachten den bei allen Herstellern zu beobachtenden Anstieg in Motorleistungen und Leistungsklassen. Als sich der Eiserne Vorhang hob, war der 7711 mit Allrad-Antrieb und 88 PS starkem Turbodiesel das Aushängeschild des Unternehmens, das sich jetzt einem scharfen Wettbewerb durch westliche Konkurrenz ausgesetzt sah. Anders aber als die meisten osteuropäischen Fahrzeughersteller haben die Tschechen den Systemwechsel bestens überstanden. Nach der Privatisierung 1993 begann im John-Deere-Auftrag die Produktion von mittleren Traktoren für Lateinamerika, was allerdings nicht dauerhaft zum Überleben beitragen konnte. Es folgten diverse Besitzerwechsel, seit 2002 gehört Zetor zur HTC Holding, einem tschechischen Finanzinvestor. Flaggschiff des Modellprogramms ist gegenwärtig die Crystal-Baureihe mit bis zu 171 PS – kein Großtraktor im heutigen Wortsinne, sondern eher Mittelklasse, aber dennoch ein wahrhaft imponierendes Stück Landtechnik, was nicht zuletzt auch am langen Radstand von 2840 mm liegt. Für Vortrieb sorgt hier der 6,1-Liter-Turbo-Sechszylinder mit Common-Rail, den Deutz zuliefert und die aktuellste Schadstoffklasse erfüllt. Die Kraftübertragung erfolgt über eine fünffach-Wendeschaltung mit automatischer dreifach-Lastschaltung, insgesamt stehen 30 Fahrstufen (jeweils vorwärts wie rückwärts) zur Verfügung. Die Hydraulik stammt von Bosch. Die Fronthydraulik bewältigt bis zu 3,5 Tonnen, die Dreipunktaufhängung am Heck entspricht mit beachtlichen 8,5 Tonnen der Kategorie III.

BODENBEARBEITUNG

Ackerböden werden seit Jahrtausenden mechanisch bearbeitet. In einfachster Form diente dazu eine primitive Harke oder ein Stock, eine Schaufel, ein Brett oder was auch immer: Stets geht es darum, die Wachstumsbedingungen für Kulturpflanzen, deren Fruchtbarkeit und damit die Ertragfähigkeit des Bodens zu verbessern. Und in jedem Fall muss der Boden krumentief (also die oberen 30 Zentimeter) gewendet, gelockert und durchmischt werden, um Ernterückstände, Unkräuter und Schädlinge zu beseitigen und die Bodenbelüftung wie auch die Nährstoffversorgung zu verbessern. Die intensivere landwirtschaftliche Produktion und der technische Fortschritt führten dazu, dass das, was früher den Bauern mit seinem Pferd Stunde um Stunde über den Acker ziehen ließ, heute von hochspezialisierten, leistungsstarken und schweren Maschinen – die bis zu 60 Tonnen wiegen können – erledigt wird. Pflugscharen bauen kann und konnte jeder Dorfschmied, doch für die heutigen Großpflüge braucht es echte Spezialisten. Einige besonders spektakuläre Exemplare stellen wir auf den folgenden Seiten vor.

Ob nun mit Stoppelgrubber sehr flach gearbeitet werden soll oder mit Tiefgrubber, ob mit dem Pflug der Boden gewendet werden muss oder welche Aufgabe auch immer die Kombination hinter der Maschine erfüllen muss: Nur in den wenigsten Fällen wird bei der Bodenarbeit mehr Zugkraft notwendig werden als diejenige, welche der 8320 liefert.(Foto: © Deere & Company)

Der Lemken Aufsattel-Drehpflug mit Streifenkörpern ist 5-12-furchig lieferbar.
(Foto: © Lemken)

Case stellt Bandschneidewerke von 7,63 bis zu einer Breite von 13,72 Metern her. (Foto: © Case-IH)

Ein sowjetischer T 150 K mit angebautem Fünfscharpflug. Mittels eines Hydraulikzylinders konnte jede Schar einzeln ausgehoben werden. (Foto: © Narek75, cc by-sa 4.0)

Durch die Ausdehnung der Maisanbauflächen in den letzten Jahren gewinnt der Pflugeinsatz wieder an Bedeutung. Zur Verhinderung von Pflanzenkrankheiten, zur mechanischen Unkrautbekämpfung wegen zunehmender Resistenzen gegen verschiedene Wirkstoffe sowie zur Abwehr von Mäusen und anderen Schädlingen gibt es auch heute keine nachhaltige Alternative zum Pflug. (Foto: © Claas)

BODENBEARBEITUNG

Die Baureihe Fendt Favorit 800 wurde im Jahr 1993 vorgestellt. Schon damals kamen Zehnscharpflüge zum Einsatz. (Foto: © AGCO)

Dieser erweiterbare Pflug mit hydraulischer Nonstopp-Steinsicherung ist für Traktoren der mittleren und oberen PS-Klasse ausgelegt. (Foto: © JCB)

PFLÜGE

Es ist schon so: Eine saubere Arbeitsvorbereitung ist unerlässlich für ein gutes Endergebnis. Daher steht am Ende eines langen Tages auf dem Feld eine gut gepflügte, vegetations- und reststofffreie, sehr gut durchlüftete Ackeroberfläche. Das ist die Grundvoraussetzung für eine erfolgreiche Aussaat der Kulturpflanzen und Folgefrüchte. Denn das Pflügen optimiert den Wasserhaushalt im Boden und bringt Pflanzenreste und Wirtschaftsdünger in den Boden ein, was später das Pflanzenwachstum fördert. Nach dem Pflügen erfolgt erst kurz vor der Saat eine flachgründige Bodenbearbeitung. Für die Saatbettbereitung ist ein Pflug allerdings ungeeignet, denn dabei wird der Boden gewendet. Was dann gebraucht wird, heißt »Grubber«, »Krümler« oder auch »Fräse«. Diese Werkzeuge zur flachgründigen Bearbeitung richten den Boden so her, dass alle Saatkörner zügig keimen können und die Krume bis zur Ernte ihre optimale Struktur behält. Ein keimendes Korn braucht Wasser, Wärme und Sauerstoff, der Keimling zusätzlich eine lockere Krume beim Durchstoßen der Oberfläche. Eine ideale Bodenbearbeitung hinterlässt unter dem Saatkorn einen leicht verfestigten Boden, in dem das Wasser kapillar nach oben steigt, und ein lockeres Krümelgemisch oberhalb des Saatkorns, damit Wärme und Sauerstoff rasch in den Boden eindringen können. Am Anfang dieses Prozesses steht die Arbeit mit dem Pflug.

Der Pflug wurde wohl schon in der Jungsteinzeit erfunden, als der Mensch allmählich sesshaft wurde und mit dem Ackerbau anfing. Das dabei eingesetzte Gerät wurde von Ochsen oder Menschen gezogen und erlaubte, mehr Land in kürzerer Zeit zu bearbeiten, um die wachsende Sippe zu ernähren. Die ältesten Pflüge sind bereits um die Wende des vierten zum dritten vorchristlichen Jahrtausends in Ägypten und im Vorderen Orient bildlich belegt.

Was sich durch die Jahrtausende nicht geändert hat, ist die Grundanforderung an einen Pflug: Er muss eine für die Aussaat brauchbare Furche im Acker erzeugen. Eine sehr frühe Form des Pflugs stellt der sogenannte Hakenpflug mit einer Deichsel und dem aus einem einzigen Stück Holz gearbeiteten Pflugbaum mit Pflugschar dar. Wenn aber die hölzerne Pflugspitze brach oder abgenutzt war, was vor allem bei steinigem Boden rasch passierte, musste Ersatz für das ganze Gerät beschafft werden, denn die Spitze war nicht abnehmbar oder zu ersetzen. War das Teil stumpf, musste der Bauer ein neues besorgen oder schnitzen, und das mochte dauern. Im Grunde genommen verlief die Entwicklung vom Grabstock zum Pflug im Schneckentempo. Beschleunigt wurde sie erst, als die Verarbeitung von Eisen möglich wurde. Im 4. Jahrhundert n. Chr. kam der Räderpflug auf; dieser konzentriert die Zugleistung des Tieres mehr auf das Aufbrechen des Bodens statt auf das Ziehen des recht schweren Gerätes. Der Einsatz von Pferden zum Pflügen wurde mit der Erfindung des Kummets besonders effektiv, denn der noch bis zum 8. Jahrhundert verwendete Hals- und Leibgurt beeinträchtigte die Atmung des Zugtieres; und das danach gebräuchliche Stranggeschirr war auch nicht viel effektiver.

Mit insgesamt 650 Pferdestärken erhält das Tiefpflügen eine neue Dimension. Das Caterpillar-Einzelstück soll zwei Meter in den Boden reichen und wird überwiegend in Moorlandschaften zum Einsatz gebracht. (Foto: © Caterpillar)

BODENBEARBEITUNG

VOM GRABSTOCK UND DER ERFINDUNG DES MR. DEERE

Eine wesentliche Verbesserung vor allem beim Pflügen schwerer Böden stellte der Beetpflug dar. Sein wichtigstes Merkmal war der Kolter, das Pflugmesser, das am Scharbaum befestigt war und den Boden vertikal aufschnitt, während die dahinter liegende Schar gleichzeitig den Boden horizontal schnitt.

Eine wesentliche Verbesserung war die eiserne Pflugschar. Die Wirkungsweise des Pfluges verbesserte sich enorm durch die Anbringung eines Streichbretts – seit Pflüge aus Stahl gefertigt werden, heißt es »Streichblech« – und eines Messersechs. Beides, Schar und Sech, sind Schneidwerkzeuge und schneiden einen Erdstreifen heraus, den das Streichblech dann wendet. Bei manchen Konstruktionen findet man Vorschneider oder Kolter. In jedem Fall wird der Bewuchs, auch ungewolltes Beikraut, gemeinhin »Unkraut« genannt, dadurch untergehoben. So kommt saubere Erde an die Oberfläche. Der im 15. Jahrhundert entwickelte Kehrpflug besaß ein umsetzbares Streichbrett und eine symmetrische Schar. Dadurch war es möglich, nach rechts und nach links zu pflügen. So konnte der Pflug am Ende der Furche gewendet und in die entgegengesetzte Richtung gepflügt werden.

In Europa wurden Streichbretter erst im späten Mittelalter (zunächst aus Holz) eingeführt, doch damit hatte es sich in Sachen Innovationen für die nächsten Jahrhunderte erledigt. Bis weit ins 18. Jahrhundert hinein wurde der Boden auf diese primitive Art bereitet. Man benötigte viele Zugtiere, um eine anständige Arbeitsleistung zu erzielen. Moderne Pflüge sind heute selbstverständlich ganz aus Stahl hergestellt. Ihre Scharen schneiden und drehen die Scholle in nur einem einzigen Arbeitsgang. Auch wenn die Pflüge durch technische Neuerungen verbessert wurden, unterscheidet sich der Vorgang des Pflügens nicht von der Arbeit der vorangegangenen Jahrtausende. Doch seit dem Jahr 1837, als der amerikanische Schmied John Deere den ersten selbstreinigenden Stahlpflug erfand, ist die Arbeit etwas leichter geworden.

MODERNE PFLUGBAUARTEN

Die heutigen Pflüge treten in vielen Varianten auf. Sie werden primär nach Anhängungsart und Bauart unterschieden. Die Anhängungsart des Pfluges beschreibt die Art der Verbindung zwischen Pflug und Zugfahrzeug, also dem Traktor. Es gibt demnach Anbau-, Anhänge- und Aufsattelpflüge. Erstere werden auf allen Aufhängungspunkten der Dreipunkthydraulik montiert. Anhängepflüge hingegen benötigen nur zwei Punkte und haben hinten ein Stützrad. Aufsattelpflüge wiederum verfügen über ein eigenes Fahrwerk, haben also keine Verbindung mit der Dreipunkthydraulik. Unabhängig von der Art der Aufhängung sind die beiden Grundbauarten »Beetpflug« und »Kehrpflug«. Im Beetpflug wenden sich die Scharen nur in eine Richtung, im Kehrpflug können sie sich sowohl nach links als auch nach rechts drehen. Darüber hinaus gibt es jede Menge Sonderformen für jede erdenkliche Anwendung, alle Arten von Böden und Aufgaben, zum Beispiel den Frontpflug, Grabenpflug, Häufelpflug, Kartoffelrodepflug, Kreiselpflug, Schälpflug, Scheibenpflug, Schichtenpflug, Schwenkpflug und Tiefpflug.

Heute dominiert der vierscharige Volldrehpflug, auch der Fünfscharpflug ist weit verbreitet; die Arbeitsbreite liegt dann bei etwa zwei Metern. Zu den Mindeststandards gehören die hydraulische Schnittbreitenverstellung, das Stützrad, Anlagen- und Scheibensechen – wenn auch nicht vor allen Scharen und nur zum Teil gefedert. Pflüge müssen sich außerdem leicht den jeweiligen Gegebenheiten anpassen lassen, das heißt, dass Zugpunkt und Vorderfurchenbreite, Neigung und Arbeitstiefe variabel sein müssen. Die Verstellung der Vorderfurchenbreite zum Beispiel erfolgt oft über eine Gleitschiene; die Schnittbreitenverstellung wird vielfach durch eine Hydraulik vereinfacht.

Wichtige Anbieter auf diesem Gebiet heißen Kuhn, Kverneland, Lemken, Niemeyer, Överum, Pöttinger, Rabe und Vogel & Noot.

Eine Kombination von Aufbaudrillmaschine und Packer. Eine Schubvorrichtung ermöglicht Einsatz gezogener Packer in der Fronthydraulik. (Foto: © Lemken)

Die Keilringwalze stellt verfestigte Streifen her, in die das Saatgut anschließend abgelegt wird. 1/3 des Bodens wird dabei in Streifen rückverfestigt, mit dem Rest wird das Saatgut bedeckt. (Foto: © Lemken)

Der kleine Bruder lockert den Boden und markiert die Saatreihen, am zwillingsbereiften MF 8737 macht eine Direktsaatmaschine ihren Dienst. (Foto: © AGCO)

Im Frontanbau ein Packer – nach dem Zinkenfeld folgt ein Walzennachläufer. Am Heck eine Universaldrillmaschine, die mit einer leichtzügigen, zweireihigen Kurzscheibenegge ausgestattet, einen optimalen Misch- und Zerkleinerungseffekt bewirkt sowie den Boden auch nach dem Pflugeinsatz exakt einebnet. (Foto: © Steyr)

Die Stoppelbearbeitung erfolgt zeitnah nach der Ernte durch Scheibeneggen. Hierbei wird der Boden flach gelockert. Dadurch werden die Erntereste durchmischt und eingearbeitet. Das lässt das Stroh besser verrotten und das Ausfallgetreide schneller keimen. (Foto: © JCB)

Ein einreihiger Frontpacker in Kombination mit einer Drillmaschine ist die ideale Voraussetzung für eine optimale Saatbeetvorbereitung. (Foto: © Lemken)

Die abgesetzte Gülle wird mit einem Kurzscheibengrubber sofort in den Boden eingearbeitet. Mit den vorderen Scheiben wird die Gülle so sauber eingearbeitet, dass die Oberfläche trocken bleibt. (Foto: © Zunhammer)

BODENBEARBEITUNG

Kurzscheibeneggen können sowohl zur flachen Stoppelbearbeitung auf leichten und mittleren Böden als auch zur Saatbettvorbereitung für die Mulchsaat oder nach dem Pflug eingesetzt werden. Arbeitsbreiten bis 17 Meter werden angeboten. (Foto: © Deere & Company))

Feingrubber eignen sich sowohl zur flachen Stoppelbearbeitung auf leichten und mittleren Böden als auch zur Saatbettvorbereitung für die Mulchsaat oder nach dem Pflug. (Foto: © Fendt AGCO)

WALZEN UND PACKER

Walzen und Packer gehören zu den wichtigsten Anbaugeräten der Landwirtschaft, die der Bodenbearbeitung dienen und fast ausschließlich vor der Aussaat verwendet werden. Ihre Aufgabe besteht in der Nachbereitung von Äckern und Feldern, die frisch gepflügt wurden, weshalb Walze oder Packer häufig als Nachlaufgerät des Pflugs angeboten werden. Mit ihrer Hilfe findet eine Rückverdichtung des Bodens statt, um den Saaterfolg zu erhöhen. Diese Aufgaben können nicht von anderen Bau- oder Landmaschinen übernommen werden, sind jedoch auf fast allen Bodenarten der modernen Landwirtschaft unverzichtbar.

Grundsätzlich decken Packer und Walzen den gleichen Aufgabenbereich ab, unterscheiden sich jedoch im Aufbau. Während die Walze einen durchgängigen Korpus mit wenigen Metern Breite besitzt, zeichnet sich der Packer durch mehrere, getrennt voneinander angeordnete Walzscheiben aus. Diese verfügen modellabhängig über einen Durchmesser von 60 bis 100 Zentimetern. Auf klassischen Packern sind vier bis acht Einzelscheiben angeordnet. In beiden Varianten wiegt das Anbaugerät mehrere Hundert Kilogramm, wodurch es mühelos in den Boden eindringt.

Walzen und Packer sind auf Drehwellen gelagert; über einen eigenständigen Antrieb verfügen die Nachlaufgeräte im Regelfall nicht. Alleine durch die Zugbewegung eines Pflugs oder Traktors dreht sich die Walze bzw. die Vielzahl an Walzscheiben und sorgt so für eine gleichmäßige Verdichtung der Bodenfläche. Die Einsatzzwecke von Walzen und Packern sind vielfältig. Ihre primäre Aufgabe besteht in der Nachverdichtung des gepflügten Bodens. Beim Pflügen entstandene Schollen werden durch diese Nachbearbeitung feinscholliger. Das ist entscheidend, damit der Boden nach der Aussaat Wasser und Düngemittel bestmöglich aufnehmen kann.

In der Variante als Frontpacker hilft die Walze bei der Befestigung des Saatbetts. Diese Variante wird genutzt, falls kein gesonderter Packer nach dem Pflügen eingesetzt wurde, was sich – abhängig von der Bodenbeschaffenheit – negativ auf die Aussaat auswirken kann. Für größere Flexibilität bei der Feldarbeit sorgen Frontschwenkpacker, mit denen die Bodenbearbeitung rechts oder links im Wechsel möglich ist.

GRUBBER

Während man mit dem Pflug den Boden wendet, wird er mit dem Grubber gelockert und zerkleinert; mitunter ersetzt er auch die Pflugarbeit. Die Arbeit mit einem Grubber steht ganz am Anfang der Saatbettbereitung. Er kommt etwa zum Einsatz, um Gründünger unterzuarbeiten oder die optimalen Anlaufbedingungen, zum Beispiel für das Anlaufgetreide zu schaffen. Im Garten genügt dafür eine dreizinkige Harke, der Landwirt muss zu deutlich größerem Gerät greifen.

Es gibt Grubber mit zwei-, drei und vier Balken, es gibt sie mit Flügel- und Gänsefußscharen oder mit Schmalscharen, um nur die wichtigsten zu nennen. Bauart und Scharform richten sich nach dem Verwendungszweck, doch im Grunde genommen geht es nur um eines: Den Boden zu lockern, beziehungsweise dessen Oberfläche aufzuschneiden und zu durchmischen.

Die Wirkung wird durch den Abstand der Zinken und der Scharen auf dem Balken bestimmt; man spricht dabei vom Strichabstand. Der richtet sich wiederum nach dem Einsatzzweck: Ein breiter Abstand lockert viel Fläche, schält aber die Oberfläche eher ab. Um tiefer zu graben, müssen die Scharen enger stehen, und wenn der Boden besonders tief gelockert werden soll, muss der Strichabstand noch einmal deutlich geringer ausfallen. Da kann ein Grubber mit Schmalscharen schon einmal den Pflug ersetzen.

Weil aber nicht jeder Landwirt für jeden Einsatzweck einen eigenen Grubber anschaffen möchte, bieten die Hersteller auch Schnellwechselsysteme an.

BODENBEARBEITUNG

TON, STEINE, SCHERBEN

Zwangsläufig werden bei der Feldarbeit Steine zutage gefördert. Immer. Das lässt sich nicht vermeiden, ebenso wenig wie daraus resultierende Schäden und Verschleiß. Also braucht ein Grubber eine Steinsicherung. Die einfachste Form besteht aus einer Schraube, die abschert, die feudalste Lösung ist ein hydraulisches System, das nach oben fährt, wenn die Feldarbeit einen großen Brocken ans Tageslicht holt. Weit verbreitet sind spiralgefederte Zinken; man kann die Federwirkung aber auch über Blattfedern erreichen. Die Wahl der Steinsicherung ist auch eine Gewichtsfrage: Je aufwendiger die Lösung, desto mehr Gewicht kommt auf den Grubber, und desto mehr Leistung benötigt der Traktor, der ihn zieht.

Gleichzeitig mit dem Grubbern wird der Boden auch nivelliert. Das erfolgt in der Regel über Räder, die entweder als Vollscheiben oder Speichenräder ausgeführt sind. Diese haben in der Regel einen Durchmesser von rund einem halben Meter und haben den Vorteil, dass sie zusätzlich als Krümler wirken. Auch diese Räder sind in der Regel federnd angebracht, um über Hindernisse wie etwa Strohhaufen hinwegrollen zu können. Die Tiefe ist einstellbar, meist über Schrauben oder Schraubspindeln.

Die Scheiben werden in der Regel am Walzenrahmen angebracht und nicht am eigentlichen Grubber. Komplett wird der Grubber dann durch die nachlaufende Walze. Die hat die Aufgabe, den gelockerten Boden wieder etwas zu verfestigen, damit etwa der Wind nicht die Krume abträgt. Auch diese Baugruppe ist in verschiedenen Ausführungen zu haben. Die einfachste Form ist die sogenannte Stabwalze. Sie sieht aus, wie sie heißt, läuft hinter dem Grubber her und bringt Gewicht auf den Boden – und damit indirekt auch auf die Scheiben. Je nach Durchmesser und Gewicht erfüllt eine solche Lösung ihren Zweck, die Böden sollten aber nicht zu schwer und zu nass sein. Für schwerere Böden wird eine Stabwalze mit einer Flachstahlwalze kombiniert. Diese bietet eine bessere Krümler-Wirkung, bringt aber mehr Gewicht. Zu den weiteren Grubber-Nachläufern gehören die schwere Zahnpackerwalze, die bei Feuchtigkeit leicht verklebt, oder die Keilring- bzw. Gummiringwalzen, wie sie in ähnlicher Form auch bei Drillkombinationen zu finden sind und nur unter bestimmten Bedingungen bzw. Bodenverhältnissen zum Einsatz kommen. Diese Walzen sind schwer und wiegen gerne mal eine halbe Tonne oder mehr.

Weitere Walzenformen wie die Trapezringwalze, die Messerwalze und auch die Prismenwalze sind Sonderformen bestimmter Hersteller und stellen vielfach Kombinationen bekannter Bauarten dar. Der Boden ist maßgebend dafür, welche Ausführung die richtige ist.

Viele Hersteller liefern Grubber, zum Beispiel Bremer, Brix, Köckerling, Rabe und Tigges; Walzen kommen von Lemken, Kerner oder Güttler, um nur einige zu nennen. Sie alle haben nur eine Aufgabe zu erfüllen: Optimale Bedingungen für die Aussaat zu schaffen.

EGGEN

Im Prinzip handelt es sich bei der Egge um ein Gerät mit Zinken, die größere Erdschollen zerkleinern, eine feine Krümelung der oberen Ackerschicht zur Saatbettvorbereitung ermöglichen und auf mechanische Weise Unkrautwuchs bekämpfen. Im Anschluss an die Breitsaat wird das Saatgut mit einer Egge in den Boden eingearbeitet. Je nach Gewicht dringen Eggen mehr oder weniger tief in den Boden ein. Sehr leichte Geräte werden auch als Striegel bezeichnet.

Neben dem Pflug ist die Egge die wichtigste Bodenbearbeitungsmaschine für den Landwirt. In früheren Zeiten bestanden Gerüst und Zinken aus Holz, heute ausschließlich aus Stahl. Selbstfahrende Eggen gibt es nicht, sie werden immer gezogen. Über die Zapfwelle eines Traktors können allerdings einzelne Segmente angetrieben werden.

Zinkeneggen gibt es mit starren und mit federnden Zinken. Die Netzegge besteht aus einem Drahtgeflecht, an dem die Zinken netzförmig befestigt sind. Mit ihrer Beweglichkeit passt sie sich allen Bodenunebenheiten an. Bei der Unkrautbekämpfung

Ansicht eines in Kanada gebauten MacDon 9352 Schwaders ohne Schneidwerk. Das Foto entstand auf einer Farm in Australien. (Foto: © Kevin Guy, cc-by-sa 2.0)

In den Vereinigten Staaten ist der Schwaddrusch weit verbreitet. Entsprechend werden dort auch die Selbstfahrer gebaut. (Foto: © Case-IH)

Der überarbeitete BiG M II kann 9,7 Meter Arbeitsbreite, einen 360 PS leistenden 12 Liter Reihensechszylinder sowie eine neue geräumige Kabine vorweisen. Mit 40 km/h auf der Straße gehört der BiG M II zu den schnellsten Selbstfahrern. (Foto: © Krone)

Große Arbeitsbreiten, kleine Traktoren: Mit dem Transportfahrwerk sind die Kreiselzettelwender mit bis zu 11 Metern Arbeitsbreite auch ideal für kleinere Traktoren. (Foto: © Krone)

Selbstfahrende Schwadmäher sieht man am häufigsten in den Vereinigten Staaten oder in den nördlichen Ländern Europas. Die beiden Case haben Scheibenmäher angebaut. (Foto: © Case-IH)

Heu ist durch Trocknen haltbar gemachtes Grünfutter (Gras, gemischt mit Wiesenkräutern) und ist für die Landwirte, besonders in den Wintermonaten, ein wertvolles Futter für ihre Tiere. Je 100 Kilogramm Grünfutter müssen etwa 60 Kilogramm Wasser verdunsten, deshalb wird die Mahd mit Heuwendemaschinen mehrfach gewendet, damit es besser trocknet. (Foto: © Krone)

Mit einer variablen Arbeitsbreite von 11 bis 13,5 Metern können Flächenleistungen bis zu 13 ha je Stunde effektiv verarbeitet werden. Je nach Modell können die Kreisel mechanisch oder hydraulisch für den Transport hochgeklappt werden. (Foto: © Krone)

Der Einkreiselschwader ist mit einer Tandemachse ausgestattet, ein Stützrad sorgt für gleichmäßige Kreiselführung auf konturierten Flächen. (Foto: © Krone)

Der Zweikreisel-Seitenschwader eignet sich für kleinere Flächen. Durch seine große Rahmenhöhe ist gewährleistet, dass das Futter nicht verschmutzt und die Grasnabe nicht beschädigt wird. (Foto: © Krone)

reißen die Zinken mit kreisenden Bewegungen Unkrautkeimlinge und -jungpflanzen aus oder verschütten sie, ohne bereits stärker entwickelte Nutzpflanzen zu schädigen. Da die Netzegge sehr leicht ist, kann sie trotz großer Arbeitsbreite auch von leichten Traktoren gezogen werden.

Die Wiesenegge oder Grünlandegge wird zum Entfernen von Moos und Maulwurfshügeln auf Wiesen und Weiden benutzt. Außerdem können mit ihr Mist oder Dung gleichmäßig verteilt werden. Die Grasnarbe wird dabei leicht verletzt und zum Wachstum angeregt. Neben den Aufgaben in der Landwirtschaft dient das Gerät auch zum Einebnen von Pferderennbahnen und Reitplätzen. Eine Variante ist der Grünlandstriegel, der zusätzlich zu den Zinken noch mit Planierschienen ausgerüstet ist. Die Kreisel der Kreiselegge werden über die Gelenkwelle des Traktors in Bewegung versetzt. Die Zinken sitzen dabei senkrecht auf Walzen und arbeiten mit einer unterschiedlichen Bodentiefe, je nachdem welche Frucht ausgesät werden soll. Sie kann auch mit einer Drillmaschine kombiniert werden, so dass Eggen und Säen in einem Arbeitsgang erfolgen.

Der Name Zinkenrotoregge spricht für sich. Die kräftigen Zinken befinden sich auf einem Rotor, ähnlich wie bei einer Fräse. Das Gerät wird zum Beispiel bei der Bearbeitung von Stoppelfeldern eingesetzt. Voraussetzung ist allerdings ein leistungsfähiger Traktor, da diese Art von Egge rund 50 PS pro Meter Arbeitsbreite verlangt.

Die Konstruktion der Rüttelegge besteht aus zwei parallelen Zinkenbalken, die quer zur Arbeitsrichtung angeordnet sind. Die Balken werden durch einen gegenläufigen Antrieb in eine pendelnde Bewegung versetzt und sorgen dadurch für eine gute Verkrümelung des Bodens, wenn dieser nicht zu schwer ist bzw. nur kleine Erdschollen aufweist. Bei klebrigen Böden mit großen Schollen entstehen unerwünschte Anhäufungen.

Die Scheibenegge oder Telleregge verrichtet ihre Arbeit mittels gewölbter, manchmal gezackter Scheiben, die in einem schrägen Winkel zum Boden rotieren. Sie kann ähnlich wie der Pflug das Erdreich aufschneiden und vermischen. Die Mehrzahl dieser Eggen hat zwei Balken, deren Scheiben gegenläufig angeordnet sind.

BODENFRÄSE / ROTOTILLER

Der Sechskreiselschwader ist der Riese unter den Mittelschwadern. Mit einer Arbeitsbreite von 10 bis 19 Metern kann die Leistung für die nachfolgenden Erntemaschinen um bis zu 15% gesteigert werden. (Foto: © Krone)

BODENBEARBEITUNG

Eine Bodenfräse kann ergänzend zu einem anderen Bodenbearbeitungsgerät, zum Beispiel einem Pflug, eingesetzt werden. Oftmals wird eine Fräse aber auch direkt anstelle anderer Gerätschaften zur Bodenbearbeitung genutzt. Dabei kann mit der Bodenfräse auch organisches Material (Gründüngung, Erntereste etc.) in den Boden eingearbeitet werden. Das Fräsen sorgt dafür, dass der Boden mehr Sauerstoff aufnehmen kann. Dadurch lassen sich organische Massen weitaus schneller abbauen. Die Bodenfräse wird bereits seit dem Jahr 1921 eingesetzt, in dem sie für den Erfinder Arthur Clifford Howard in Australien patentiert wurde.

Ihre Stärken spielt die Bodenfräse insbesondere bei leichten bis mittelschweren Böden aus. Bei einem Untergrund dieser Art richtet sie in der Regel in einem Arbeitsgang ein fertiges Pflanzen- und Saatbett her. Dabei muss die Fräse langsam gefahren werden. Denn je langsamer die Bodenfräse bewegt wird, desto schneller dreht sich die Fräswelle. Dieses Zusammenspiel sorgt dann dafür, dass der Boden extrem fein gelockert wird. Typischerweise wird eine Fräse als Anbaugerät verwendet. So wird sie vorzugsweise an einen Traktor mit Dreipunkthydraulik angebaut; angetrieben wird sie dann mittels einer Zapfwelle.

Die Fräse verfügt meistens über etwa 15 Zentimeter lange Messer, die am äußeren Ende abgewinkelt sind. Die Fräsmesser rotieren dabei um die Fräswelle immer in Drehrichtung der jeweiligen Schlepperräder. Die Messer der Fräse können aus dem Boden auch stark durchwurzelte Erdbrocken herausschneiden und diese anschließend gegen ein Prallblech werfen. Dank dieses Arbeitsvorgangs wird der Boden sowohl extrem gelockert als auch gekrümelt und vermengt. Zur Unfallverhütung bzw. -vermeidung ist die eigentliche Fräse von einem Gehäuse umgeben.

Die Fräsmesser bearbeiten den Untergrund bzw. den Boden in der Regel bis zu einer Tiefe von etwa 15 Zentimetern. Allerdings sind im Fachhandel auch Bodenfräsen erhältlich, die über eine besonders große Fräswalze verfügen. Diese Fräsen ermöglichen Bearbeitungstiefen bis zu etwa 30 Zentimetern.

Mit der Umkehrfräse sowie der Dammfräse gibt es zudem zwei Sonderbauformen. Bei der Umkehrfräse dreht sich die Fräswelle gegen die Drehrichtung der Schlepperräder. Die Erde, die während des Arbeitsvorgangs herausgeschnitten wird, prallt automatisch gegen ein Sieb. Dadurch trennt sich die Feinerde von groben Pflanzenresten und Steinen. Im Endeffekt erhält der Nutzer ein fein gekrümeltes Saatbett, das frei von Steinen oder anderem störenden Materialien ist. Eine Dammfräse wird hingegen bevorzugt im Spargel- und Kartoffelbau eingesetzt. Mittels dieser Sonderbauart werden Dämme aus Erde angelegt, in denen letztendlich die Pflanzen wachsen. Insbesondere beim Kartoffelbau werden mittlerweile das Legen, die Dammformung sowie die komplette Bodenbearbeitung in einer einzigen Maschine – All-in-one-Verfahren genannt – kombiniert. Aufgrund dieser maschinellen Kombination können der Energieverbrauch, der Arbeitsaufwand und der Bodendruck reduziert werden. Zwar werden Unkraut und Moos lediglich in den Boden eingearbeitet, was allerdings wiederum für den Kompost genutzt werden kann.

SÄMASCHINEN

Die Durchsämaschine Agri Twin von Vredo ist zweiteilig und hat eine Arbeitsbreite von bis zu 5,8 m. Sie ist ideal zur Durchsaat von Zwischenfrüchten. (Foto: © Vredo)

Der Alleskönner erledigt die Aussaat nach dem Pflügen in einem Aufwasch. Bodenbearbeitung mit der Kreiselegge, Rückverfestigen, Säen und Andrücken geschieht in einem Arbeitsgang. (Foto: © Horsch)

Auch nach getaner Arbeit, im Transportmodus, beeindrucken die Dimensionen. (Foto: © Horsch)

Diese Anhänge-Sämaschine arbeitet mit einzeln geführten Säscharen, so dass ein Arbeiten in besonders extensiven Ackerbauverfahren in kontinentalen Trockenregionen möglich ist. Der Dreikammerdruckbehälter fasst 8000 Liter Saatgut. (Foto: © Amazone-Werke)

Die Scharschiene der Sämaschine ist zweigeteilt. Für die bei großen Arbeitsbreiten (bis zu 12 Metern) besonders wichtige Bodenanpassung sorgt ein Hydrauliksystem. Dafür ist die Scharschiene mit vier kommunizierenden Zylindern ausgestattet, die mittels Druckausgleich die richtige Bodenanpassung auch im kupierten Gelände gewährleisten. (Foto: © Lemken)

Mit mechanischen Sämaschinen können Betriebe kleiner und mittlerer Größe zuverlässige und schlagkräftige Sätechnik einsetzen. Kombiniert mit verschiedenen Arbeitsgeräten wie z. B. einer Kreiselegge ist die Maschine universell einsetzbar. (Foto: © Lemken)

Diese Anbausämaschine kann solo oder in Kombination mit Bodenbearbeitungsmaschinen bei Pflug- oder Mulchsaat eingesetzt werden. Deshalb werden diese Sämaschinen wahlweise mit WS-Schleppscharen oder RoTeC-Control-Rollscharen ausgerüstet. (Foto: © Amazone-Werke)

BODENBEARBEITUNG

Wer ernten will, muss vorher säen. Bis vor 200 Jahren war es auch auf großen Gütern üblich, dass das Saatgut von Hand ausgebracht wurde. Angeblich gab es aber schon im Altertum so etwas wie Sämaschinen, und auf das Jahr 1785 datiert die »Löffelwellenmaschine«. Ein weiterer Markstein auf dem Weg hin zur Sämaschine kam 1853 in Form der Schubradzuführung. 1877 glückte der Firma Siedersleben die Entwicklung der Nockenraddrillmaschine.

Ob eine Maschine nun Drill- oder Sämaschine genannt wird, spielt keine Rolle; stets geht es darum, die Pflanzensaat in sauberen Reihen, präzisen Abständen und exakter Tiefe in das Erdreich zu legen. Das ist die Grundanforderung, die jede Maschine erfüllen muss. Das Arbeitsprinzip ist bei allen gleich: Quer hinter dem Traktor ist ein Säkasten mit den Dosierorganen angebracht, aus dem über das Rohr – auch als Förderorgan bezeichnet – das Samenkorn in die Saatrinne fällt. Den exakten Zeitpunkt gibt eine sich drehende Walze im Kasten vor, die kleinen Scharen, also das Einbettungswerkzeug, bestimmen die Tiefe. Tiefenführung und Rückverfestigung sind Aufgaben der Packer-Einheiten.

Der klassische Aufbau einer Allzweck-Drille am Beispiel einer tschechischen Bednar sieht aus wie folgt: Als Vorwerkzeuge kommen Reifenpacker oder Schleppschiene zur Einebnung und Vorfestigung zum Einsatz, gefolgt von (Kurzscheiben-)Egge und – falls gewünscht –Düngerscharen, Hauptpacker und Säscharen. Ein Spriegel, der die Saatrinne wieder verschließt, bildet den Schluss, muss aber meist extra geordert werden. Letztlich muss eine Sämaschine alle feinen und groben Saatgüter (Raps bis Bohnen) ausbringen und diese gleichmäßig über die Reihe verteilen können – zuverlässig unter allen Umständen, wie Füllstand, Geschwindigkeit und Hangneigung. Natürlich kann eine Drillmaschine auch ohne Vorwerkzeuge gefahren werden, dann ist aber die Bodenvorbereitung aufwändiger.

Wie so oft in der Landwirtschaft ist nichts so einfach, wie es klingt, zumindest nicht, wenn man davon leben muss und daher darauf angewiesen ist, große Flächen schnell und effektiv zu bearbeiten, um die gewünschte Bestandsdichte zu erreichen. Daher bieten die Hersteller auch auf diesem Gebiet verschiedene Lösungen und Bauformen an, wobei die Kombination mit einer Kreiselegge zur Bodenbearbeitung die häufigste darstellen dürfte. Grundsätzlich unterschieden wird zwischen mechanischen und pneumatischen Drillmaschinen. Beide sind auf Reihen- und Breitbandsaat ausgelegt. Eine mechanische Drillmaschine erfordert aber einen Saatdosierer über jedem Saatrohr. Auch heute noch ist die mechanische Sämaschine mit drei Metern Arbeitsbreite weit verbreitet. Wer größere Arbeitsbreiten fährt und einen entsprechend kräftigen Traktor auf dem Hof hat, greift eher zur pneumatischen Saatgutförderung. Hier wird die Saat zentral über ein Wellenrohr zugeführt und dann über einen Verteilerkopf dosiert – je nach Hersteller über Nocken- oder Zellenräder.

Welche Säräder zum Einsatz kommen – sie können auch getauscht werden – hängt vom Saatgut ab sowie vom Fabrikat der Drillmaschine. Amazone verwendet andere Säräder als Pöltinger, und Hassia andere als Nordstern oder Lemken, um nur einige Beispiele zu nennen. Der Antrieb kann über Gelenkwelle oder Kette erfolgen, meist in Verbindung mit einem Spornrad; die Übersetzungen können variiert werden.

Je nach Bauweise spricht man von Anbau-, Aufbau- oder Aufsattel-Sämaschinen, dabei befindet sich vor der Sämaschine jeweils das Bodenbearbeitungsgerät. Eine Sonderform wiederum stellt die aufgelöste Bauweise mit Fronttankmaschine dar, bei der der Saatguttank vor dem Traktor sitzt und das Saatgut per Schlauchleitung nach hinten gefördert wird. Kontrollelemente für Füllmenge und Dosierantrieb komplettieren eine Sämaschine. Außerdem müssen sich Fahrgassen anlegen lassen. Im Gegensatz zur Drillsaat steht die Einzelsaatmaschine. Sie arbeitet exakter und kommt bei Saaten zum Einsatz, wo es auf die Planzabstände ankommt. Auch hier wird unterschieden zwischen einer mechanischen Einzelkornsämaschine sowie der pneumatischen Einzelkornsämaschine, die über Saug- oder Druckluft die Körner einzeln auf Endabstand legt.

Diese Sämaschine wird überwiegend bei der Grünlandpflege eingesetzt. Nach harten Wintern und dem ersten Silageschnitt oder auch im Herbst ist es notwendig, die Wiesen zu renovieren, um ein gesundes und geschmackvolles Grünfutter zu schaffen. (Foto: © Vredo)

PFLANZENSCHUTZ

Die Geschichte der Landwirtschaft ist auch eine Geschichte des Versuchs, die Frucht gegen Fressfeinde zu verteidigen. Zwar war der Mensch dabei ungeheuer einfallsreich, doch immer wieder traten Schädlinge auf, gegen die weder Katzen noch die beste Vogelscheuche etwas ausrichten konnten. Auch das Absammeln von Käfern von Hand schuf keine Abhilfe: Der Mensch war oft hilflos. Das hat sich in den vergangenen 200 Jahren gründlich geändert, die Geschichte der Landwirtschaft ist inzwischen auch eine Geschichte der chemischen Entwicklungen. Natürlich wird heftig und zu recht darüber gestritten, ob und wieviel Schutz durch Chemie notwendig ist, doch darum soll es in diesem Kapitel gar nicht gehen: Hier sollen einige wichtige Hersteller von Pflanzenschutzgerät vorgestellt werden, ohne dass auch nur im Ansatz alle Anbieter aufgeführt werden können. Aber einen kurzer Überblick über das, was aktuell auf den Feldern so los ist, das möchten wir hier bieten, denn die Technik hat auch auf diesem Gebiet gewaltige Fortschritte gemacht. Die gute alte Vogelscheuche ist nur noch Nostalgie.

Die Entscheidung, Challenger Produkte in Europa zukünftig unter der Marke Fendt zu vertreiben, gilt auch für die angehängten Rogator-Feldspritzen. (Foto: © Fendt AGCO GmbH)

Der R4040i kann bis zu 4000 Liter mitführen und hat 240 PS. (Foto: © Deere & Company)

Lemken Vega: Je nach Ausstattung ist die Deichsel gefedert und gelenkt und die Achse starr, mechanisch oder pneumatisch gefedert. (Foto: © Lemken)

Agrifac stellt neben Rüben- und Kartoffelrodern auch selbstfahrende Feldspritzen her. Als Selbstfahrer bot der Condor eine maximale Bodenfreiheit von satten 200 cm für den Pflanzenschutz in Kulturen wie Spargel, Sonnenblumen und Mais. (Foto: © Agrifac Machinery B.V.)

2015 präsentierte Agrifac die selbstfahrende Pflanzenschutzspritze Condor Endurance auf der Agritechnica. Die zweite Generation folgte im Frühjahr 2018. (Foto: © Agrifac Machinery B.V.)

Seit 2014 wird die Selbstfahrspritze Pantera auch optional mit einer hydraulischen Höhenverstellung angeboten. Per Knopfdruck kann die gesamte Maschine auf bis zu 1,7 m Bodenfreiheit hochfahren werden; außerdem lässt sich die Spurweite zwischen 2,1 und 2,6 m verstellt werden. Die Radnabenmotoren liegen hinter Leitblechen geschützt. Zur Spurführung gibt es, ebenfalls optional, einen elektronisch betätigten Reihentaster. Das Gestänge kann bis in 3,75 m Höhe angehoben werden, damit lassen sich auch in hohen Beständen Pflanzenschutzmittel applizieren. (Foto: © Amazone-Werke)

PFLANZENSCHUTZ

Der Hydrotrac sollte als Trägerfahrzeug für diverse Aufbaugeräte dienen, wurde aber vor allem als selbstfahrende Feldspritze (hier: Typ T160) eingesetzt. (Foto: © Bräutigam Landtechnik)

Die gezogene Pflanzenschutzspritzen der UX-Serie haben Behältervolumen von 3200 bis 11.200 Liter. Je nach Spritzgestänge sind Arbeitsbreiten von 15 bis 40 m möglich. (Foto: © Amazone-Werke)

Die Challenger Spra Coupé (2008–2016) war eine relativ leichte (leer 7,8 Tonnen) und kompakte Feldspritze mit Arbeitsbreiten zwischen 24 und 36 m. (Foto: © werktuigendagen, cc-by-sa 3.0)

AGRIFAC

Das seit 2012 zur französischen Exel Industries gehörende Unternehmen Agrifac wurde 1939 im niederländischen Steenwijk gegründet und widmete sich von Anfang an vor allem zwei Betätigungsfeldern: dem Verkauf von Pflanzenschutz- und von Zuckerrübenerntetechnik. Mit der Entwicklung und serienmäßigen Herstellung von eigenen Geräten begann Agrifac im Jahr 1973. 1986 folgten die ersten selbstfahrenden Pflanzenschutzspritzen. Heute gehört der niederländische Hersteller zu den führenden Unternehmen in seiner Sparte. Zu seinem Portfolio zählen die selbstfahrenden Pflanzenschutzspritzen Condor mit StabiloPlus-Fahrwerk, EcotronicPlus-Betriebssystem und GreenFlowPlus-Spritzsystem, Condor Clearance Plus mit hoher Bodenfreiheit zum Schutz von hochwachsenden Pflanzen, Condor WideTrackPlus mit großer Spurbreite, Condor MountainMasterPlus für den Einsatz an Hängen und Condor Endurance mit einem 8000 Liter fassenden Spritzbehälter für den Einsatz über einen besonders langen Zeitraum. Von einem Traktor gezogen werden muss dagegen die Feldspritze Milan.

AMAZONE

Bereits im Jahr 1883 gründete Heinrich Dreyer seine Firma namens »Amazone«, die zunächst Getreidereinigungsmaschinen herstellte, später dann ihre Produktpalette um Pflüge, Kartoffelernte- und Drillmaschinen erweiterte. 1967 stieg Amazone in die Produktion von Bodenbearbeitungsgeräten ein, die erstmals zapfwellengetrieben waren. 1987 erschien die erste Einzelkornsämaschine, 2009 folgten Großsämaschinen. Heute gehören zur Produktpalette des immer noch familieneigenen Land- und Kommunalmaschinenherstellers aus Hasbergen auch Geräte zum Pflanzenschutz, und zwar Anbaufeldspritzen wie die Modelle UF (900–1800 l Fassungsvermögen) und UF 02 (2000 l), die hinten am Heck des Traktors befestigt werden, Anhängefeldspritzen der Modelle UG (2200–3000 l), UX 01 (4200–6200 l), UX 1200 (11.200 l), die von einem Traktor gezogen werden, und die selbstfahrende Feldspritze Pantera 4502 mit einem Spritzbehältervolumen von 4500 l, die mit unterschiedlichen Spurweiten und Bodenfreiheiten angeboten wird.

BRÄUTIGAM

1987 übernahm der Landwirtschaftsmeister und Diplom-Ingenieur Maschinenbau Klaus Bräutigam Gebäude und Kundenstamm eines aus Altersgründen aufgegebenen Schmiede- und Lohndruschbetriebes. Dem Verkauf und der Reparatur von Landmaschinen folgte alsbald die Herstellung von Bodenbearbeitungsgeräten und der Bau von Sondermaschinen. Das führte dazu, dass der Betrieb laufend vergrößert werden musste. Ein Dutzend Jahre später begannm die Entwicklung des landwirtschaftlichen Trägerfahrzeugs „Hydrotrac", der insbesonder als selbstfahrende Pflanzenschutzspritze zum Einsatz kam. 2006 begann die Zusammenarbeit mit Claas in Harsewinkel, welche zur Entwicklung des MAS, des Mähdreschertransportfahrzeugs; zehn Jahre später begann eine Kooperation mit Lemken zur Entwicklung einer selbstfahrenden Feldspritze. Bräutigam soll dazu Fahrwerk und Kabine beisteuern.

CHALLENGER

Der 2002 von Caterpillar an den AGCO-Konzern mit Sitz in den Niederlanden verkaufte Traktorenhersteller Challenger hat nicht nur Großtraktoren in seinem Angebot, sondern darüber hinaus weitere Landmaschinen wie Mähdrescher, Bodenbearbeitungsgeräte, Ballenpressen. Im Jahr 2000 erschien mit dem Rogator 618 Challengers erste Feldspritze zum Pflanzenschutz. Heute gehört zu Challengers Produktangebot auf diesem Gebiet die Reihe Rogator 600D, die mehrere selbstfahrende Modelle mit Allradantrieb, engem Wendekreis, 4- bis 6-Zylindermotoren und ausgefeilten Elektroniksystemen umfasst: Rogator 635D mit einer Motorleistung von 175 PS und einem Spritzbehältervolumen von 4000–5000 l, RG 645D mit 224 PS und ebenfalls 4000–5000 l, sowie RG 655D mit 242 PS und 4000–6000 l. Für den europäischen

Markt gab es den Rogator 635C mit 175 PS und 3800–5000 l sowie RG 645C mit 224 PS und dem selben Fassungsvermögen. Der Rogator 300 dagegen ist ein Anhängespritzgerät, das einen Traktor zum Ziehen benötigt und über ein Fassungsvermögen von 3300 bis 4400 Liter sowie einen sehr engen Wendekreis verfügt. Mittlerweile wurde diese Fahrzeug- und Gerätereihe in Europa von Fendt übernommen.

FENDT

Für eine große Überraschung sorgte der AGCO-Konzern, zu dem sowohl Fendt seit Ende der 1990er Jahre als auch Challenger seit Ende der 1980er Jahre gehören, als er 2017 ankündigte, die Marke Challenger komplett vom europäischen Markt und dem des Mittleren Ostens abziehen und bestimmte seiner Produkte in Fendt integrieren zu wollen. Seit Januar 2018 ist es nun soweit: Fendt übernahm neben den Raupentraktoren auch die Feldsprühfahrzeuge vom gelb lackierten Stallgefährten aus den USA. Während Challenger nach wie vor mit all seinen Produkten auf dem nord- und südamerikanischen Markt vertreten ist, werden diese nicht mehr in Europa hergestellt und vermarktet. Stattdessen wird die Rogator-Pflanzenschutz-Reihe nun im Fendt-eigenen grünen Gewand in Deutschland in Hohenmölsen produziert und europaweit verkauft. Ziel hierbei ist es, Fendt in Europa und dem Mittleren Osten zu stärken und zum Vollsortimenter zu machen.

Die Fendt-Versionen der Rogator-Feldspritzen, die sich an Großflächenbetriebe und Lohnunternehmen wenden, umfassen in der selbstfahrenden Rogator 600-Reihe die drei Modelle 635, 645 und 655 mit 4000, 5000 und 6000 Litern Fassungsvermögen für die Spritzflüssigkeit sowie 170, 208 und 227 PS Leistung aus 4- bis 6-Zylindermotoren. Die Arbeitsbreiten des Rogator 600 betragen bis zu 36 Meter. Seine Düsen liegen geschützt in einem verwindungssteifen Aluminiumgestänge. Um einen gleich bleibenden Zielflächenabstand zu gewährleisten, werden die Gestänge von den OptiSonic-Ultraschallsensoren gelenkt. Eine hydraulisch angetriebene Zentrifugalpumpe ermöglicht eine sehr hohe Ansaugleistung, kurze Befüllzeiten und eine variable Ausbringmenge der Sprühflüssigkeit.

Sein Einträger-Chassis sorgt für einen sehr niedrigen Schwerpunkt, eine gute Gewichtsverteilung, einen engen Wendekreis, viele Lenkungsvarianten und eine hydraulische Spurbreitenanpassung.

Das Anhängegerät Rogator 300 wird in den Varianten RG 333, RG 344, RG 355 und RG 366 angeboten. Ihre Fassungsvermögen betragen 3300, 4400, 5500 und 6600 Liter. Auch der Rogator 300 verfügt über ein Einträger-Chassis. Angehängt an einen Fendt-Traktor, lässt er sich über das dort vorhandene Varioterminal bedienen. Darüber hinaus besitzt er eine elektrische Einzeldüsenschaltung. Die Gestängebreiten aller Rogator 300-Modelle liegen zwischen 24 und 30 Metern.

JOHN DEERE

Nicht alle Produktsparten von John Deere werden in den USA selber produziert. Im Gegenteil, viel wird auch in anderen Teilen der Welt hergestellt, zum Beispiel Forstmaschinen in Finnland, Baggerlader und Mähmaschinen in Indien, Kräne und Köpfe für Vollernter in Neuseeland, Sämaschinen in Russland, ebenfalls Mähdrescher und außerdem Traktoren in Deutschland. Die Pflanzenschutztechnik John Deeres kommt indes aus den Niederlanden, genauer gesagt aus dem Werk in Horst aan de Maas.

Wie andere Hersteller auch hat John Deere sowohl Feldspritzen zum Ziehen mittels Traktor als auch selbstfahrende Modelle im Angebot. Zu den Ersteren gehören die Reihen M700, M900 sowie deren i-Varianten mit Isobus-Technik, außerdem die Serie R900i.

Die M700-Feldspritzen bestehen aus den Modellen M724, M732 und M740. Das Fassungsvermögen ihrer Brühebehälter beträgt 2400, 3200 und 4000 Liter. Die Varianten M724i, M732i und M740i unterscheiden sich durch ihre Isobus-Gerätesteuerungs-Kombatibilität von den anderen. Ihre Gestängebreite variiert zwischen 18 und 28 Metern.

Der Rogator 300, gezogen und gesteuert von einem Fendt-Traktor, beim Sprüheinsatz auf einem Feld. (Foto: © Fendt AGCO GmbH)

Die Feldspritzen der Reihe Fendt Rogator 600 sind mit Motoren von 170 bis 227 PS Leistung ausgestattet. (Foto: © Fendt AGCO GmbH)

Auch das Anhängegerät Rogator 300 hatte einen gelblackierten Vorläufer von Challenger. (Foto: © Fendt AGCO GmbH)

Die selbstfahrende Feldspritze Fendt Rogator 645 fasst 5000 Liter Sprühflüssigkeit. Die 600er Reihe entsteht seit 2018 im deutschen Hohenmölsen. (Foto: © Fendt AGCO GmbH)

Die selbstfahrende Feldspritze R4040i verfügt über einen Sprühflüssigkeitsbehälter von 4000 Litern Fassungsvermögen und eine Motorleistung von 240, maximal 255 PS. (Foto: © Deere & Company)

Erst seit 2017 im Programm: der neue selbstfahrende R4050i mit leichtem Carbonfaser-Spritzgestänge, das ihm bei geringerem Gewicht sowohl eine höhere Festigkeit wie auch eine höhere Arbeitsgeschwindigkeit beschert. (Foto: © Deere & Company)

PFLANZENSCHUTZ

Die Vega wurde 2011 als Projekt vorgestellt und ist mittlerweile mit 3000, 4000 und 5000 Litern Tankvolumen in Gestängebreiten von 15 bis 30 Metern im Angebot. (Foto: © Lemken)

Die M900-Serie bietet mit BoomTrac eine automatische Regelung von Neigung und Höhe des Gestänges, einen Pumpenantrieb über die Zapfwelle oder Hydraulik, Twin-Select-Düsenumschaltung, bis zu 40 m breite Gestänge, zwei Pumpen und 620-Liter-Klarwasserbehälter.

Das Spitzensegment der Anhänge-Feldspritzen bildet die R900i-Reihe, die aus den Modellen R944i, R952i und R962i besteht. Das Fassungsvermögen ihrer Behälter beträgt 4400, 5200 und 6200 Liter. Alle Modelle besitzen einen 620-Liter-Spültank. Ihre Gestängebreiten liegen zwischen 24 und 42 Metern. Wie aus dem »i« im Modellnamen zu erkennen, sind hier alle Anhängespritzen mit automatischer Steuerung ausgerüstet.

DIE SELBSTFAHRER

Das Segment der selbstfahrenden Pflanzenschutz-Spritzen besteht aus dem R4040i und seit 2017 dem R4050i. Das ältere Modell R4040i kann bis zu 4000 Liter Brühe aufnehmen, hat eine Gestängebreite von 24 bis 36 Metern, eine automatische Steuerung der Gestängehöhe und Gestängeneigung, Einzelradaufhängung mit hydraulischer Druckeinstellung und eine hydraulische Spurweitenverstellung. Das neuere Modell R4050i fasst 5000 Liter Sprühflüssigkeit und hat als Besonderheit ein leichtes Carbonfaser-Spritzgestänge, das trotz niedrigerem Gewicht eine deutlich höhere Festigkeit gegenüber Stahl aufweist. Darüber hinaus ermöglicht dies dem Gefährt eine Arbeitsgeschwindigkeit von 28–30 km/h.

LEMKEN

Lemken ist vergleichsweise neu im Bereich Pflanzenschutztechnik, aber beileibe keine junge Firma: Sie wurde von Dorfschmied Wilhelmus Lemken im Jahre 1780 gegründet. Es dauerte fast ein viertel Jahrhundert, bis schließlich ein erster Pflug entstand, und noch einmal 120 Jahre später, bis ein erstes Pflugpatent erteilt wurde, und erst 1980 kam der neue Opal-Pflug mit Schnellvewechselsystem Optiquick. Längst schon waren die blauen Lemken-Pflüge ein gewohnter Anblick auf den deutschen feldern, und die Rheinländer erweiteretn ihr Produktptrogramm um alle Arten von Geräten zur Bodenbearbeitung: 1986 kam der Scheibengrubber Smaragd, 1989 die Kreiselegge Zirkon, 1997 die pneumatische Drillmaschine Solitair. Für den Einsatz all dieser Geräte bedurfte es eines Zugmittels, 2003 ging der Familienbetrieb einen Schritt weiter und stellt einen ersten Selbstfahrer vor. Der hieß, der Tradition folgend, neue Entwicklungen nach Edelsteinen zu benennen, dann »Brillant«. 1996 übernahm die Lemken GmbH die Firma Tröster (Hassia) aus Butzbach, 2005 die Firma RTS in Meppen und Jacoby in Hetzerath. Damit begann der Auf- und Ausbau des Produktionsbereichs Pflanzenschutz. Zwei Jahre später folgte die Anbaufeldspritze Sirius, die binnen Jahresfrist einen Marktanteil von 17 % in Deutschland eroberte, und die 2016 eingeführte Feldspritze Vega baute diesen Anteil noch weiter aus. Diese bildete die Grundlage für die mit Bräutigam vereinbarte Zusammenarbeit bei der Entwicklung einer selbstfahrenden Pflanzenschutzspritze.

Lemken ist bis heute ein Familienbetrieb mit Stammsitz im niederrheinischen Alpen in der Nähe von Düsseldorf. Rund 1200 Mitarbeiter produzieren über 13.000 Geräte pro Jahr, exportiert wird in 44 Länder.

Die selbstfahrende John-Deere-Pflanzenschutzspritze R4040i hat eine Gestängebreite zwischen 24 und 36 Metern. (Foto: © Deere & Company)

ERNTEMASCHINEN

Erntemaschinen sind weit mehr als Mähdrescher. Natürlich, sie sind am bekanntesten und am häufigsten anzutreffen, doch bei weitem nicht die einzigen. Kartoffeln wollen gerodet werden, Zuckerrüben geerntet und gewaschen, Oliven geerntet und Trauben von den Rebstöcken gepflückt werden. Und das muss alles mit geringstmöglichem Personaleinsatz bei maximalem Ertrag und bestmöglicher Schonung von Böden und Pflanzen erfolgen. Dafür braucht es besondere, und meist auch besonders große Maschinen.

Den zahlreichen, zum Teil auch widersprüchlichen Anforderungen und den mit deren Erfüllung einhergehenden Problemen muss jeder Hersteller gerecht werden. Das scheint zu einer gewissen Gleichförmigkeit zu führen. Doch jede Erntemaschine ist anders, und dieses Kapitel soll einen kleinen Eindruck von der Vielfalt geben, die auf den Höfen herrscht.

Die Claas-Baureihe Lexion 670-620 umfasst seit 2017 fünf Modelle. Den hier gezeigten 670 gibt es auch als Montana-Version mit Hangausgleich. (Foto: © Claas)

Für Südamerika und Asien wichtig: Zuckerrohr-Erntemaschinen. (Foto: © Case IH)

NH-Tochter Braud ist Spezialhersteller für Traubenvollernter. (Foto: © New Holland Agriculture)

Rostselmash ist der größte russische Landmaschinenkonzern und versucht, mit preiswerten Maschinen auch auf europäischen Märkten zu punkten. (Foto: © Rostselmash)

Bereits in den 1930er Jahren gab es Versuche, die Baumwollernte im Mississippi-Delta zu meachnisieren. Die Gebrüder Rust hatten ihre erste Maschine 1936 einsatzbereit und wurden stark angefeindet, weil die Maschine Menschen arbeitslos mache. Die Maschine, so ereiferte sich die regionale Presse, gehöre »im Mississippi versenkt«. Im Windschatten der öffentlichen Entrüstung brachte IH seine Maschine zur Einsatzreife und eröffnete 1949 in Memphis eine erste Fabrik zur Fertigung der McCormick-Baumwollvollernter. (Foto: © PD)

Erntezeit um 1902 mit 30 bis 40 Pferden oder Mulis. Die neuen gezogenen Mädrescher führten zu einem enormen Zuwachs des Pferdebestands um fast das Vierfache auf 25 Millionen.

Der Farmall M von McCormick-Deering wurde zwischen 1939 und 1952 in einer Auflage von 283.000 Stück produziert. Der Lkw? Vermutlich ein 1934/35er Chevrolet. (Foto: © PD)

ERNTEMASCHINEN

Reisernte in Südkorea, September 1976: Noch steckt die maschinelle reisernte in den Kinderschuhen. Bis zum Erstarken der chinesischen Hersteller waren Reisvollernter eine Domäne der japanischen Produzenten. (Foto: © PD)

Ernte mit John-Deere-Traktor, um 1950. Der DI-Traktor war 1934 erschienen und teilte sich die technik mit dem Modell A, beide wurden bis Anfang der 1950er gebaut. (Foto: © PD)

Tomatenernte auf dem Kibbuz Gan-Shmuel, um 1968. Beim Traktor dürfte es sich um einen Farmall 504 handeln, bei der Erntemaschine um eine von Blackwelder. (Foto: © Pikiwikisrael, PD)

Während die Niederlage bekanntlich als Waisenkind gilt, hat der Sieg viele Väter. Und der Mähdrescher ist ein echter Siegertyp, daher gibt es auch mehrere Erfinder. Sie sind allerdings inzwischen in Vergessenheit geraten. Schon der römische Schriftsteller Plinius (23-79 n.Chr.) berichtet in seiner »Naturalis historica« von einer Erntemaschine. Dabei handelte es sich um eine von Eseln geschobene Kiste mit einem eisernen Gebiss an der Vorderseite, das die Halme brach; die Ähren sammelten sich dann in der Kiste. Viel weiter scheint man auch im Mittelalter nicht gekommen zu sein, das erste nachweisbare Patent erhielt 1799 der Brite Joseph Boyce für eine Mähmaschine, während der Schotte Patrick Bell 1826 eine Maschine entwickelte, die nach dem noch heute üblichen Scherenprinzip arbeitete.

Als erster Mähdrescher der Geschichte gilt gemeinhin das Modell des Amerikaners Hiram Moore aus dem Jahre 1834, das zum Patent angemeldet wurde. Im Jahr darauf verwirklichte er sein Modell im Maßstab 1:1. Seine Maschine konnte mähen, dreschen und säen und hatte eine Schnittbreite von 4,60 Metern. Als Zugmittel kamen Pferde-, Maultier- oder Ochsengespanne zum Einsatz. Bis 1839 hatte er mit seiner Maschine mehr als 50 Hektar Getreide abgeerntet, doch es fehlte ihm entweder an Geschick oder seine Maschine hielt in der Feldarbeit doch nicht das, was sie in der Theorie versprach: Moores Maschine jedenfalls verschwand alsbald wieder im Dunkel der Industriegeschichte. Das gilt auch für die Entwicklung des Engländers Alexander, der 1841 die erste dampfbetriebene Dreschmaschine baute.

FÜHREND IN SACHEN MÄHMASCHINEN

1847 gründete Cyrus McCormick in Chicago die »McCormick Harvesting Machine Company«, aus der sich später die »International Harvester« entwickeln sollte. Wir dürfen uns das Chicago damals nicht als die Millionmetropole unserer Tage vorstellen: Die Stadt war 1833 gegründet worden, und um als Stadt anerkannt zu werden, brauchte es damals 150 Siedler, die man wohl mit Müh und Not zusammenbrachte. Und es gab nur 33 Wahlberechtigte, die sich an der Südspitze des Lake Michigan niederließen. Doch die Stadt entpuppte sich als Magnet und entwickelte sich schnell zur Drehscheibe für den Handel zwischen Ost- und Westküste und wurde zur Eisenbahndrehscheibe schlechthin. 1840 hatte der Ort schon 4000 Einwohner, zehn Jahre später bereits 29.000 Einwohner, und um die Jahrhundertwende war Chicago die fünftgrößte Stadt der Welt. Und als Neubürger McCormick dort begann, seine Werkstatt einzurichten, war er kein Unbekannter mehr: Er hatte 1834 das US-Patent für eine Mähmaschine erhalten.

DIE ERSTE MÄHMASCHINE: VIRGINIA REAPER

Dabei handelte es sich um die Weiterentwicklung einer Mähmaschine, die sein Vater erdacht, aber nie zur Serienreife gebracht hatte. McCormick tüftelte so lange daran herum (angeblich nicht länger als sechs Wochen), um daraus eine funktionierende Maschine zu machen. Seine frühe Mähmaschine wurde von Pferden gezogen. Am linken Rad befand sich ein Riemen, der eine Art Mähbalken antrieb. Seinen Entwurf mit Fingern und Sägemesser ließ er sich patentieren, der Reaper war das erste funktionierende Getreide-Garben-Mähgerät. McCormick hatte die richtige Idee gehabt: Die Indianerkriege in diesem Landesteil neigten sich dem Ende entgegen, der Eisenbahnbau nahm Fahrt auf, und mit seiner Maschine konnten die Farmer schneller die Ernte einbringen. McCormick verkaufte im Jahre 1848 bereits 500 Reaper, im Jahr darauf das Dreifache: McCormick konnte gar nicht so schnell liefern, wie die Bestellungen eintrudelten. Bis 1856 hatten sich die Absatzzahlen verdreifacht: McCormicks Reaper hatte die Landwirtschaft revolutioniert, denn nun ließen sich wesentlich höhere Flächenleistungen erzielen. Beste Vorausetzungen also für Farmer, und das gewaltige Wachstum der Städte – Chicago war ja nicht die einzige Stadt – erforderte eine immer intensivere Landwirtschaft, um die Massen an Einwandereren aus Europa ernähern zu können. Und Männer wie McCormick und J.I. Case (die beiden kannten sich) lieferten das Werkzeug und formten Weltkonzerne.

ERNTEMASCHINEN

AGRIFAC

1936 als »Centraal Bureau« gegründet, begann die niederländische Handesfirma 1938 mit dem Verkauf von Maschinen für den Zuckerrübenanbau. Dann kam der Krieg, und als dieser zu Ende war, dauerte es noch drei Jahre, bis die Niederländer wieder in der Lage waren, weiterzumachen. Die Mittel dafür kamen aus dem Marshall-Plan, gebaut wurden davon sechs Traktoren mit Pflanzenschutzgerät zum Einsatz auf den Marschen des Ijsselmeers. Der Landhandel florierte, 1957 begann Agrifac, sich mit dem Verkauf von Rübenrodern ein zweites Standbein zu schaffen. Das Unternehmen durchlief in den kommenden Jahrzehnten diverse Änderungen seines Namens und seiner Besitzverhältnisse. 1962 wurde es in CEBECO umbenannt, Ende der 1980er Jahre bekam es den Namenszusatz »Agrifac« vorangestellt; 1993 fiel nach Übernahme von AMAC durch die Niederländer das CEBECO wieder unter den Tisch. Im Jahr 2008 wurde Agrifac erstmals selber übernommen unter der neuen Bezeichnung Agrifac Machinery B.V. Seit 2012 gehört Agrifac zum französischen Landmaschinenhersteller Exel Industries. 1973 erschien mit dem AMAC BR 3 der erste eigene Dreireihen-Rübenroder, als Meilenstein darf der Cebeco ZA 215 von 1989 gelten, er war der erste zweiachsige Selbstfahrer des Unternehmens.

DIE RODER-SPEZIALISTEN

Rübenroder sind wahre Alleskönner: Sie entfernen in einem Arbeitsgang die Blätter von den Rüben und heben sie aus der Erde, machen sie über Reinigungswalzen und Siebbänder sauber und transportieren sie in den Vorratsbunker des Roders. Und zum Schluss werden die Blätter gehäckselt und als Gründünger auf dem Feld belassen. Und bei all dem sollen sie, bitteschön, den kostbaren Ackerboden bestmöglich schonen. Diese Grundanforderungen an eine moderne Erntemaschine führen zum Beispiel dazu, dass jeder selbstfahrende Roder mit breiten Reifen ausgestattet ist, die möglichst wenig Bodendruck ausüben und spurversetzt fahren. Es gibt auch noch gezogene Roder, doch Agrifacs heutige Produktlinie besteht ausschließlich aus selbstfahrenden Vollerntern, bei denen das Fahrzeug alle notwendigen Arbeitsschritte wie Schlegeln, Köpfen, Roden und Reinigen selber durchführt. Die Niederländer bieten ihre Rübenernter in verschiedenen Antriebs- und Radkonfigurationen mit vier (Quatro) und sechs (Big Sixx) Rädern, wobei die Motoren meist aus dem Volvo-Regal stammen. Basismodell ist der leichte und wendige LightTraxx mit 469 PS, dem Nachköpfer ProtectPlus sowie dem ExcenterPlus-Rodesystem. Mit gleich starkem Motor ist der OptiTraxx ausgerüstet. Seine Besonderheit besteht in den Raupenlaufwerken an der Vorderachse, die nicht nur den Druck auf eine größere Fläche verteilen und so den Boden schonen, sondern auch für eine bessere Balance von Topper und Heber sorgen. Die Gleisketten haben eine Breite von 76 cm, gelenkt wird wie bei einem Radfahrzeug über die Vorderachse, also nicht wie bei einer konventionellen Raupe. Zu den weiteren Besonderheiten gehört der konsequent umgesetzte Leichtbau, der Zuckerrübenroder Quatro ist, mit gefülltem Rübenbunker und Kettenlaufwerk, nicht schwerer als leere Roder der Konkurrenz.

Sechs Reihen gleichzeitig ernten kann der SixxTraxx, der mit 612 PS einen leistungsstärkeren Volvo-Motor hat und darüber hinaus mit zwei Rode- sowie vier Siebsterne und dem EcotronicPlus-Betriebssytem ausgerüstet ist, das über Touchscreen bedienbar ist. Der größte Vollernter von Agrifac ist 12-reihig ausgelegt und hört auf den Namen HexxTraxx, besitzt ebenfalls einen 612-PS-6-Zylinder-Motor, einen 28-Tonnen-Bunker für die geernteten Rüben, darüber hinaus vier Rode- und vier Siebsterne, Integralschlegler sowie ebenso wie die kleineren Maschinen den ProtectPlus-Nachköpfer, das ExcenterPlus-Rodesystem und das EcotronicPlus-Betriebssytem.

Neben den eigenen Rodern baut Agrifac mit Sitz im niederländischen Steenwijk auch die gigantischen »Condor«-Selbstfahrspritzen, die gezogenen »Milan«-Feldspritzen sowie die Rübenroder der Konzernschwester Holmer.

Ein älterer Agrifac Rote-Beete-Roder, der sechs Reihen gleichzeitig ernten kann.
(Foto: Rasbak, © cc-by-sa 3.0)

Der Big Six ist ein älterer, sechsreihiger Rübenroder von Agrifac mit 26 Tonnen Bunker für die Rüben, sechs angetriebenen Rädern und einem Achtzylinder Turbo-Diesel von Deutz mit Abgasnorm Tier III.
(Foto: Agariar, © cc-by-sa 3.0)

Der Raptor 4 von Agrifac ist ein vierreihiger Kartoffelroder mit einer Aufnahmekapazität von 10 Tonnen.
(Foto: Agariar, © cc-by-sa 3.0)

Die Axial-Flow-Familie 2016 mit den verschiedensten Erntevorsätzen. In der Mitte: Der Axial-Flow 7230 mit dem Flex-Scheidwerk 3020 für Arbeitsbreiten von 6,1 bis 10,7 m. (Foto: © Case IH Agriculture)

Zuckerrohr wird fast nur noch maschinell geerntet. Case hat 1996 den australischen Hersteller Austoft übernommen und versorgt damit den asiatischen Markt. Die Maschinen sind sehr wendig und kompakt, die Fahrzeuglänge liegt bei lediglich 4,10 m, die Breite bei 1,36 m. (Foto: © Case IH Agriculture)

ERNTEMASCHINEN

Die Zuckerrohrernter werden, ebenso wie die Kaffeevollernter, im brasilianischen Werk Piracicaba gefertigt. Der Coffee Express 200 hat einen 2,9-l-MWM-Motor mit 55 PS und wiegt 6700 Kilogramm. (Foto: © Case IH Agriculture)

Der Cotton Express 620 ist der gegenwärtig größte Baumwoll-Vollernter von Case IH. Die Maschine kann fünf Reihen gleichzeitig ernten und wiegt rund 24 Tonnen. Hier kann die Vorderachse zwillingsbereift werden. (Foto: © Case IH Agriculture)

Case IH führte Mitte 2014 die neuen Mähdrescher-Modelle 5140 / 6140 / 7140 ein. Zu den Besonderheiten dieser Serie gehörten die höhere Motorleistung und die Weiterentwicklung des Axial Flow-Rotorsystems. (Foto: © Case IH Agriculture)

CASE IH

Das Unternehmen, wie wir es heute kennen, wurde im Grunde genommen erst 1985 gegründet. Natürlich aber ist es viel älter, wobei Case und McCormick schon seit den 1850er Jahren zusammenarbeiteten. Die Firma IH hingegen entstand kurz nach der Jahrhundertwende: 1902 hatte das Bankhaus J.P. Morgan die Firmen McCormick, Deering und die drei kleineren Hersteller Plano Harvester Co., Milwaukee Harvester Co. und Warder, Bushnell & Glessner Co. zusammengelegt und so die »International Harvester Company« aus der Taufe gehoben. Zu der Zeit kamen diese fünf Hersteller zusammen auf einen Marktanteil von fast 90 %.

DIE WURZELN VON IH: MCCORMICK

McCormick war der Pionier unter den Anbietern von Mähmaschinen. Zu den Meilensteinen gehörte die Entwicklung einer Maschine mit Kutschbock für den Bediener, mehrteiligem Schneidemesser, Metallrad und deutlich größerer Arbeitsbreite.

Die nächste Entwicklungsstufe führte zu einem Harvester, der so gut und haltbar war, dass er den Spitznamen »Old Reliable« erhielt, der »Zuverlässige Alte«. Zu seiner Bedienung war nur eine Person notwendig, der automatische Rechen fegte nun das geschnittene Getreide von der Plattform und legte es ordentlich in der Fahrspur ab. Im Nachgang kamen dann vier bis fünf Arbeiter, die daraus dann Ährenbündel schnürten. Der hohe Personalaufwand aber ließ ihn auf Abhilfe sinnen. Die nächste Maschine von McCormick konnte das Schnittgut schwaden und aufheben, und das in einem Arbeitsgang. Der automatische Rechen war Teil der Haspel. Plattform und Haspel waren abnehmbar.

Der McCormick Marsh Type Harvester, gebaut zwischen 1875 und 1883, hatte die bekannte Mähvorrichtung, förderte aber das Schnittgut aufwärts zur Plattform, wo es von den mitfahrenden Helfern auf der Arbeitsplattform in Empfang genommen und gebunden werden konnte. Mit dem Marsh-Harvester genügten jetzt zwei Männer zum Binden des Korns, während bei früheren Harvestern vier bis fünf Männer zum Binden benötigt worden waren. Auch der erste in Serie produzierte Knoter kam von McCormick. Der »McCormick Harvester and Twine Binder« kam 1881, er war der erste Knoter des US-Herstellers, wobei als Erfinder des Knoters John F. Appleby aus Wisconsin (USA) gilt, der die Idee wohl schon 1860 umgesetzt hat. Wie der Name schon sagte: Eine Knüpfmaschine, die das Garn um das Bündel schlang und festzog. Das klappte aber nur dann störungsfrei, wenn das Garn eine vernünftige Qualität hatte und nicht dauernd riss, und weil das nicht immer der Fall war, stieg McCormick bei seinem verbesserten Modell von 1885 auf Bindedraht um. Im Grunde genommen waren damit alle Komponenten beisammen, die eine moderne Maschine ausmachen.

DIE WURZELN VON IH: DEERING

William Deering (1926–1913) war im US-Bürgerkrieg (1861–1865) mit Uniformmänteln und Hosen für die Unionsarmee reich geworden. Die Gewinne investierte er wieder und etablierte sich um 1870 zusammen mit einem Partner als Produzent der Erntemaschine der Brüder Marsh. Bis 1879 hatte er seinen Partner ausbezahlt, jetzt war er alleiniger Besitzer und der Name des Unternehmens änderte sich in Deering Manufacturing Company. Neben dem Marsh Harvester erwarb Deering auch die Rechte am Appleby-Binder. Und weil durch den Homestead Act von 1862 – danach konnte jeder, der sich verpflichetete, fünf Jahre lang das Land zu bestellen, für zehn Dollar 160 Acres Land kaufen – die Anzahl der Farmen rasant zugenommen hatte, gedieh auch der Weizen des Mr. William Deering prächtig: Allein in der Erntesaison 1880 machte er über 400.000 Dollar Gewinn. In jenem Jahr zog Deering mit seiner Firma um nach Chicago und gründete dort die Deering Harvester Works für den Bau von Erntemaschinen.

ERNTEMASCHINEN

DIE WURZELN VON IH: PLANO HARVESTER

Plano in Illionis war Geburtsstätte des Marsh-Harvesters von 1861. William Deering erwarb die Rechte daran und ging in Serienfertigung. Als Deering den Firmensitz nach Chicago verlegte, zog in die nun leerstehenden Hallen die Plano Manufacturing Company ein, die im Grunde genommen nichts anderes baute als das, was Deering und zuvor Marsh auch gefertigt hatten: Mähmaschinen, Binder und sonstiges landwirtschaftliches Gerät. Der Firmensitz wurde dann nach West Pullman verlegt, und die ehemaligen Deering-Hallen standen ein weiteres Mal leer. 1895 entstand dort eine neue Firma zur Produktion von Erntegerät, die Sears Manufacturing, und die wiederum wurde 1910 an IH verkauft.

Seit 2016 bietet das Unternehmen für seine 240er Axial-Flow-Maschinen das »Duale Häckselsystem« X-tra Chopping an. Das sorgt für gut aufgefasertes Stroh, einheitlich Schnittlängen und durch die gleichmäßige Verteilung für eine optimale Strohrotte. (Foto: © Case IH Agriculture)

DIE WURZELN VON IH: MILWAUKEE HARVESTER COMPANY

Die heute vergessene Milwaukee Harvester Company wurde um 1884 herum gegründet, wobei es sich um den Zusammenschluss zwei älterer Unternehmen handelte, die Binder und Mäher gebaut hatten. Die eine dieser Firmen war wohl in die Entwicklung des Appleby-Binders involviert, die andere war ein lokal bedeutender Produzent von Mähmaschinen und anderem Gerät. Milwaukee Harvester hatte zu seinen besten Zeiten mehrere drei- und vierstöckige Gebäude mit eigener Schmiede und Gießerei, eine eigene Lackiererei und, was damals sehr ungewöhnlich war, sogar drei Backsteinhäuser zur Unterbriungung von Ausstellungsräumen und dergeleichen mehr. Rund 500 Arbeiter standen bei Milwaukee Harvester in Lohn und Brot, und über 200 Handlungsreisende und Verkaufsagenten versuchten, die Maschinen an den Mann respektive auf die Farmen zu bringen. In ihrer Vertretertasche hatten sie seit 1895 einen patentierten Mäher mit absenkbarem Sichelbalken. Damit konnte der Farmer die Schnitthöhe regulieren.

DIE WURZELN VON IH: WARDER, BUSHNELL & GLESSNER CO.

Im Jahr 1850 zahlte Benjamin Warder aus Springfield, Ohio, 30.000 Dollar für die Patentrechte an einem Schnitter und gründete die Firma Warder, Brokaw & Child, aus der 1860 Warder & Child wurde. John Glessner stieg 1863 in die Firma als Buchhalter ein und wurde, im Zuge einer Neustrukturierung, zusammen mit einem neuen Partner Asa Bushnell (der dann Gouverneur von Ohio wurde) in die Geschäftsleitung aufgenommen, was 1879 sich in der Namensgebung Warder, Bushnell & Glessner Company niederschlug.

Unter dem Markennamen »Champion« stellte die Firma Erntemaschinen, Schneidemaschinen, Mähmaschinen und Heurechen her. Während Warder und Bushnell die Fabriken in Springfield am Laufen hielten, zog es Glessner nach Chicago, wo er den Verkauf ankurbelte: Das Unternehmen verkaufte 1884 gut 25.000 Maschinen, bis zur Einstellung der Champion-Produktion 1908 waren es zwei Millionen geworden.

VON CASE UND IH ZU CASE IH

1985 kam zusammen, was seit Jahrzehnten eigentlich zusammengehörte: Die neue Case IHC avancierte zum zweitgrößten Landmaschinenproduzenten der Welt und machte durch zahlreiche Innovationen auf sich aufmerksam. 1995 führte Case IH das AFS ein, die »Advanced Farming Systems«, das mit Satellitenunterstützung arbeitete, während mit dem »Austoft sugar cane harvester« eine innovative Masachine für die Zuckerrohrernte in den Verkauf ging. Gut ein Dutzend Jahre später folgte der nächste Entwicklungsschritt, Case IH zeigte den ersten Zweireihen-Zuckerrohrernter mit verstellbarem Gebiss für verschiedene Reihenabstände.

Doch nicht nur Getreide, Mais oder Zuckerrohr: Case IH bot Erntemaschinen für alle möglichen Anwendungen und überraschte immer wieder mit Innovationen, so etwa im Jahre 2006, als mit dem Module Express 625 die erste Baumwoll-Pflückmaschine erschien, die beim Ernten auch gleich Ballen packte, ohne dafür Plastikmaterial zu nutzen.

Der A8800 wiegt mit Ketten 18,3 Tonnen, das sind 3,3 Tonnen mehr als bei dem A8000, der Ausführung mit Rädern. Die Kettenbreite liegt bei 457 mm. (Foto: © Case IH Agriculture)

Austoft A8800 heißt die Ausführung mit Gleisketten-Laufwerk des großen Zuckerrohr-Vollernters. Das Fahrzeug kam 2014 auf den Markt, sein Konzept geht auf die australische Firma Toft zurück, die, nach diversen Besitzerwechseln, zu Case IH gehört. Der Iveco-Sechszylinder hat einen Hubraum von neun Litern und leistet 358 PS. Der Fahrantrieb erfolgt hydrostatisch, die Höchstgeschwindigkeit liegt bei 20 km/h. (Foto: © Case IH Agriculture)

ERNTEMASCHINEN

CHALLENGER

Raupen kommen immer dort zum Einsatz, wo maximale Zugkraft bei bestmöglicher Bodenschonung gefragt ist. Bereits zu Beginn des 20. Jahrhunderts gab es Kettenschlepper, wobei die Firma Holt die erste funktionstüchtige Raupe vorstellte. Und weil es einer guten Idee egal ist, wer sie hat, griffen bald andere Hersteller dieses Konzept auf. Nachdem aber die Maschinen kleiner und leichter wurden, weil die Motorentechnik Fortschritte machte, die Leistung zunahm und auch die Reifen-Entwicklung deutliche Fortschritte ermöglichte, schienen die mit Stahlketten bewehrten Raupen lediglich noch im Baubereich oder unter ganz bestimmten Bedingungen wie etwa dem Reisanbau oder schweren, nassen Böden eine Zukunft zu haben. Daher war es, gelinde gesagt, eine ziemliche Überraschung, dass Baumaschinenspezialist Caterpillar 1986 einen neuen Raupentraktor vorstellte. Die Große Neuerung dieses Typs mit dem Namen »Challenger 65« war die Konstruktion der Gleisketten, die nicht aus Stahl, sondern mit Gummilaufwerk aus Abfallprodukten der Reifenproduktion und gefederten Laufrollen ausgestattet war. Das sorgte für eine optimale Verteilung des Gewichts über die ganze Bandlänge, weitere Feinarbeit ließ eine Kraftübertragung mit denkbar geringen Reibungsverlusten entstehen. Außerdem ließ sich der Raupenschlepper dank der Differentiallenkung beinahe auf der Stelle drehen – das »Mobile Track System« wurde zu Recht gefeiert.

ERNTETECHNIK AUS DEM BAUMSCHINEN-KONZERN

Raupenfahrwerke waren bis Mitte der 2000er Jahre in Europa kein Thema, das änderte sich erst mit der zunehmenden Leistungsdichte und der damit einher gehenden Gewichtszunahme der Maschinen. Anders aber als in den USA, wo Raupen sich als Alternative zu den zwei- und dreifachbereiften Großtraktoren etabliert haben, die in erster Linie maximale Zugkraft am Haken aufbringen müssen (und deshalb auch mit Frontballast gefahren werden), liegt in Europa in erster Linie der Fokus auf der Bodenschonung. Und das längst nicht mehr nur bei Traktoren und Mähdreschern, sondern auch bei Kartoffel- und Rübenrodern, die ja nochmal eine Ecke schwerer sind als ein Mähdrescher. In Europa ging der Trend hin zu Maschinen mit kompakten Dreiecks-Laufwerken mit zwei großen Führungsrädern sowie drei kleineren Umlenk- bzw. Stützrollen, die einen um rund 40 % geringeren Bodendruck aufweisen als Radmaschinen. Damit sind sie für die in Europa üblichen Leistungsklassen deutlich besser geeignet als die langen, über Vorder- und Hinterachse führenden klassischen Laufwerke.

CATERPILLAR BRINGT DIE GLEISKETTE ZURÜCK AUF DAS FELD

In Europa interessierten sich vor allem Betriebe in Großbritannien und Italien für die gelben Maschinen, denn die schweren Böden und steilen Hanglagen stellten besondere Anforderungen an Zugkraft, Wendigkeit und Kippsicherheit.

Caterpillar vermarktete seine Raupentraktoren zunächst unter dem Label »Challenger«, ging aber 1999 ein Joint Venture mit Claas ein: Caterpillar verkaufte seine Challenger-Traktoren und -Raupenschlepper in Europa unter Claas-Label, während der Lexion-Mähdrescher von Claas in Nordamerika über die CAT-Händler vermarktet wurde. Gemeinsam wurde auch ein neue Mähdrescherwerk gebaut. Die Zusammenrabeit endete nach der Übernahme der Caterpillar-Landwirtschaftssparte durch AGCO. Die neuen Eigner begannen mit der Challenger-Produktion am Standort Grubbenvorst in den Niederlanden, verlegten diesen dann aber rund zwölf Jahre später an den AGCO-Produktionsstandort Hohenmölsen, an dem bereits die Challenger-Anhängespritze sowie für Fendt der Feldhäcksler Katana entstand. Ende 2017 gab Agco dann bekannt, den Challenger-Verkauf in Europa komplett einzustellen. Traktoren- und Erntemaschinen vermarktete der Konzern nun unter den Markennamen Massey Ferguson, Valtra und Fendt, der Fendt Vario 1000 läuft nun in den USA als Challenger, während die Challenger-Maschinen im Fendt-Kleid vertrieben werden.

Die Challenger-Maschinen sind weitgehend baugleich mit den den anderen Maschinen des Mutterkonzerns. Caterpillar hat ja unter dem Challenger-Label lediglich Raupentraktoren gebaut. Nach der Übernahme verbreiterte AGCO das Challenger-Programm um weitere Produkte wie etwa Mähdrescher – hier ein Verterer der C-Serie. (Foto: © AGCO)

Die 670B-Serie, gebaut zwischen 2009 und 2012, entsprach den Modellen MF 9790 und Gleaner A76. Im Schlepp hat er einen Vermeer CCX 770. Diesen Ladewagen für die Maisernte hat Vermeer für die Erntesaison 2009 in den USA auf den Markt gebracht. (Foto: © eXtension Farm Energy Community of Practice, cc by-sa 2.0)

Die Mähdrescher von Challenger, Massey Ferguson und Gleaner unterscheiden sich nur in der Farbgebung und mitunter in der Motorausstattung, nämlich Cat-Motoren bei Challenger und Sisu-Motoren bei Massey-Ferguson. Die Schneidwerke sind aber weitgehend kompatibel. (Foto: © AGCO)

Im Dezember 1952 wurde der erste selbstfahrende Mähdrescher vorgestellt. Er erhielt die Bezeichnung Hercules und arbeitete nach dem Längsfluss-Verfahren. Alle Baugruppen, wie beispielsweise die Hydraulik oder den luftgekühlten 4-Zylinder-Motor, entwickelte und produzierte das Unternehmen selbst. Allerdings wurde nach Einspruch der Sachs-Gruppe die Bezeichnung in SF – »Selbstfahrer« – geändert. Er hatte eine Arbeitsbreite von bis zu 4,20 m. Die Weiterentwicklung des SF führte zum Matador, der zwischen 1961 und 1969 gebaut wurde. (Foto: © Claas)

ERNTEMASCHINEN

Die kleinsten Mähdrescher von Claas hießen »Compact«. Sie wurden in drei Versionen (20, 25 und 30) gefertigt und hatten Motorleistungen von 24, 34 und 50 PS. (Foto: © Claas)

CLAAS

Im Jahr 1887 stellte der gelernte »Tierheilkundige« Franz Claas in Clarholz/Westfalen eine selbstkonstruierte Zentrifuge zur Entrahmung von Milch her. Dieses Gerät sollte bei kleineren Landwirtschaftsbetrieben zur Anwendung kommen. Seine Serienfertigung führte 15 Jahre später zur »Centrifugenfabrik Franz Claas«. Um den Lebensunterhalt für seine Familie bestreiten zu können, reparierte Claas außerdem Landmaschinen, betrieb eine Säge- und Getreidemühle und verdingte sich mit einer Reihe von Angestellten als Lohndrescher.

1913 gründete der zweitälteste Sohn August einen eigenen Betrieb, an dem sich nach Ende des Ersten Weltkriegs seine drei Brüder ebenfalls mitbeteiligten. Die »Gebrüder Claas« zogen in ein aufgekauftes, altes Hartsteinwerk nach Harsewinkel um und widmeten sich dort der Herstellung und Reparatur von Strohbindern. Nur wenige Jahre später, zu Beginn der 1920er Jahre, gelang Claas hier mit dem 1913 erdachten und 1921 patentierten »Knoter« der entscheidende Durchbruch, der grundlegend für den weiteren Aufstieg des Familienunternehmens wurde.

VOM STROHBINDER ZUM MÄHDRESCHER

Dieser selbstentwickelte Strohbinder, der bald die Konkurrenzprodukte vom Markt verdrängte, machte Claas bekannt, deshalb zierte lange Zeit eine grafische Stilisierung des Knoters das Firmenemblem. Im Laufe der Jahre und Jahrzehnte wurde dieser Strohbinder ständig weiterentwickelt, aus dem Dreimann-Betrieb war bis zum Zweiten Weltkrieg ein Unternehmen mit über 100 Mitarbeitern geworden.

Strohbinder waren wie stationäre Dreschmaschinen Teil der Versuche, durch Mechanisierung die mühevolle Arbeit der Getreideernte zu vereinfachen, den Zeitbedarf zu verkürzen und gleichzeitig die Erträge zu erhöhen. Im Verlaufe der vorangegangenen rund 135 Jahre waren in Europa und Amerika solche und weitere Maschinen entstanden, welche die bislang von Menschenkraft verrichteten Arbeitsschritte des Getreidemähens, -dreschens und -bindens übernehmen sollten. Bei der Realisierung des Ansinnens, alle diese Schritte in einem einzigen mobilen Gerät zu vereinen, waren Amerikaner und Australier führend, um 1910 liefen in den USA bereits 1000 Mähdrescher. Doch für die kleinräumigen Verhältnisse in Deutschland und Europa waren diese frühen Mähdrescher-Giganten nicht geeignet. Daher mussten andere Lösungen gefunden werden. Die Firma Krupop zum beispiel hat 1927 sich einen Mähbinder patentieren lassen, der per Zapfwelle vom Traktor aus angterieben werden konnte, und die Deutschen Industriewerke Berlin bauten 1931 den ersten deutschen Mähdrescher. Zu der Zeit nahm sich Claas dieses Problems an und fing an, mit eigenen Mähdrescher-Entwicklungen zu experimentieren, die auf die Verhältnisse in Deutschland zugeschnitten waren. Der erste Versuch sah eine Konstruktion mit einem Lanz-Bulldog im Zentrum vor, um den herum eine Mähdrescheinrichtung befestigt wurde. Dieses Gerät konnte jedoch noch nicht überzeugen. Aus diesem Grunde stellte Claas 1936 eine Version vor, die von einem Traktor gezogen werden musste. Der »Mäh-Dresch-Binder« (MDB) war der erste funktionstüchtige Mähdrescher Europas und vereinigte auf überzeugende Weise die verschiedenen Arbeitsschritte der Getreideernte in einem Arbeitsgang. Er wurde von 1937 bis zur Produktionseinstellung im Kriegsjahr 1942 rund eineinhalbtausendmal gebaut. Einige Exemplare dieses Mähdreschers hatten es sogar ins europäische Ausland geschafft.

CLAAS WIRD EUROPAWEITER MARKTFÜHRER BEI MÄHDRESCHERN

Der Consul war der Nachfolger des Mercur und zeigte wesentliche Änderungen in Bezug auf Fertigung, Funktion und Optik. Er wurde zwischen 1967 und 1981 produziert. (Foto: © Claas)

Wenngleich Claas bis zum Ende des Zweiten Weltkriegs für die Rüstung arbeiten musste, entwickelten die Brüder nebenher ihren Mähdrescher weiter, von dessen zukünftigem Erfolg sie fest überzeugt waren. Auf diese Weise entstand das Modell »Super«. Dieser Mähdrescher versprach eine noch höhere Leistungsfähigkeit und begann seinen Siegeszug ab 1946. Bis 1978 gefertigt, wurde kein anderer Mähdrescher in Europa öfter verkauft.

ERNTEMASCHINEN

Zu Beginn der 1950er Jahre brachte Claas mit dem Hercules – aus markenrechtlichen Gründen bald umbenannt in SF (Selbstfahrer) – den ersten Mähdrescher Deutschlands auf den Markt, der sich aus eigener Motorkraft fortbewegen konnte. Dieser Selbstfahrer befreite den als Zugmaschine eingesetzten Traktor nicht nur für andere Aufgaben, er räumte auch mit den häufig anzutreffenden Nachteilen von gezogenen Mähdreschern auf, die oft unter den nicht passgenauen Traktoren (z. B. wegen zu schwachem Motor) litten. Aufgrund ihres hohen Anschaffungspreises dauerte es aber noch eine Weile, bis die Selbstfahrer sich durchsetzten. Der große Durchbruch für das Familienunternehmen aus Harsewinkel gelang genau mit dieser Art von Mähdrescher. Claas profitierte vom Mähdrescherboom der 1960er Jahre und entwickelte neben den Mähdreschern und Strohbindern nach der Übernahme von Bautz 1969 auch Futtererntemaschinen. Bereits drei Jahre zuvor war das typische grün-weiße Claas-Design entstanden. Mittlerweile hatte August Claas die Leitung der Firma seinem Sohn Helmut überantwortet.

DER SCHRITT AUF DEN WELTMARKT

Mit Zweigwerken in Deutschland und Europa, später auch weltweit, expandierte Claas und baute seinen wirtschaftlichen Erfolg aus. Erste finanzielle Schwierigkeiten musste das Unternehmen in den von Krisen durchzogenen 1970er und 1980er Jahren verkraften, die Claas auf dem weiteren Weg nach oben jedoch nicht aufhalten konnten. Nach der Umwandlung der Firma in eine Kommanditgesellschaft auf Aktien (KGaA) Mitte der 1990er Jahre zog sich Helmut Claas aus der Unternehmensführung zurück. Die ständig verbesserten Mähdrescher bilden bis heute das Kerngeschäft, der leistungsstärkste Mähdrescher Lexion konnte schon 1995 einen Durchsatz von 40 t/h Getreide aufweisen, was damals eine unerhörte Leistung darstellte.

Die Lexion-Baureihe ist auch heute noch das Flaggschiff des Mähdrescher-Programms, das Modelle mit konventionellen – tangentialen –und hybriden Dreschsystemen umfasst. Die konventionellen Mähdrescher weisen eine tangentiale Beschickung des Dreschwerkes und nachgelagerten Schüttlern. Tangential-Rotordrescher weisen anstelle der Schüttler ein Abscheiderotor, der größten Lexion hat sogar zwei davon. Das vergrößert die Abscheidefläche, erfordert aber stärke Motoren. Beim gegenwärtigen Spitzenmodell, dem Lexion 780 mit seinen sechs Rotorkörben, dürfte aber mit den 626 PS des Mercedes-Motors OM 473 LA daran kein Mangel bestehen.

Ein Lexion 670 mit Raupenlaufwerk (heißt bei Claas »Terra Trac«) bei der Sonnenblumenernte. Den Sonnenblumenvorsatz gibt es als 16-, 12- und 8-Reiher, geerentet werden ausschließlich die Blütenkörbe. Man spricht von einem »stängelfreien Pflückkonzept«. (Foto: © CLAAS)

Eine Gruppe von Lexion beim Drusch. Hier hat das GPS PILOT-System das Steuer übernommen. Optional kann auch ein automatisches Lenkrad verwendet werden. Dabei überträgt das elektrische Lenkrad die Lenkbefehle des Terminals und des Navigationscontrollers an die Lenkachse und steuert so die Maschine. (Foto: © CLAAS)

Hinter dem Fendt-Traktor fährt ein Dewulf R7050 Rübenentlader. (Foto: © werktuigendagen, cc-by-sa 2.0)

Der zweireihige, selbstfahrende Dewulf R3060 Kartoffelroder erschien erstmals 2006. Er besitzt drei Siebketten, 11 m³ Bunkerkapazität und einen 350-PS-5-Zylinder-Motor von Scania. (Foto: © werktuigendagen, cc-by-sa 2.0)

Ein Fendt 718 Vario zieht einen Dewulf Karottenroder.
(Foto: © JoachimKohlerBremen, cc-by-sa 4.0)

ERNTEMASCHINEN

DEWULF

Der Landwirtschaftshersteller Dewulf im belgischen Roeselare (Westflandern) hat ein breites Sortiment an Landmaschinen im Angebot: Bodenbearbeitungsmaschinen, Pflanz- und Legemaschinen, selbstfahrende wie auch gezogene Siebketten- und Klemmbandroder sowie Chicorée-, Zwiebel-, Wurzelsellerie-, Pastinake- und Schwarzwurzelerntemaschinen, nicht zu vergessen Sortier- und Einlagerungsmaschinen.

Im Geschäft ist der belgische Hersteller seit 1946. Robert Dewulf baute seinerzeit seinen ersten Kartoffelroder, den anfangs noch Pferde ziehen mussten, bevor dann im Zuge des Fortschritts Traktoren als Zugmaschinen diese ablösten. Mit der wachsenden Nachfrage in Belgien entwickelte Dewulf in den 1960er Jahren dann einen mechanisch angetriebenen Karoffelroder und erweiterte später seine Produktpalette auch um Zuckerrübenlader. Wegen des gestiegenen Geschäftsvolumens wurde in den 1980er Jahren das alte Werk zu klein. Dewulf blieb zwar in Roeselare, baute jedoch an einem neuen Standort ein größeres Werk. Im Jahr 1990 erhielt der belgische Landmaschinenbauer für seinen Kartoffelroder R3000S einen Innovationspreis, was vielleicht keine direkten Konsequenzen hatte, aber für die Qualität der Erntemaschinen sprach, und diese wiederum führte zu stetig wachsenden Absätzen.

Im Laufe der Jahre war auch der Exportanteil der Firma immer weiter gestiegen. 2004 exportierte Dewulf erstmals nach China. Heute gehen 74 Prozent der hergestellten Landmaschinen aus Roeselare in den Export, ein Großteil davon zu den europäischen Nachbarn, der Rest nach China, Russland und in andere Länder wie Nord- und Südamerika. Mittlerweile liegt der Jahresumsatz von Dewulf bei 69 Millionen Euro, die Mitarbeiterzahl bei 275. Neben dem Stammwerk in Belgien existiert ein weiteres in den Niederlanden und noch eines in Rumänien. Seit 2014 gehört Dewulf zum niederländischen Landmaschinenhersteller Miedema.

RODER FÜR ALLE FÄLLE

Bei den Rodern hat Dewulf Siebekettenroder für die Kartoffel- und Klemmbandroder für die Karottenernte im Angebot. In beiden Kategorien stehen Selbstfahrer und gezogene Fahrzeuge zum Verkauf. Zu den Siebkettenrodern gehört das Modell Kwatro. Dieses ist vierreihig, kommt mit einem Vorratsbunker von 17,5 m3 Fassungsvermögen und besitzt unter der Haube einen 500-PS-Scania-Motor. Dieser stärkste Roder ist 2010 erschienen und 2015 erneuert worden. Die beiden Modelle R4060 und R3060 sind beide zweireihig mit drei Siebketten und einem 350 PS starken Scania-5-Zylinder-Motor. Während der R3060 mit Bunker (11 m3 Fassungsvermögen) ausgerüstet ist, besitzt der R4060 einen Elevator.

Die beiden Siebkettenroder R2060 und Torro müssen demgegenüber gezogen werden. Beide sind zweireihig mit zwei Siebketten. R2060 besitzt einen 7-Tonnen-Bunker zur Aufnahme der Kartoffeln und kann während der Fahrt entladen werden. Torros Bunker fasst nur sechs Tonnen, dafür kann als Zugmaschine ein leistungsschwächerer Traktor verwendet werden, gefordert sind aber mindestens 100 PS.

Bei den Klemmbandrodern bietet Dewulf vier Selbstfahrer an. Mit Elevator versehen sind der zweireihige ZKIIS, der dreireihige ZKIIISE sowie der ZKIV, der vier Reihen bearbeiten kann. In den ersten beiden Fahrzeugen verrichtet ein 350-PS-Scania-Motor seine Dienste, im ZKIV erzeugt ein Scania-Fünfzylinder mit 450 PS. Außerdem ist er mit 900-mm-Raupenketten versehen, die für eine sehr starke Traktion bei allen Witterungsbedingungen sorgen sollen. Der vierte Klemmbandroder, ZBII, ist zweireihig und besitzt einen Bunker statt Elevator und wiederum einen 350-PS-Motor von Scania. Die sechs gezogenen Klemmbandroder sind ein- bis dreireihig aufgebaut, mehrheitlich mit Bunker, aber auch mit Elevator und in einem Fall mit Boxsystem ausgestattet. Eine weitere Gruppe an Klemmrodern besteht aus transportierten Modellen. Darüber hinaus bietet Dewulf, wie oben schon erwähnt, noch Erntemaschinen für spezielle Zwecke an, nämlich für Feldfrüchte wie Chicorée, Zwiebeln, Rote Beete und anderes mehr.

ERNTEMASCHINEN

GRIMME

Die Grimme-Gruppe hat sich besonders spezialisiert auf die (Automatisierungs-) Technik rund um Kartoffeln, Rüben und Gemüse. Neben der Ursprungsfirma »Grimme Landmaschinentechnik« gehören mit der US-amerikanischen Spudnik, die sich ebenfalls um Kartoffel- und Rübentechnik kümmert, und der dänischen Asa-Lift (Gemüsetechnik) weitere Unternehmen zu ihr. Grimme mit Stammsitz in Damme (Niedersachsen) vertreibt seine Produkte mittlerweile in rund 120 Länder, beschäftigt weltweit 2200 Mitarbeiter, davon allein 1350 in Deutschland, und macht einen Jahresumsatz von fast einer halben Milliarde Euro: Nicht schlecht für eine ehemalige Dorfschmiede in der niedersächsischen Provinz.

Hervorgegangen ist die Grimme Landmaschinentechnik aus einem im Jahr 1861 von Franz Carl Grimme in Damme gegründeten Schmiedebetrieb. Das Unternehmen ist noch heute in Familienbesitz, doch dass die ehemalige Dorfschmied zum Weltmarktführer aufstieg, ist Franz Grimme (später als Senior bezeichnet) zu verdanken, der in seinen Herbstferien (die nicht umsonst in den Dreißigern noch »Kartoffelferien« hießen) keine Lust mehr hatte, die ausgebuddelten Knollen von Hand aufzulesen. Also entwarf er einen Korb, der die Kartoffeln auffing, nachdem eine Maschine sie aus der Erde geholt hatte. Und weil alsbald die Nachbarschaft auf diese rückenschonende Art des Kartoffel- und Rübensammeln aufmerksam wurde, begann in der väterlichen Schmiede eine Art Serienfertigung des Kartoffelsammlers. Rund 1000 Stück wurden verkauft, die meisten im Umland, aber auch in Ostpreußen. Einmal auf den Geschmack gekommen, ließ Franz Grimme nicht locker und begann mit der Verfeinerung seiner Idee vom Schleuderradroder (der, ganz im Stil der Zeit, die Verkaufsbezeichnnung »Unerreicht« erhielt) sowie einem Siebroder. Beide vereinfachten das Einsammeln der Kartoffeln und wurden zu einem Verkaufserfolg, denn sie machten das Bücken überflüssig. Im Jahr 1936 schließlich konnte Grimme den ersten Vollernter vorstellen, der zwar noch von Pferden gezogen werden musste, aber in seinem Grundaufbau bereits modernen Kartoffelrodern glich.

DER ERSTE VOLLERNTER

Im Zweiten Weltkrieg musste Franz Grimme nicht zur Wehrmacht, denn der kreative Kopf wurde an der »Heimatfront« gebraucht: Weil Arbeitskräfte fehlten, waren seine Kartoffelerntemaschinen wichtiger denn je.

Als der Wiederaufbau begann und das Wirtschaftswunder Fahrt aufnahm, waren Grimmes Kartoffelroder noch immer gefragt, denn immer weniger Menschen waren bereit, in der Landwirtschaft zu arbeiten. Und wieder hatte Grimme den richtigen Riecher, als er 1956 mit dem »Grimme-Universal« den ersten automatischen Kartoffel-Vollernter entwickelte: Jetzt musste zur Kartoffelernte der Landwirt nur noch seine Grimme-Maschine anhängen und losfahren, auf Erntehelfer – die es sowieso nicht mehr gab – konnte er verzichten. Außerdem waren die Kartoffel-Anbauflächen kräftig ausgeweitet worden und die Hektar-Erträge gestiegen.

Rund 10.000 Maschinen konnten an den Mann gebracht werden, und das nicht nur im Westen Deutschlands, sondern auch in den benachbarten Kartoffel-Hochburgen Niederlande und Belgien: Die einreihige Universal sicherte ihm die Marktführerschaft, und die zehn Jahre später präsentierte »Europa Standard« half ihm, diese Stellung weiter auszubauen: Diese Vollerntemaschine war erstmals mit Hydraulik ausgestattet und so rein mechanischen Maschinen weit überlegen. Noch immer aber war ein Zugfahrzeug notwendig, daher lag der Schritt zum Selbstfahrer nahe. Zum Ende des Jahrzehnts – Franz Grimme holte seinen gleichnamigen Sohn in die Firma – stellte Grimme seinen ersten Selbstfahrer vor, der Zeitpunkt war wiederum günstig: Die Bundesrepublik hatte die Konjunkturdelle 1967 überwunden, Preise und Löhne zogen an, und die Landwirtschaft musste auf diese Entwicklungen reagieren. Dem einreihigen Debütmodell folgte daher im Jahr 1974 eine zweireihige Variante, welche die Wirtschaftlichkeit deutlich erhöhte. Dennoch gelang es nicht, den Erfolg der »Europa Standard« zu wiederholen, und als zum Beginn des neuen Jahrzehnts die

Der Kartoffelroder Varitron 470 Platinum Terra Trac mit Gurtlaufwerk.
(Foto: © Grimme GmbH & Co. KG)

Varitron 270 Platinum Terra Trac. (Foto: © Grimme GmbH & Co. KG)

Mehrere Rübenroder der Typen Rexor 620 und 630 posieren in Reih und Glied für den Fotografen. (Foto: © Grimme Group, cc-by-sa 2.0)

Die Separierer der CS-Reihe kommen auf steinigen Böden zum Einsatz und schaffen die Voraussetzungen für eine gute Kartoffelernte. (Foto: © Grimme GmbH & Co. KG)

Der selbstfahrende Rübenroder Rexor 930. (Foto: © Grimme GmbH & Co. KG)

Bei der Fenchelernte hilft der 1-reihige PO-335 FE. (Foto: © Grimme GmbH & Co. KG)

Der getragene einreihige STM-100 PU wird in der Schnittlauchernte eingesetzt. (Foto: © Grimme GmbH & Co. KG)

Die vierreihige Riemenlegemaschine GB 430 kommt in der Kartoffellegetechnik zum Einsatz. (Foto: © Grimme GmbH & Co. KG)

Mit Hilfe der Feldverladestation Cleanloader werden die Beimengen bei der Kartoffelernte noch auf dem Acker getrennt. (Foto: © Grimme GmbH & Co. KG)

Grimme hat sowohl für die Kartoffel- als auch für die Rübenernte eine breite Modellpalette an selbstfahrenden wie gezogenen Rodern im Programm. Auf dem Bild stehen Seite an Seite ein selbstfahrender Rexor 930 und ein gezogener RUW 4000. (Foto: © Grimme Group, cc-by-sa 2.0)

Kartoffelpreise erstmals massiv fielen, brach der Absatz ein. In der zweiten Hälfte der Achtziger wiederholte Grimme das Experiment und musste wegen einer erneuten Krise auf dem Kartoffelmarkt wieder Federn lassen.

DER DURCHBRUCH FÜR DIE SELBSTFAHRER

Erst der dritte Versuch ab 1998 gelang: Grimme stellte die selbstfahrenden Roder SF 150-60 (zweireihig), SF 3000 (vierreihig) und schließlich 2001 den Tectron 415 (vierreihig) vor, der ein Jahr später zur »Maschine des Jahres« gewählt wurde: Die roten Erntemaschinen aus Niedersachsen sind weltweit ein Begriff.

Zu den aktuellen Selbstfahrer-Kartoffelrodern von Grimme gehört die Varitron-Reihe, die erstmals 2011 erschienen ist, vier Reihen gleichzeitig bearbeiten konnte und bereits 2012 zur »Maschine des Jahres« gewählt wurde. Gegenwärtig (Stand 2018) bietet Grimme die Varitron-Variationen 220 Platinum Terra Trac, 270 Platinum und 270 Platinum Terra Trac an. Sie sind zweireihig und besitzen jeweils einen 354 PS starken Motor. Das Modell 220 Platinum verfügt über einen 2-Tonnen-Überladebunker, der 270 Platinum über einen 7-Tonnen-»NonstopBunker«. Die größeren vierreihigen Selbstfahrer sind der 435 PS starke Varitron 470 mit 7-Tonnen-»NonstopBunker« sowie der Ventor 4150, der mit einem 15-Tonnen-Überladebunker und einem Mercedes-Benz-Motor mit 530 PS Leistung ausgerüstet ist. Beide lassen sich mit einer Vielzahl unterschiedlicher Trenngeräte bestücken. Manche Ausführungen sind auch mit Gurtlaufwerk zu haben. Daneben stehen diverse gezogene Roder im Programm, vom einreihigen SE 75-20, mit 2-Tonnen-Bunker über den zweireihigen EVO 290 mit 9-Tonnen-Bunker bis hin zum dreireihigen GT 300 ohne Bunker.

REXOR-RÜBENRODER

Um die Ernte von Rüben kümmert sich eine eigene Fahrzeugreihe. Der Rexor 620 ist sechsreihig, fasst in seinem Bunker 20 Tonnen Rüben, hat einen 520-PS-Motor unter der Haube und beherrscht das spurversetzte Fahren, bei dem der Boden ganzflächig überrollt wird. Der Maxtor 620 ist die Ausführung mit 22-Tonnen-Bunker und Gurtlaufwerk. Der Rexor 630 mit 625 PS kann sogar 30 Tonnen Rüben bunkern. Wie der Rexor 620 kann er spurversetzt fahren und hat einen geringen Wendekreis. Die sonstigen Maschinen von Grimme nehmen sich weiteren Bereichen rund um die Themengebiete Kartoffeln, Rüben und Gemüse an: Bodenbearbeitung, Separierung, Lager- und Legetechnik sowie die Erntevorbereitung.

Der Rübenroder Rexor 630 ist sechsreihig, besitzt einen 30-Tonnen-Bunker und eine Leistung von 625 PS. (Foto: © Grimme GmbH & Co. KG)

Der Terra Dos T4 ist ein Rübenroder mit zwei oder drei Achsen, bei beiden Versionen sind 626 Mercedes-PS am Start. (Foto: © Holmer Maschinenbau)

Der Holmer Terra Variant gilt als der größte Systemschlepper Europas. Vielseitig einsetzbar, kommt ein 15,9-Liter-Turbodiesel von Mercedes-Benz zum Einsatz. (Foto: © Holmer Maschinenbau)

Siebbandgeschwindigkeit, Siebsterndrehzahl und Siebrosthöhe lassen sich beim T4 von der Kabine aus stufenlos verstellen, die Bunkerschnecke arbeitet automatisch. Dank des Entladebands ist ein Abtransport der Rüben auch während der Fahrt möglich. (Foto: © Holmer Maschinenbau)

ERNTEMASCHINEN

Der Terra Felis 3 ist laut Hersteller der modernste Rübenreinigungslader der Welt. Die Kabine ist liftbar, die Beladung der Lkw erfolgt automatisch. Die Aufnahmebreite liegt bei 9,50 m, die Überladeweite bei 15 m. (Foto: © Holmer Maschinenbau)

HOLMER

Zucker war über Jahrhunderte ein teures Luxusgut, in Europa sowieso. Denn dafür brauchte es Zuckerrohr, das in den ungastlichen Gefilden Europas bekanntlich nicht wächst. Und bei den damals herrschenden Kriegen und Unsicherheiten war der Nachschub aus Übersee oftmals mehr als stockend, mal ganz abgesehen davon, dass Zucker sowieso nur etwas war, das sich die Reichen leisten konnten. Um 1750 sann ein kluger Kopf auf Abhilfe und suchte Ersatz, und diesen wiederum fand er in einer Rübe, die bislang ausschließlich an das liebe Vieh verfüttert worden war. Nach diversen Kreuzungen und Zuchtversuchen hatte man rund 50 Jahre später die so genannte »Weiße schlesische Rübe« und baute dafür die erste Rübenzuckerfabrik der Welt. Und weil gerade mal wieder Krieg war und die Seewege nach Europa blockiert, begann der Rübenanbau und die Rübenverarbeitung bald überall auf dem Kontinent. Jetzt war zwar das Nachschubproblem gelöst, nicht aber das der Ernte: Das ist erst in der zweiten Hälfte des 20. Jahrhunderts gelungen, dank Pionieren wie Alfons Holmer. Der wiederum, Sohn eines Schmieds im niederbayrischen Eggmühl, hatte 1969 die elterliche Schmiede übernommen.

VON DER DORFSCHMIEDE ZUM MASCHINENBAU-UNTERNEHMEN

Nachdem er aber weit mehr als nur Traktoren reparieren und verkaufen konnte, sondern auch einige pfiffige Erntelösungen entwickelt und realisiert hatte, wurden Zuckerrüben-Anbauer und Zuckerproduzenten auf ihn aufmerksam und beauftragten ihn, eine Maschine zu entwerfen, mit der die Rübenernte schneller und effektiver erfolgen konnte als bislang. Holmer war übrigens nur zweite Wahl, der Marktführer auf diesem Gebiet, die Firma Stoll, hatte anscheinend kein Interesse an einem selbstfahrenden sechsreihigen Rübenroder.

1974 hatte Holmer den ersten sechsreihigen »Köpfrodebunker selbstfahrend« (KRBS) fertig, wobei der eigentliche Vordenker auf diesem Gebiet, Hermann Paintner, Holmer bei der Entwicklung unterstützte. Die Großmaschine kam aber zunächst nicht wirklich gut an, die Landwirte hängten lieber ihren Stoll-Roder hinter den Traktor und zogen damit über das Feld. Holmer ließ aber nicht locker, verbesserte die Technik und vergrößerte die Räder, was zu geringeren Bodendrücken führte – und dem KRBS zum Durchbruch verhalf: Denn immer mehr der rund 350.000 Klein- und Nebenerwerbsbauern zogen die Gummistiefel aus, und die verbliebenen hatten nun größere Flächen zu bewirtschaften und brauchten größere Maschinen. Das führte zum Umschwung, Holmers selbstfahrende Rübenroder wurden zum Standard bei der Zuckerrübenernte: 87 % der Anbauflächen werden heute mit sechs- und neunreihigen Köpfrodebunkern bearbeitet, wobei neben Weltmarktführer Holmer die Firmen Agrifac, Grimme, Kleine, Ropa und Vervaet zu den bekanntesten Anbietern auf diesem Gebiet gehören.

TERRA DOS UND TERRA VARIANT

Im Jahr 1996 wurde die zweite Generation an Rübenrodern vorgestellt, Verkaufsbezeichnung »Terra Dos«. Dabei handelte es sich um Knicklenkerfahrzeuge mit Allradlenkung. Der TerraDos T2 schob sich mit einer Durchschnittsgeschwindigkeit von rund 6,5 km/h über das Feld und verfügte über einen MAN-Motor mit 460 PS. Der Nachfolger namens T3 von 2006 hatte einen um 20 PS stärkeren MAN-Sechszylinder, war größer und kam auf einen wesentlich höheren Durchsatz. Die Nachfolgereihe Terra Dos T4-40 von 2013 war die erste von Holmer konsequent nach dem Baukastenprinzip aufgebaute Selbstfahrer-Familie. Sie besteht aus Zwei- und Dreiachsern, hat ein Bunkervolumen von bis zu 45 Kubikmetern – das Doppelte des T2 – und hat Mercedes-Motoren. Die Geräteträger-Ausführung heißt Terra Variant und kann auch als Traktor eingesetzt werden.

Alfons Holmer hat übrigens, um die Nachfolge zu regeln, seine Firma 2004 verkauft. Sie gehört heute einer Investmentgesellschaft, was nichts daran änderte, dass die Holmer Maschinenbau GmbH eine feste Größe auf diesem Spezialgebiet ist.

Damit hat alles angefangen: Der erste vierachsige Rübenroder KRBS von Holmer war zunächst kein sonderlicher Erfolg, setzte sich aber dann doch durch. (Foto: © Holmer Maschinenbau)

ERNTEMASCHINEN

JOHN DEERE

Das amerikanische Landtechnikunternehmen John Deere wurde 1837 von John Deere in Grand Detour, Illinois, gegründet. Der Schmied John Deere hatte die Idee zum selbstreinigenden Stahlpflug, an dem der schwere Prärieboden nicht mehr kleben blieb. Seine Idee bestand im Wesentlich daraus, statt des Gusseisens eine Pflugschar aus hochpoliertem Stahl zu verwenden, um Anhaftungen zu verhindern. Und diese bahnbrechende Neuerung führte zum Erfolg: 1839 baute er zehn Pflüge, 1841 75 Pflüge und 1842 bereits 100 Pflüge. Das war in der alten Schmiede nicht mehr zu schaffen, daher zog er um nach Moline am Mississippi, wo Wasserkraft und Transportmöglichkeiten zur Verfügung standen. 1868 wurde aus dem Familienbetrieb eine Aktiengesellschaft, die »Deere & Company, Moline«. Bis 1918 produzierte das Unternehmen ausschließlich Stahlpflüge für die amerikanische Landwirtschaft und stieg durch die Übernahme der Waterloo Gasoline Engine Company 1918 zum Traktorproduzenten auf. So weit, so bekannt, und so ähnlich in der Industriegeschichte verschiedentlich geschehen. Während der großen Weltwirtschaftskrise Anfang der 1930er Jahre aber machte John Deere etwas anders als alle anderen: Denn während die Konkurrenz den Landwirten, die in Zahlungsschwierigkeiten gerieten, die Maschinen wieder vom Hof holte, gab sich das Unternehmen großzügig und kaufte für 12 Millionen US-Dollar Schuldscheine von Landwirten und prolongierte sie. Dadurch sanken zwar die Umsätze um 86 Prozent, doch das verhalf der Marke zu einem nicht mit Geld aufzuwiegenden Image. Die Farmer haben es, als die Zeiten wieder besser wurden, nicht vergessen. 1950 erschien der Baumwollpflücker »Nr. 8«, der erste zweireihige Selbstfahrer. Seine schnell drehenden, stachelbewehrten Spindeln pflücken bei jedem der zwei oder drei Vorgänge die Baumwolle immer nur von den reifen Samenkapseln, 1979 kam dann der weltweit erste vierreihige Baumwollpflücker zum Einsatz, der die Produktivität um 85 % steigerte – ein Meilenstein in der Baumwollernte. 2009 führte John Deere dann den ersten Baumwollpflücker ein, der auf dem Feld runde Baumwollballen erstellte. Das ermöglichte den Dauerpflückeinsatz und verbesserte die Baumwollqualität – und machte einen Teil der bisher verwendeten Maschinen überflüssig. Auch auf anderen Gebieten der Erntetechnik machte John Deere immer wieder für spektakuläre Fortschritte, 1954 etwa kam ein zweireihiger Maispflücker als Vorsatz für den neuen Mähdrescher No. 45, bei dem erstmals in einem Arbeitsgang der Mais gepflückt und enthülst werden konnte.

GLOBAL PLAYER

Bis Mitte der 1950er Jahre war John Deere eine nur in Nordamerika bekannte Marke, anders als etwa IHC war der Hersteller nicht in Europa vertreten. Um das zu ändern, gingen die Amerikaner auf Einkaufstour und übernahmen 1956 die Heinrich Lanz AG in Mannheim sowie einen mexikanischen Landmaschinenhersteller. Das war erst der Anfang, weitere Beteiligungen und Übernahmen, begünstigt durch die Krise in der Landwirtschaft, folgten: Rund zehn Jahre später war John Deere der weltweit größte Hersteller im Bereich Land- und Baumaschinentechnik geworden. Eine weitere Krise, rund 20 Jahre später, hinterließ zwar auch bei John Deere seine Spuren, führte aber letzlich dazu, dass der Konzern weiter wachsen konnte, weil zahlreiche andere Hersteller aufgeben mussten. Nach dem Zusammenbruch der Sowjetunion folgte der Schritt nach Osteuropa.

MÄHDRESCHER FÜR EUROPA

Mähmaschinen baut John Deere seit 1927. Dieser »Mähdrescher No. 2« hatte 35 PS und war mit 12-Zoll- oder 16-Zoll-Plattform zu haben. Im Jahr darauf folgte der No. 1 mit Messerbalken von 8 Zoll, 10 Zoll oder 12 Zoll. Die erste selbstfahrende Maschinen erschien 1947. In Deutschland werden Mähdrescher seit 1965 am Standort Zweibrücken gebaut, wobei die Mähdrescher sich im Detail von den amerikanischen Modellen unterschieden, weil die Getreidebestände Europas einen höheren Strohanteil aufweisen, was auch die unterschiedlichen Dresch- und Abscheidetechnologien erklärt.

Die T-Serie bezeichnet eine Reihe automatisierter Mähdrescher mit bis zu 9,0 Liter Hubraum und bis zu 455 PS. Die Transportgeschwindigkeit liegt bei 40 km/h. (Foto: © Deere & Company)

Mähdrescher der W-Serie: W550i mit fünf bis sechs Schüttlern, einem Korntankinhalt von max. 11.000 Litern und einer Motorleistung von bis zu 387 PS. (Foto: © Deere & Company)

Mit den optionalen Raupenlaufwerken liegt die Breite beim Fünfschüttler bei 3,29 m und beim Sechsschüttler 3,49 m. (Foto: © Deere & Company)

Zu den Besonderheiten der MF 9500-Serie, wie sie etwa in Australien und Neuseeland angeboten wird, gehört der Zweistufen-Hydrostat mit vier Übersetzungen und V-Cool-System. Baugleich damit, nur anders lackiert, ist die Gleaner S8-Serie, Mähdrescher in den Kategorien Leistungsklassen 6, 7 und 8. Im Bild ein 9505. (Foto: © AGCO)

ERNTEMASCHINEN

Der Ideal von Agco hat 2018 den renommierten Red Dot Award bekommen. Die Designauszeichnung sei aber auch, so Agco, Anerkennung dafür, dass der neue Mähdrescher universell einsetzbar sei. (Foto: © AGCO)

MASSEY FERGUSON

Die Firma Massey-Ferguson (MF) entstand 1953 aus der Fusion des 1847 gegründeten kanadischen Landmaschinenherstellers Massey-Harris und dem irischen Unternehmen Harry Ferguson Limited (1911). Der erste selbstfahrende Mähdrescher war der MH Nr. 20 von 1938, er gilt tatsächlich als die erste selbstfahrende Erntemaschine der Welt. Die Mähdrescher-Entwicklung hatte bei Massey (damals noch Massey Harris) 1911 begonnen, doch erst im Jahr 1938 war das Konzept vermarktungsreif.

VOM MH NR. 20 BIS ZUM MF 760

Das Layout des MH-20 ähnelte einem modernen Mähdrescher. Die Bedienerstation befand sich rechts von der Mitte der Maschine, direkt hinter dem 16-Fuß-Tisch, was einen hervorragenden Blick nach vorne bot. Der Rotor hatte einen Durchmesser von 37 Zoll, was nach den Maßstäben damals eine ordentliche Kapazität bot. Der Korntank befand sich hinter der Bedienerposition auf der linken Seite der Maschine. Der MH-20 basierte auf einem Stahlrahmen, für Vortrieb sorgte ein auf der rechten Seite angebauter Chrysler-Sechszylinder-Lkw-Motor. Der MH-20 war schwer und teuer, aber bahnbrechend. Der MH-21, der ihn 1941 ablöste, war leichter und ungleich erfolgreicher.

Die Entwicklung des selbstfahrenden Mähdreschers setzte sich in den 1940er und 1950er Jahren fort. Eines der ersten Modelle unter dem neuen Namen Massey Ferguson war der MF 35 – eine kleine, preiswerte Maschine für kleine bis mittlere Betriebe. Mitte der 1960er Jahre erreichte Massey Ferguson nach der Einführung der neuen Modelle MF 300, 400 und 500 18% des Weltmarktes für Mähdrescher. Und der MF 760 von 1972 war der seinerzeit größte Mähdrescher aus US-Produktion. Weitere Meilensteine und bahnbrechende Konstruktionen folgten. Seit 1994 ist MF Teil von AGCO, was nichts am hohen Innovationstempo änderte: Im September 2017 wurde die neue IDEAL-Baureihe vorgestellt – laut Aussage der stolzen Erbauer nicht mehr und nicht weniger als der »größte Entwicklungssprung seit der Erfindung des Mähdreschers«.

IDEAL FÜR ALLE BEREICHE

Bei den IDEAL-Modellen – bislang gibt es drei davon, die IDEAL 7 mit 451 PS (9,7 Liter Ex-Sisu), IDEAL 8 mit 538 PS (12,4 Liter MAN) und IDEAL 9 mit 647 PS (15,2 Liter MAN) handelte es sich um Rotormähdrescher mit Drusch und Abscheidung über Einzel- oder Doppelrotoren und optionalem Hangausgleich mit vielen neuen Features, die mit Superlativen wie einem bis zu 17.100 Liter großen Korntank, einer Entladeleistung von bis zu 210 l/s und einem über 4,80 m langen Dresch- und Abscheiderotor punkten konnten. Entwickelt wurde die neue Baureihe bei der AGCO-Tochter Laverda im italienischen Breganze: »Dies ist das bis heute größte Projekt in der Entwicklungsgeschichte unserer Erntemaschinen, bei dem sämtliche Ressourcen unseres Mutterkonzerns weltweit genutzt wurden. Dabei wurden 45 Prototypen, sechs Jahre lang in Labor- und Feldtests rund um den Globus erprobt. Alles an diesen Maschinen ist komplett neu – neues Design, neue Konstruktion, neue Ausstattungsmerkmale, neues Erscheinungsbild, ja sogar eine ganz neue Lackierung.«

Als weiterer Pluspunkt, neben dem Dresch- und Abscheidesystem, bei dem Einzugswindungen, Dreschleisten und Rotorfinger spiralförmig um den Rotor angeordnet sind, gilt der zweite – gewölbte – Rücklaufboden im vorderen Bereich des Dreschwerks sowie das über ein Drehrad während des Überladevorgangs bewegliche Abtankrohr. Laut AGCO wird Getreide »sauber« getrennt, ohne die Qualität des Strohs zu beeinträchtigen.

Außerdem ist die neue Maschinen-Generation sehr schmal geworden. Der nur 1,40 m breite Rahmen erlaubt den Anbau von Reifen wie auch Ketten, bleibt aber auf jeden Fall unter der magischen Marke von 3,30 Metern. Das Delta-Laufwerk ist eine Agco-Eigenentwicklung, die Kraftübertragung erfolgt hydrostatisch

Gegenwärtig bietet die AGCO-Tochter sechs Mähdrescher-Baureihen in insgesamt 23 Ausführungen an. Für die größeren Modelle – Centora aufwärts – gibt es optional auch 635 mm breite Raupenlaufwerke an der Vorderachse. (Foto: © AGCO)

Die MF-typische V-förmige Anordnung der Kühler fördert die Wärmeabfuhr; die Lüfterdrehzahl wird durch die Motortemperaturen gesteuert. Außerdem laufen die Lüfter rückwärts und blasen damit Staub und Schmutz aus, wenn das Kühlsystem zuzusetzen droht. Die Motorleistung liegt zwischen 375 und 460 PS. Das Abtanken erfolgt mit maximal 141 l/s. Das »Trident« steht für einen hydraulisch regelbaren Lüfter mit variabler Drehzahl, der von 100 bis 1350 U / min einstellbar ist. (Foto: © AGCO)

Massey Ferguson bietet Modelle von 176 bis 496 PS. Hierzu gehören konventionelle Strohschüttler, Rotor- und Hybrid-Abscheidungssyteme für alle Erntegüter und Bedingungen.
(Foto: © AGCO)

NEW HOLLAND

Es gibt nur noch eine Handvoll Konzerne, die Agrartechnik herstellen. Zu den wenigen gehört CNH, das zum Fiat-Konzern gehört und aus der Fusion zwischen Fiatagri und Ford New Holland einerseits und dem amerikanischen Wettbewerber Case Corp. entstand, wobei Fiat für Case den Kaufpreis von 4,3 Milliarden US-Dollar hinblätterte. Sowohl die ursprünglich vom Ford-Konzern kommende New Holland als auch Case waren ihrerseits das Resultat zahlreicher vorausgegangener Übernahmen. Die Kartellbehörden stimmten dem Mega-Deal letzlich zu, jedoch unter der Auflage, dass sich beide beteiligten Unternehmen von verschiedenen Aktivitäten trennen mussten. Es folgten zahlreiche Umstrukturierungen und Einsparungsprogramme, in Deutschland kam es zu drei Werksschließungen (IHC-Traktorenwerk Neuss 1997, Mähdrescherwerk Neustadt/Sachsen 2003, Baggerwerk von O&K in Berlin 2006).

VOLLERNTER VON BRAUD

Mit der Idylle bei der Weinlese ist es ja so eine Sache: Man braucht viele, viele fleißige Hände, und das nicht nur zur Erntezeit. Die Arbeit im Weinberg ist ein Knochenjob, ein Schweizer Institut hat errechnet, dass in den Hanglagen der Deutschschweiz pro Jahr rund 600 bis 700 Arbeitsstunden pro Hektar anfallen, davon rund 180 für die Lese. Und weil die Traube ein sehr empfindliches Gut ist, muss die schnell verderbliche Ware zum optimalen Zeitpunkt abgeerntet werden, das Zeitfenster ist sehr schmal. Und auch hier haben die Schweizer nachgerechnet: »Setzt man statt der Handlese den Traubenvollernter ein, kann ein Hektar in drei bis fünf Stunden abgeerntet werden und man ist damit rund 20-mal schneller als im manuellen Betrieb.«

Die Braud-Traubenvollernter debütierten 1975, ungefähr zu der Zeit, als Chrisholm-Ryder in den USA die erste wirklich kommerziell nutzbare Traubenerntemaschine vorstellte. Das US-Unternehmen aus Niagara Falls, New York, baute auf Basis von Farmall-Traktoren Erntemaschinen für besondere Anwendungen, für die Bohnenernte etwa, oder eben auch die Traubenernte. 1986 kaufte McConnell Tractors das Unternehmen auf, das somit heute zu AGCO gehört. Die ersten Maschinen arbeiteten noch mit vertikalen Schüttlern und Stahlschlägern, um die Trauben abzuschlagen. Über eine Förderschnecke wurden die Trauben dann auf einen parallel dazu fahrenden Wagen befördert. Das war nicht sonderlich schonend. Spätere Maschinen versetzten den Unterstützungsdraht in Schwingung, um so über die Massenträgheit die Trauben von der Rebe zu holen.

In Europa eroberte die französische Marke Braud bei Erntemaschinen, Mähdreschern und Traubenvollernter die Führung. Die Anteilsmehrheit an dem 1898 gegründeten Landhandel ging 1984 an Fiatagri, seit 1992 heißt der Hausherr New Holland, das

In Frankreich werden Traubenvollernter auch ganzjährig als Geräteträger gefahren. Hier sind zwei VL5060 im Einsatz. Diese eignen sich für große Lagen mit ein Mindestabstand von 1,6 m. Ihre Durchgangshöhe beträgt 1,95 m. (Foto: © New Holland Agriculture)

Zum Einsatz kommen Common Rail-Diesel von Fiat. Die Vier- und Sechszylinder-Diesel leisten zwischen 141 PS und 175 PS. (Foto: © New Holland Agriculture)

Die Vollernter debütierten 1975 und setzten Maßstäbe in Sachen Qualität und Produktivität. Im Grunde genommen hat sich bis heute daran nur wenig geändert: Auf diesem Spezialgebiet sind die Maschinen der New-Holland-Tochter führend. Eine Maschine der neuen Serie 9000L kostet neu rund 300.000 Euro. (Foto: © New Holland Agriculture)

Oliven-Ölernter von Braud, Typ 9090X. Der Unterschied zu den Traubenvollerntern ist nicht groß, bei beiden geht es um möglichst schonende und verlustfreie Ernte. Dafür braucht es ein entsprechendes System an Schüttelstäben, und Braud hat eine Lösung gefunden, um diese am hinteren Ende in einer wartungsfreien beweglichen Aufhängung zu fixieren. (Foto: © New Holland Agriculture)

Der CR9090 war 2010 der leistungsfähigste Mähdrescher der Welt und schaffte es mit einer Druschleistung von 551,6 Tonnen in acht Stunden sogar in das Guinness Book of World Records. Das hier aber ist sein Nachfolger, der fast 600.00 Euro teure CR1090 von 2014 mit 625 PS starkem Cursor-Motor und 12,5 m breitem Schneidwerk. (Foto: © New Holland Agriculture)

Die New Holland CX-Serie löste die TX-Baureihe ab. Neben den üblichen Verbesserungen in Sachen Motorleistung kamen weitere Änderungen durch das neue Dreschsystem mit größerem Trommeldurchmesser, der von 606 auf 750 mm anwuchs. Hier ist gerade ein CX5.90 Hillside bei der Arbeit, ein Fünfschüttler mit Hang- und Neigungsausgleich. Damit sind seitliche Gefälle von bis zu 25 % in beiden Richtungen ebenso auszugleichen wie bis zu 18-prozentige Querneigungen. (Foto: © New Holland Agriculture)

Die CX-Reihe kam 2011 auf den Markt und umfasste zunächst zwei Modelle in jeweils zwei Ausführungen. Hier im Bild ein Basis-6.80 mit 6,7-l-Motor. (Foto: © New Holland Agriculture)

seine Traubenvollernter unter dem Label »New Holland Braud« vermarktet.
Vollernter gibt als gezogene oder selbstfahrende Varianten. Die Nachläufer erfordern trotz ihres hydrostatischen Achsantriebs ein Zugfahrzeug, wobei zu beachten ist, dass dieses eine gewisse Stärke aufweisen muss, um auch in Hanglagen einwandfreie Ergebnisse zu erzielen, Neigungen bis 35 Grad sind heute problemlos machbar. Mitunter wird es auch notwendig, diese zusätzlich per Seilwinde vor dem Absturz zu sichern. Beim Fahren durch die Rebreihen bildet die Maschine einen Tunnel, in dem Schüttlerstäbe Vibrationen erzeugen. Früher bestanden diese Stäbe aus Stahl, heute aus leichtem Fiberglas. Die von diesem Schlagwerk erzeugten Schwingungen lassen die reifen Trauben auf ein Förderband fallen, das sie dann in die in der Maschine befindlichen Tanks fördert. Ventilatoren blasen Fremdkörper aus, außerdem ist ein Metalldetektor installiert, um weitere Fremdkörper abzuscheiden. Schlagzahl bzw. Schüttelfrequenz und -Amplitude sind natürlich einstellbar und hängen von Rebsorte, Erntezeitpunkt und gewünschtem Reifegrad ab.
Selbstfahrer, wie sie Braud anbietet, besitzen in der Regel einen hydrostatischen Fahrantrieb, der auf alle vier Räder wirkt. Sie sind wendig und haben größere Traubenbehälter – und sind vollgestopft mit Hightech. Der Braud 9000L zum Beispiel verfügt über ein Schüttelsystem mit beweglicher hinterer Schüttelstabaufhängung und schnell einrastendem vorderen Stabende, ein spezielles Bechersystem, eine Antischlupfregelung (ASR), Automatische Höhenregulierung und Seitenhangverstellung sowie ein sensorsystem, das »Echtzeitdaten zum Reifegrad von Trauben« liefert. Leider ist ein Traubenvollernter, ob gezogen oder selbstfahrend, kein billiges Vergnügen. Je nach Hersteller sind eine Viertelmillion Euro schnell weg. Daher können sich solche Systeme nur Lohnunternehmer oder Großbetriebe leisten. Für alle anderen heißt es, die Idylle bei der Weinlese zu genießen…

DER MUTTERKONZERN: CNH

CNH-Mähdrescher entstehen unter New Holland- wie auch Case-Logo, die gelben NH-Maschinen sind in Europa populärer als die roten Case IH (die zum Teil aus den USA importiert werden), während es in den USA genau umgekehrt ist.
Mähdrescher für und in Europa entstehen im belgischen Zedelgem, im sächsischen Neustadt (inzwischen geschlossen) und im polnischen Plock. Am belgischen Standort entstehen in der Hauptsache Axial-Mähdrescher (»Axial Flow«), Ballenpressen und Feldhäcksler sowie einige Case IH Produkte. Der polnische Standort Plock ist spezialisiert auf die Herstellung der kleinen New Holland TC-Maschinen mit Tangentialdreschwerk.
New Holland bietet in Europa vier Mähdrescherbaureihen an, die TC-Familie für kleinere Agrarbetriebe, die CSX-/CX-Familie mit Fünf- und Sechsschüttlern für größere Betriebe und die CR-Maschinen mit Doppelrotor-System (»Twin Rotor«), die zu den durchsatzstärksten Mähdreschern der Welt gehörten. Je nach Baureihe sind Schneidewerke mit Arbeitsbreiten von 3,66 bis 10,7 Meter erhältlich, der 2014 lancierte CR 10.90, der neue Maßstäbe in der Druschtechnik setzt, kommt auf 12,5 Meter. Gleichzeitig ist er der erste Mähdrescher der Klasse 10 in Europa. Seine Druschleistung ist um bis zu 15 % höher in Getreide bei einem Bruchkornanteil von gerade mal 0,2 %: Am 15. August 2014 schlug der CR10.90 in Wragby (England) den bisherigen Mähdrusch-Weltrekord für die maximale Weizenerntemenge in acht Stunden. Bei diesem Rekord erntete der CR10.90 unter realen Bedingungen 797,656 Tonnen Weizen in weniger als acht Stunden.
Seit September 2016 hat New Holland auch seine erstmals 2001 gezeigte mittlere CX-Mähdrescherbaureihe mit fünf bzw. sechs Strohschüttlern auf dem Markt – »für jedes Feld und jedes Erntegut«, wie der Hersteller erklärte. Die CX-Reihe ist auch mit Hangausgleich zu bestellen. Die »Laterale-Version« gleicht Querneigungen aus, der »CX5.90 Hillside« verfügt außerdem noch über einen Längsausgleich, was stets für eine vertikale Stellung der Antriebsräder sorgt.

Für einen sicheren Stand der Rübenmaus sorgt der von Hermann Paintner entwickelte Gegengewichtsarm aus 700er Feinkornstahl, der im Verladebetrieb zum Einsatz kommt. Bis über neun Meter weit und vier Meter hoch kann der Gegengewichtsarm mitsamt Kraftstofftank als Gegenlast zum Überlader ausgeschwenkt werden – ergibt 15 Meter Überladeweite. (Foto: © Ropa Maschinenbau)

Der weltweit leistungsstärkste Zuckerrübenroder ROPA Tiger 6 feierte Weltpremiere auf der Messe Agrosalon und erhielt eine Neuheiten-Goldmedaille für sein Gesamtkonzept. Kernstück war der neue 700 PS bzw. 768 PS Motor mit Pumpe-Düse Einspritzung und 16,1 Liter Hubraum. Im Programm sind 6-, 8- und 9-reihige Rodeaggregate mit verschiedenen Reihenweiten. (Foto: © Ropa Maschinenbau)

ERNTEMASCHINEN

Der ROPA Keiler 2 ist ein zweireihiger gezogener Kartoffelroder mit etwa acht Tonnen Bunkervolumen. (Foto: © Ropa Maschinenbau)

ROPA

Noch einer jener Weltmarktführer aus der Provinz: Bauernsohn Hermann Paintner, damals 25 Jahre alt, rollte 1972 seinen ersten eigenentwickelten Zuckerrübenvollernter aus der Scheune des elterlichen Hofes. Sein Roder war ein wildes Sammelsurium verschiedenster Teile und Baujahre, und eine Ingenieursausbildung hatte Paintner auch nicht. Das hinderte ihn aber nicht daran, einen funktionsfähigen Selbstfahrer zu entwickeln und einzusetzen. Dieser Maschine für den Hausgebrauch weckte Begehrlichkeiten, zwei Jahre später musste Paintner einsehen, dass er mit Hausmitteln keine weiteren Maschinen mehr bauen konnte. Das führte zur Zusammenarbeit mit der Landtechnikfirma Holmer, die den »Holmer, System Paintner« zum Inbegriff sechsreihiger, selbstfahrender Rübenerntetechnik machte.

Nach der Trennung zehn Jahre später gründete Paintner 1986 – noch immer war er keine 40 Jahre alt – die ROPA Fahrzeug- und Maschinenbau GmbH in Sittelsdorf, die zunächst für die Südzucker AG einen patentierten Rübenlader auf die Räder stellte. ROPA erwarb die Lizenz für den alleinigen Bau und Vertrieb der »Lade-Maus«. Die Maus übernahm das Reinigen und Laden der Zuckerrüben von der Miete am Feldrand auf den LKW auf der Straße.

Im nächsten Schritt kam dann ein neuartiger Zuckerrübenvollernter aus eigener Entwicklung mit neuartiger Rahmenkonstruktion, die eine großvolumige Bereifung ermöglichte und über eine um rund 35 % größere Bunkerkapazität verfügte. Dieser Bunkerköpfroder bildete die Basis für die Modelle der nächsten Jahre und Jahrzehnte. 1992 stellten die Niederbayern den bis dahin weltgrößten Bunkerköpfroder mit 35 m³ (22 to) Bunkerinhalt vor, während bei der Maus die Aufnahmebreite von 6,7 m auf 8,3 m wuchs. Außerdem erhielt sie nun eine zusätzliche Fahrerkabine im Heck. 1998 kamen die verbesserten Nachfolger »euro-Tiger« und »euro-Maus«, 2004 die PR-Rodeaggregate. Die waren allerdings, je nach Ausführung, für den Straßentransport zu breit, daher entwickelte ROPA ein Transport- und Koppelsystem.

Flaggschiff der Rübenroder war inzwischen der »euro-Tiger V8«, die weltweit leistungsfähigste Maschine dieser Art; 2010 erschien mit der »euro-Maus 4« das spektakuläre Gegenstück. Der gigantische selbstfahrende Reinigungslader punktete mit einem über 10,2 Meter breiten Aufnahmesystem. Kennzeichen der Maschine war der über neun Meter lange Gegengewichtsarm. Damit, so der Hersteller, bot die Mega-Maus »selbst bei verlängerter Überladeweite höchste Standsicherheit.« 2013 kam dann mit dem »euro-Panther« ein neuer Zweiachs-Rübenroder, 2016 dann die extrem spektakuläre Neuauflage »Panther 2« mit einem bis zu 768 PS starken 16,1-Liter-Volvo-Motor, bodenschonendem Fahrwerksystem mit Wankstabilisierung und automatischem Hangausgleich.

Längst schon bietet Ropa auch Kartoffelroder an. Die Maschinen der »Keiler«-Serie. Der Keiler 1 ist ein gezogener einreihiger Kartoffelroder mit wahlweise 4,3 t oder 6,1 t Bunker; der Keiler 2 mit teleskopierbarer Achse mit extragroßer Bereifung kommt auf eine Spurbreite von 3,50 Metern, was eine verbesserte Standsicherheit für das Personal am Verlesetisch bedeutet, da auch in extrem schwierigem Gelände die Gefahr des Umkippens.

ROPA ist übrigens immer noch ein Familienbetrieb, wenn auch einer mit rund 500 Mitarbeitern und eigenen Tochtergesellschaften in Frankreich, der Ukraine, Russland und Polen. Der elterliche Bauernhof, auf dem die Erfolgsgeschichte beginnt, wird auch heute noch von der Familie bewirtschaftet, denn so bleibt der »direkte Bezug zur Praxis«, um »die Bedürfnisse und Anforderungen der Maschinenbetreiber« besser verstehen zu können: Und das macht das Unternehmen so erfolgreich.

Mit Material des Herstellers

ERNTEMASCHINEN

ROSTSELMASH

Als offizieller »Geburtstag« von Rostselmash gilt der 21. Juli 1929. An diesem Tag liefen am Produktionsstandort in Rostow am Don die ersten Produkte vom Band: Bauernwagen, Schlepprechen, Schlepperpflüge und Sämaschinen. Im Jahr darauf begann dann die Fertigung von gezogenen Mähdreschern für die großen, neu gegründeten Kolchosen. Als die ersten Maschinen dann aber im Sommer 1931 ständig verfeinert wurden und zur Serienreife gebracht wurden – wobei amerikanische Maschinen die Vorlage bildeten – erhielten sie die Bezeichnung » Stalinets«. Ganz nach Plan, eigneten sie sich nicht nur für die Getreideernte, sondern auch für die von Sonnenblumen, Mais und Hirse. Ab Mai 1932 standen die ersten Rostselmash-Mähdrescher im Ernteeinsatz, vom »Stalinets-1« wurden bis Kriegsbeginn 50.000 Exemplare gebaut, die auch exportiert wurden. Denn die russischen Maschinen waren leistungsfähiger als die Konkurrenz und stellten Weltrekorde auf. Zwei Mähdrescher im Gespann erledigten nun in einer Saison die Arbeit, für die es zuvor 1637 Helfer, 373 Pferde, 25 Schneid- und Dreschwerke, 25 Putzmühlen und 40 Sortiereranlagen bedurft hätte. Oder anders ausgedrückt: Für diese Leistung hätten sonst 3323 Erntehelfer ausrücken müssen.

Die Bedingungen in Westeuropa sind anders als etwa in Russland. Westeuropa hat Hochertragsstandorte mit deutlich höheren Flächenerträgen. (Foto: © Rostselmash)

STALINS ERNTEHELFER

Nach dem Krieg – das Werk wurde stark zerstört – begann der Wiederaufbau. Hauptprodukt war der weiterentwickelte »Stalinets-6«. Insgesamt wurden im Laufe des vierten Fünfjahresplans (1946-1950) 34.114 Exemplare hergestellt. Was bislang gebaut worden war, hatte einen Hafermotor. Das war nicht mehr zeitgemäß, das Zentralkomitee der KPdSU verfügte daher die Entwicklung von selbstfahrenden Mähdreschern: Am 15. März 1958 lief um 17:30 Uhr der letzte RSM-8 vom Band, 100 Tage später begann die Serienmontage des ersten Mähdreschers SK-3. In den folgenden Jahren und Jahrzehnten wurden die Maschinen immer größer und leistungsfähiger. Ein Meilenstein war der SK-5 Niva von 1973, den es auch als Hangmäher gab. Außerdem entstanden Tomatenerntemaschinen, Drescher für die Verarbeitung von Flachs und Erntemaschinen für Schälfrüchte: 1984 wurde der zweimillionste Mähdrescher seit 1932 produziert, zwei Jahre später ging der neue »Don« in Produktion.

Mit dem Niedergang der Sowjetunion stand auch die größte russische Landmaschinenfabrik vor dem Aus. Das Werk war aber zu groß, als dass man es hätte zusammenbrechen lassen können, daher erfolgte 1992 die Privatisierung. Das sicherte zumindest das vorläufige Überleben. Zur Jahrtausendwende übernahm ein russischer Großinvestor das Werk. Jetzt endlich war Geld da, um die überfällige Modernisierung der Fertigungsanlagen einzuleiten. Im Juni 2004 lief der erste moderne Rostselmash – der Mähdrescher VECTOR – vom Band. Er unterschied sich in erster Linie von seinen Vorgängern durch die Anordnung der Baugruppen: Hinter der mittig gelegenen Kabine befanden sich der Korntank und dahinter der Motor.

INNOVATIV: DER ROTIERENDE DRESCHKORB

2005 präsentierte Rostselmash eine einzigartige mit Rotor ausgestattete Dresch- und Abscheidevorrichtung mit rotierendem Dreschkorb. Im Vergleich zum bei der Konkurrenz üblichen festen Dreschkorb bot er eine größere Druschfläche und war auch bei der Arbeit im feuchten und verunkrauteten Getreidebestand besser geeignet, denn die Rotation des Dreschkorbs unterstützte die Selbstreinigung. Ein Rüttler sollte die Brückenbildung bei feuchtem Erntegut im Korntank vermeiden. Der rotierende Dresch korb mit drei Dreschpunkten war nur ein Baustein im Gesamtkonzept: Dazu kamen Schrägförderer mit Wendetrommeln und ein stufenloser Rotorantrieb. Parallel dazu begann die Produktion von neuen Feldhäckslern, Schleppern (durch die Übernahme der Buhler-Gruppe mit Versatile), Feldspritzen, »Green Line« (anhängbare und anbaubare Technik für die Futterernte) usw. Im Juni 2015 kam dann mit dem RSM 161 eine erste Maschine mit 2-Trommel-Dreschaggegat. Erste Tests hat auch der Prototyp des fahrerlosen Mähdreschers durchlaufen.

Der Nova kam 2017 auf den Markt und ersetzte den beinahe 40 Jahre lange gebauten Niva. Mit einer Leistung von 180 PS und einem Korntank von 4500 Litern ist er für die Märkte Osteuropas bestimmt. (Foto: © Rostselmash)

Der Vector ist ein Schüttler-Mähdrescher mit einem Korntankvolumen von 6000 Litern. Die Abtankgeschwindigkeit liegt bei 50 l/s. Er kann das Stroh nicht nur auf Schwaden ablegen oder häckseln, sondern – optional – auch in Strohbündeln automatisch während der Fahrt ablegen. (Foto: © Rostselmash)

Den RSM 161 bezeichnet Rostselmash als »Hochleistungsmähdrescher der Extraklasse«. Diese Aussage bestätigten auch diverse Tests. Der Sechsschüttler-Mähdrescher punktet mit seinem 380 PS starken Cummins-Motor, großflächigen Strohschüttlern, Schrägförderer mit hohem Durchsatz und einer Abtankgeschwindigkeit von 115 l/s. (Foto: © Rostselmash)

Mit der 2000er Serie hat bei Sampo die Neuzeit begonnen. Die kleinste Maschine des Herstellers gab es in drei Leistungsstufen von 122 bis 185 PS. (Foto: © Ralf Smallkaa, cc-by-sa 2.0)

Der SR 2010 wurde von 1997 bis 2013 gebaut und war mit einer Arbeitsbreite von 1,5 m ein sehr kleinster Mähdrescher. Der Korntank fasst lediglich 1700 Liter. (Foto: © Szajci, cc-by-sa 3.0)

Die Comia-Serie umfasst die Typen C6, C8, C10 und C12. Sie löste die 2000er- und 3000er-Modelle ab, von denen lediglich der 2045 für bestimmte Märkte weitergebaut wird. Die Korntankgrößen der nun aktuellen Generation liegen zwischen 4400 und 7600 Litern. Die Motoren liefert Sisu – also AGCO – und deckte das Spektrum von 172 bis 300 PS ab. (Foto: © Sampo-Rosenlew)

Die Verrato-Serie besteht nur aus dem in zwei Varianten lieferbaren V4, wobei die stärkere keinen Vier-, sondern einen Sechszylinder mit 187 PS hat. (Foto: © Sampo-Rosenlew)

SAMPO-ROSENLEW

Die Chance, einen Mähdrescher von Sampo-Rosenlew bei der Getreideernte zu begegnen, ist wesentlich größer als man glaubt: Man wird ihn nur nicht gleich erkennen, denn er versteckt sich unter dem grünen Lackkleid eines John Deere.

Tatsächlich nämlich arbeitet der finnische Landtechnik-Hersteller seit August 2013 mit John Deere zusammen, die Mähdrescher der Baureihen W440 und W330 entsprechen der (größeren) Comia-/3000-Serie von Sampo-Rosenlew und werden auf manchen Märkten über John Deere vermarktet und verkauft – nicht die einzige internationale Zusammenarbeit der Skandinavier auf dem Gebiet der Landtechnik, denn zum Zeitpunkt des Joint Venture gab das Unternehmen auch bekannt, die Rahmenbedingungen der weiteren Zusammenarbeit mit AGCO zu ändern. AGCO nämlich, seit 2011 mit zehn Prozent an Sampo beteiligt, hatte die finnischen Mähdrescher unter den Markennamen Challenger, Fendt, Massey Ferguson und Valtra in Süd- und Osteuropa, Afrika, im Mittleren Osten und Russlands vermarktet. Die Maschinen wurden in Finnland gebaut und von dort aus, entweder fertig montiert oder als CKD-Bausatz, ausgeliefert. Nachdem nun John Deere mit im Boot war, kaufte Sampo seine Anteile von AGCO zurück. Die Cooperation beschränkte sich nun auf den Verkauf der Sampo-Rosenlew-Mähdrescher über das AGCO-Vertriebsnetz in Finnland, Schweden und Norwegen.

Im März 2016 fand sich mit Mahindra & Mahindra ein weiterer Partner, der gleich 35 % der Anteile übernahm. Der indische Mischkonzern mit einem Umsatz von knapp 17 Milliarden Dollar war der größte Traktorhersteller weltweit, baute aber keine Mähdrescher. Und das änderte sich nun dank Sampo.

SAMPO WER?

Das hierzulande weitgehend unbekannte Unternehmen ist über 150 Jahre alt und entstand im der Stadt Pori in Südwestfinnland. Gegründet wurde es 1853 als Holztransportunternehmen von Oy W. Rosenlew. Die langsame Entwicklung der Firma war, vielleicht enger noch als bei anderen europäischen Herstellern, mit den ganz besonderen Gegebenheiten des Landes verflochten. Die Verhältnisse in Finnland änderten sich nämlich nur sehr langsam. So war das Straßennetz nicht der Rede wert und der Aufbau eines flächendeckenden Vertriebs nicht möglich, denn dazu war das Land zu groß und zu dünn besiedelt: Um 1900 gab es lediglich 38 Städte, und von diesen hatte nur eine einzige mehr als 100.000 Einwohner. Finnland war Teil des russischen Reichs, und die gesellschaftlichen Verhältnisse ähnelten denen im Zarenreich. Rund 95 % der insgesamt drei Millionen Finnen lebten weit verstreut im Land, und die allermeisten waren für Großgrundbesitzer in der Land- und Forstwirtschaft und in der Fischerei tätig. Und ein Teil der Ackerfläche lag brach, denn es gab zu wenig Menschen, die das hätten erledigen können: Finnland war auf Getreideimporte angewiesen.

Der industrielle Aufschwung begann erst nach dem Zweiten Weltkrieg, denn Finnland musste Reparationen an die Sowjetunion leisten, und das ging nur durch den Aufbau einer leistungsfähigen metallverarbeitenden Industrie. Und dieser Aufschwung versetzte auch Sampo-Rosenlew in die Lage, neue Geschäftsfelder zu erschließen: Nachdem seit den 1920er Jahren – Finnland war nach 1918 unabhängig geworden – stationäre Dreschmaschinen gebaut worden waren, erschien 1957 der erste selbstfahrende Mähdrescher des Unternehmens. Die heutige Sampo Rosenlew Ltd wurde 1991 gegründet und durchlebte turbulente Zeiten, denn mit dem Zusammenbruch der Sowjetunion fielen auch die wichtigen osteuropäischen und russischen Märkte weg. Die folgende Wirtschaftskrise wie auch die Veränderungen durch EU-Mitgliedschaft überstand die Firma, weil sie neue Exportmärkte suchte und fand. 1997 erschien der erste moderne Mähdrescher. Die Entwicklungslinie führte über die Serien 2000 und 3000 zu den heutigen Baureihen Comia, Verrato und 2045. Inzwischen gehen 95 % aller Maschinen, die von den 450 Mitarbeitern in Südfinnland zusammengeschraubt werden, in den Export, der Jahresumsatz liegt bei etwas über 90 Millionen Euro.

Die kleineren Comia wurden 2011 auf der Agritechnica vorgestellt, die größeren zwei Jahre später. Im Bild die aktuellste Serie, die 2017 kam. (Foto: © Sampo-Rosenlew)

Der Tribine-Mähdrescher beim Weizendrusch. Die offizielle Vorstellung erfolgte im August 2016 auf der Farm Progress Show in Boone, Iowa (USA). (Foto: © Tribine Harvester LLC)

Die Nullserie hatte einen 9,0-l-Motor für Drusch und Reinigung sowie einen 6,7-Liter für Hydraulik und Antrieb. (Foto: © Tribine Harvester LLC)

Kennzeichen des 10,70 m langen und 4,55 m breiten Tribine sind der 35 m^3 große Korntank, die vier gleich großen Räder der Größe 1050/50 R 32 sowie die Knicklenkung zwischen Vorderwagen mit Dreschwerk plus Motor und Hinterwagen mit Korntank. (Foto: © Tribine Harvester LLC)

ERNTEMASCHINEN

Gesteuert wird per Joystick, und der gläserne Kabinenboden bietet beste Sicht nach allen Seiten, dazu kommen Features wie Kameras, LED-Beleuchtung usw. (Foto: © Tribine Harvester LLC)

TRIBINE

Echte Innovationen auf dem Markt der Erntemaschinen, insbesondere bei den Mähdreschern, sind selten. In der Tat kann eigentlich nur der Tribine, der 2013 als Konzept vorgestellt wurde und Ende 2016 in Serie ging, als erste echte Neukonzeption seit dem Zweiten Weltkrieg gelten. Die American Society of Agricultural and Biological Engineers (ASABE) verlieh ihm dann auch 2016 einen der begehrten Awards für herausragende landwirtschaftliche Innovation, denn dieser Harvester, entwickelt in Newton, gilt als Meilenstein in der Getreideerntetechnik: Er hat das Segment neu erfunden und die Maßstäbe neu definiert.

EIN NEUER ANSATZ FÜR EIN ALTES PROBLEM

Treibende Kraft dahinter ist der Farmer Bob Dillon, der 15 Jahre lang an seinem Konzept herumtüftelte und schließlich in den 2010er Jahren von Indiana nach Kansas umzog, um einerseits näher an den Entwicklungspartnern AGCO und Crustbuster/Speed King zu sein, und andererseits Fachpersonal und Ingenieure für sein Projekt zu finden.

Der ehemalige Geschäftsmann erinnerte sich später an die Initialzündung, die letztlich zum Tribine führte: »Ich saß auf meinem Traktor und wartete darauf, dass der Mähdrescher abtankte. Das war furchtbar ineffizient.«, sagte er damals; und so begann er, über einen Mähdrescher-Konzept nachzudenken, das mehr Korn tanken konnte als zuvor. »Konventionelle Mähdrescher haben eine Kapazität von 400 bis 450 Bushel [ca. 14–16.000 Liter, entspricht rund 10 Tonnen]«, so Dillon, »doch in den USA werden pro Jahr rund 360 Mio. Tonnen Mais geerntet, was einen enormen logistischen Aufwand erfordert.« Anders gesagt: Landesweit sind mindestens rund 36 Millionen Transportfahrten erforderlich, um die Ernte einzubringen. Wenn statt der Mähdrescher von John Deere und Co nur noch solche von Tribine zum Einsatz kämen, bräuchte man nur noch halb so viele.

DAS MODUL-KONZEPT

Der vordere Teil mit Rotor, Kabine und dergleichen kommt im Wesentlichen von Gleaner, doch dieser Vertreter der Baureihe S77 hat an der Stelle des Korntanks die Technik mit zwei Mähdrescher-Motoren und drei Pumpenantrieben: für Allradantrieb, Allradlenkung und die innovative Entladungsschnecke. Dagegen ist alles, was nach dem Gelenk kommt, neu und revolutionär: Dillon hat dieses »Modul« selbst entwickelt und bei Crustbuster / Speed King bauen lassen. Diese Erntemaschine hat das weltweit größte Dresch- und Reinigungssystem. Die Kapzität liegt bei 1000 Bushel, und das Abtanksystem mit seiner innovativen zweiteiligen Entladeschnecke soll innerhalb von zwei Minuten jeden Sattelschlepper randvoll laden: »Wir haben viel technisches Know-how darauf verwendet.«, so der Erfinder, denn im Modul verläuft eine Schnecke diagonal durch den Tank, während die meisten anderen Konzepte nur eine mittig platzierte Schnecke verwenden. Dies verbessert die Entladegeschwindigkeit und -kapazität. Die Spreu wird seitlich am Frontmodul ausgestoßen und über zwei Hydraulikventilatoren am zweiten Modul verteilt.

Dank der Knicklenkung sind Schwenks um jeweils 30 Grad möglich, darüber hinaus kann die Hinterachse auch im Hundegang fahren, was dem Bediener die Fahrzeugkontrolle erleichtert. Außerdem kann so das hintere Modul näher an den Lkw heranfahren. Konzeptbedingt hat der Tribine einen sehr engen Wendekreis, was wiederum zur Bodenschonung beiträgt. Überdies werden weniger Maschinen auf dem Feld gebraucht, was weniger Fahrspuren hinterlässt und die Bodenbelastung weiter verringert. Und dank des großen Kraftstofftanks – 500 Gallonen, entspricht 1900 Litern – und geringem Verbrauch muss der Tribine erst nach 24 Stunden wieder auftanken.

Der Yanmar AG 7114 erschien 2012 und war ein siebenreihiger Reisvollernter. (Foto: © t-konno, cc-by-sa 3.0)

Langkawi, Malaysia: Ein älterer Nw Holland 8060 bei der Reisernte im Reisanbau-Zentrum des Landes. Die Baureihe lief von 1979 bis 1987, anfangs mit Ford, dann mit Fiat-Motoren. Der Korntank hatte eine Kapazität von 4500 Litern und wog, ohne Vorsatz, 7,8 Tonnen. (Foto: © CEphoto, Uwe Aranas,PD)

ERNTEMASCHINEN

John Deere C570 (könnte auch ein ab 2007 gebauter C670 sein) bei der Reisernte in der Camargue. Rund 75% der französischen Anbaufläche befinden sich dort. Zentrum ist Arles.
(Foto: © Berichard, cc-by-sa 3.0)

REISERNTER

Reis wird in mehr als 100 Ländern angebaut, fast 700 Millionen Tonnen jährlich werden geerntet – und das nicht nur in Fernost, sondern auch in den USA, Südamerika und sogar in Europa. Je nach Bedingungen sind bis zu drei Reisernten pro Jahr möglich. Bei diesen Mengen ist klar: Ohne maschinelle Unterstützung geht das nicht.

EINE GANZ BESONDERE FRUCHT

Laut Online-Lexikon gibt es rund 120.000 Sorten Reis, und weit über 80 % werden so angebaut, wie wir uns das vorstellen, mit Wasserbüffel, gewässerten Terrassenfeldern und dergleichen mehr. Doch für Gegenden, in denen der traditionelle Reisanbau (beziehungsweise die Ernte) zu teuer ist, gibt es den Trockenreisanbau, der ganz ohne Wasserbüffel auskommt. Diese speziellen Reissorten sind nicht auf überflutete Felder angewiesen und wachsen daher überall, wo Boden und Klima – schlammige Böden sind gut, eine hohe Luftfeuchtigkeit ist absolut notwendig – das gestatten. Zu den Nachteilen gehört allerdings die Tatsache, dass diese Felder leicht verkrauten, was im Nassreisanbau nicht der Fall ist, denn Unkräuter mögen keine nassen Füße. Außerdem sind die Erträge wesentlich geringer.

In beiden Fällen kommt inzwischen auch modernste Erntetechnik zum Einsatz, auch wenn in weiten Teilen noch nach alter Väter Sitte Halm für Halm mit der Sichel von Hand geerntet wird. Wo das aber nicht möglich ist – was in der Regel am hohen Personaleinsatz liegt – kommen Mähdrescher zum Einsatz, wobei diese meist mit Raupenlaufwerk ausgestattet werden: Laufwerke verteilen die Last gleichmäßiger, senken die Bodenverdichtung und erhalten so die Fruchtbarkeit. Zu lang dürfen die Gleisketten aber auch nicht sein, denn lenken muss man ja auch noch können: Kürzere Raupenlaufwerke schonen den Boden am Vorgewende.

SPEZIELLE MASCHINEN ERFORDERLICH

Führend auf diesem Gebiet der Erntetechnik sind japanische Anbieter wie Yanmar und Iseki, das seinerseits Anfang der 1960er Jahre den Lizenzbau von Porsche-Diesel-Schleppern aufnahm und die Motoren bei Kawasaki bauen ließ. Durch die Entwicklung der ersten eigenen Traktoren zum Ende des Jahrzehnts, der Entwicklung von Reispflanzmaschinen, Reiserntemaschinen und Trocknungs- und Nachbehandlungsanlagen wurde die japanische Landwirtschaft nahezu vollständig mechanisiert. Zu den ganz Großen auf diesem Gebiet gehören auch die Mini-Mähdrescher von Kubota. Das Unternehmen verkauft jährlich nach eigenen Angaben über 30.000 Mähdrescher und 20.000 Reispflanzmaschinen pro Jahr. Dabei spielen die Nutzungsdauer (10 bis 100 Tage), die Bodenzusammensetzung (Anteil an Sand, Lehm oder Kies) und die Eigenschaften des Getreides (Schwierigkeitsgrad des Dreschens usw.) eine besondere Rolle bei der Fahrzeuge-Entwicklung. Zu den Besonderheiten gehören das Dreschwerk mit langem Dreschzylinder und breitem Durchmesser sowie Axialströmung. Weil Reis aber eine sehr spezielle Frucht ist, müssen neben den besondern Schneid- und Dreschwerken noch weitere Faktoren berücksichtigt werden. Die Erntebedingungen im Reisfeld etwa führen zu einer besonders starken Beanspruchung der Maschinen, weil für den Einsatz unter sehr feuchten Bedingungen die Achsen abgedichtet werden müssen. Außerdem sind die Reiskörner nicht nur klein, sondern sorgen bei der Kornbergung und Korntankentleerung für hohe Abnutzung. Daher müssen hier besonders verschleißfeste Komponenten – Einzugsschnecken, Schnecken für Korntankbefüllung und -entleerung sowie die Schnecke im Korntankauslaufrohr – verwendet werden, was durch eine spezielle Beschichtung erreicht werden kann. Je nach Ausführung ist der Einsatz von Ährenhebern möglich.

Reisernte mit einem Claas Crop Tiger Mähdrescher in (oder in der Nähe von) Kuzhalmannam, Kerala, Indien. Vielleicht auch ein älterer Escort Claas Crop Tiger.
(Foto: © Jayanunni, cc-by-sa 3.0)

ES KOMMT NICHT IMMER AUF DIE GRÖSSE AN

Typisches Beispiel für einen modernen Reisernter ist der Kubota DC-70. Diese Maschine mit 2,4-Liter-Vierzylinder-Motor und 70 PS hat bei einer Arbeitsbreite von 2,08 m eine maximale Flächenleistung von 0,66 ha/h. Die Breite beträgt 2,25 Meter und der Korntank verfügt über ein Volumen von 300 Litern. Die knapp fünf Meter lange Maschine wiegt drei Tonnen und weist eine Bodenfreiheit von 32,5 cm auf. Mit einer Kettenbreite von 50 cm ergibt sich ein spezifischer Bodendruck von 0,35 kg/cm². Während die Maschinen für den asiatischen Raum kompakt bauen, unterscheiden sich die Reiserntemaschinen, wie sie zum Beispiel in Kalifornien, Südamerika oder Italien zum Einsatz kommen, kaum von konventionellen Mähdreschern, wie sie auch bei der Mais- oder Weizenernte eingesetzt werden. Schon in den Siebzigern hat etwa Fahr seinem M 1200 mit 110-PS-Deutz-Motor Raupenketten aufgezogen und bei der Reisernte eingesetzt. Auch bei John Deere – das bereits in den 1920ern gezogene Reisbinder herstellte – sind die Maschinen bis auf das Schneidwerk identisch mit jenen für die Körnermaisernte, auch Abscheidungs- und Reinigungssystem sind gleich. Claas bietet für die Maisernte seine Mittelklasse-Maschinen mit dem APS Dreschwerk an, was im Wesentlichen die Ausrüstung mit einer weiteren, vorgeschalteten Beschleunigertrommel bedeutet. Damit werden Gutfluss und Kornabscheidung verbessert und das eigentliche Dreschwerk entlastet. Je nach Ausführung der Basismaschine werden dann noch weitere Modifikationen wie etwa andere Abscheidekörbe notwendig. Außerdem dürfte man um die Anschaffung eines Raupenlaufwerks kaum herumkommen, denn die schlammigen Böden lassen kaum eine andere Lösung zu, wobei die Hersteller darauf achten, dass der Wechsel von Rad zu Kette schnell bewerkstelligt werden kann.

Um die Unterschiede in den Abmessungen im Vergleich zum Kubota darzustellen, hier ein kleiner Überblick über die technischen Daten des kleinsten Claas-APS-Mähdreschers, dem kompakten Avero, wobei »kompakt« hier bedeutet, dass er dank APS und effizienter Restkornabscheidung mit nur vier Schüttlern auskommt. Das Korntankvolumen beträgt 4200 Liter. Um die – ohne Schneidwerk – über 8,2 Tonnen schwere Maschine voranzubringen, bedarf es eines 158 PS starken Perkins-Diesels mit 7,0 Litern Hubraum.

Natürlich gibt es, neben den hierzulande gängigen Anbietern, auch jede Menge chinesischer Produzenten mit unaussprechlichen Namen, die hierzulande niemand kennt.

Laverda-Reisvollernter M152 in Guyana, gebaut 1975 bis 1983. Das Unternehmen gehört zur AGCO-Gruppe und bietet gegenwärtig fünf Maschinen an.
(Foto: © Marco Farouk Basir, cc-by-sa 3.0)

Andere Länder, andere Vögel: Was in unseren Breiten während der Getreidernte Krähen und Spatzen, sind bei der Reisernte die Reiher. Bei der Maschine handelt es sich um eine Reiserntemaschine von Kubota.
(Foto: ©Frankou, cc-by-sa 3.0)

Kubota R1-18 2006 bei der Reisernte in Kyoto (Foto: © ignis, cc-by-sa 2.5)

Einmal mehr Kubota. (Foto: © Michaelgoima, cc-by-sa 4.0)

Reisernte in der Provinz Tarlac auf den Philippinen. Zum Einsatz kommt ein 4LZ-2.0D von Liushi Mingshi mit zwei Metern Arbeitsbreite. Der Vierzylinder-Diesel mit 75 PS stammt von Ford, der Antrieb erfolgt hydrostatisch. (Foto: © Judgefloro, cc by sa 4.0)

BALLENPRESSEN

Rundballenpressen werden stetig weiterentwickelt. Auf dem Pressenmarkt sind vor allem fünf Hauptentwicklungstrends auszumachen, die gleichzeitig für den Anwender die wichtigsten Eigenschaften einer Rundballenpresse darstellen. Dazu gehören die Qualität bzw. Eigenschaften der Rundballen (also Futterqualität, die Umschlags- und Lagerkosten), die Arbeitsgeschwindigkeit (jährliche Auslastung und Ballenanzahl im Erntezeitfenster), die Kosten (Energieverbrauch, Reparaturanfälligkeit, Verschleiß etc.), die Vielseitigkeit im Einsatz (Silage, Stroh, Heu) und die Handhabung im praktischen Einsatz. Sie bestimmt unter anderem darüber, wie einfach die Maschine zu bedienen ist und wie gut die theoretische Leistung der Maschine in der Praxis nutzbar ist. Natürlich werden Ballenpressen, inzwsichen meist für Rundballen, von vielen Herstllern angeboten. Einige moderne Vertreter dieser Bauart zeigt dieses Kapitel, das unter Verwendung von Texten von Ruedi Burkhalter (Schweizer Landtechnik) entstand.

Bei der Ballenpresse zählt der ideale Pressdruck. Perfekt verdichtetes Erntegut heißt: mehr Material pro Ballen, weniger Zeitaufwand auf dem Feld und beim Transport. (Foto: © Case IH)

Mit einem 16-Kammer-Festkammerkonzept und bis zu 25 Messern für feinste Schnittqualität und einem Wickelzyklus von 23 Sekunden bei sechs Lagen Folie, gehört diese Maschine zur Spitzenklasse. (Foto: © Claas)

Mehr als 120 Ballen je Stunde, dank eines ausgeklügelten Schnellauswurfsystems, verspricht der Hersteller in seinen Werbebroschüren. (Foto: © John Deere)

Beim Pressen sammelt der BaleCollect bis zu drei Quaderballen mit 120 cm Breite oder optional auch bis zu fünf Ballen im 80er Maß. Das verkürzt im Nachgang des Pressens die Ladezeiten bei der Strohbergung erheblich. (Foto: © Krone)

BALLENPRESSEN

Diese Rundballen-Festkammerpressen sind leicht von Netzfolie auf eine vorgespannte Folienvorbindung umrüstbar. Bei der Ballenablage werden mögliche Beschädigungen von Netz oder Folie durch eine Gummimatte verhindert. (Foto: © Case IH)

PRESSORGAN BESTIMMT PRESSQUALITÄT

Die Ballenqualität wird in erster Linie durch die Ausgestaltung der Presskammer beeinflusst. Grundsätzlich unterscheidet man Pressen mit fester, variabler und semivariabler Kammer. Rundballen werden in der Presskammer durch die Seitenwände und vor allem durch mechanisch rotierenden Pressorgane geformt. Als Pressorgane kommen verschiedene Kombinationen von Walzen und Stabelevatoren zum Einsatz. Bei der einfachsten und leichtesten Bauweise besteht die Rundung der Ballenkammer aus einem Stabkettenelevator, meist kombiniert mit zwei bis drei Walzen beim Einzug des Ernteguts. Der Stabkettenelevator zeichnet sich aus durch einen geringen Leistungsbedarf, gute Fördereigenschaften, jedoch einen relativ hohen Verschleiß aus.

Hoher Leistungsbedarf mit Walzen

Für den schweren Einsatz in Silage werden am häufigsten Pressen verwendet, deren Rundung der Kammer aus Walzen oder Stabelevatoren bestehen. Diese sind robust und bei feuchtem Futter wenig störungsanfällig. Sie erreichen unter diesen Bedingungen auch die höchsten Verdichtungswerte.

Übergabe kostet Energie

Grundsätzlich gilt: Je häufiger das Erntegut von einem Pressorgan zum nächsten übergeben wird, desto größer ist der Leistungsbedarf für den Antrieb und desto größer sind in trockenem Erntegut die Bröckelverluste. Bei einer Presse mit einem Stabkettenelevator wird das Erntegut pro Ballenumdrehung nur dreimal von einem Pressorgan auf das andere übergeben, bei einer Walzenpresse mit 17 Walzen hingegen 17-mal. Der Grund für den höheren Leistungsbedarf der Walzenpresse besteht darin, dass in der Zone, in der das Futter von einer Walze auf die andere übergeben wird, die beiden rotierenden Walzen im Prinzip gegeneinander arbeiten. Das führt zu einem unsanften Richtungswechsel und zu einer entsprechend hohen Beanspruchung des Ernteguts. Die Walzenpresse kommt zudem nicht gut mit kurzem, bröckligem Stroh

Das Erntegut wird in der Presskammer von 18 Präzisionswalzen verdichtet und zu gleichmäßigen Ballen, bis zu 1,2 Meter breiten und mit einem Durchmesser bis zu 1,35 Metern, geformt. (Foto: © Case IH)

Mit einer Pick-up-Breite von 2 m bis 2,35 m sind die Pressen in der Lage, die breitesten und schwersten Schwaden aufzunehmen. Die Modelle verfügen über einen Rollenniederhalter und sind mit großen Tasträdern mit einstellbaren Entlastungsfedern ausgestattet. (Foto: © Case IH)

Ob leichtes Heu, trockenes Stroh oder Silage, ob lange, kurze oder empfindliche Halme – Großballenpressen formen aus jedem Erntegut den perfekten Streu- oder Futterballen. (Foto: © Case IH)

Ganz gleich, ob für Heu, Stroh, Silage oder für nachwachsende Rohstoffe wie z. B. Hanf, diese Maschine ist variabel einsetzbar. Sie war die erste Rundballenpresse mit einer 2,10 Meter breiten Pickup-Einrichtung überhaupt. (Foto: © Claas)

Mit ausgereifter Raffer-Technik presst diese Maschine ideales Futter für Wiederkäuer und vor allem für Pferde. Das Besondere daran ist, dass das Raffer-System die Halme nicht beschädigt und somit staubfreie Ballen presst. (Foto: © Claas)

Für die Quadrant-Modelle bietet der Hersteller serienmäßig einen hydraulisch angetriebenen Einzug an. Das heißt, der hintere Rollenniederhalter und die Pickup werden hydraulisch angetrieben und sind in der Geschwindigkeit verstell- und reversierbar. (Foto: © Claas)

zurecht. Da die Walzen das Erntegut nicht auf ihrer ganzen Oberläche genau in die Drehrichtung fördern, ist bei dieser Presskammer das Risiko am größten, dass sich beim Beginn der Kammerfüllung der »Futterhaufen« zu spät oder nur ungenügend zu drehen beginnt. Unregelmäßige Ballen mit schlechter verdichteten Zonen können die Folge sein. Die höheren Bröckelverluste werden nicht nur durch die zahlreichen Übergabepunkte verursacht, sondern auch dadurch, dass die Kammer zwischen zwei Walzen nicht vollständig geschlossen ist und deshalb kontinuierlich Feinanteile verloren gehen können. Dies im Gegensatz zur Presse mit Stabkettenelevator, die außen herum durch ein Blech geschlossen ist, über das Feinanteile wieder zurück in den Zufuhrkanal fallen können.

Aus diesen Überlegungen werden auch Pressen gebaut, bei denen Walzen und Stabketten kombiniert zum Einsatz kommen.

Zuerst wird bei dieser Bauweise das Futter durch die Stabketten im hinteren Teil der Presskammer nach oben gefördert und dann im vorderen Teil der Presskammer durch Walzen zusätzlich verdichtet. So sind die Vorteile beider Systeme zu kombinieren.

Gemeinsam haben alle Festkammerpressen die Eigenschaft, dass die Kammer in ihrer ganzen Größe zuerst mit lockerem Futter gefüllt werden muss, bevor die Drehbewegung des Ballens und somit die Verdichtung von außen nach innen einsetzt. Dies im Gegensatz zu den Pressen mit variabler Presskammer, bei denen der Pressvorgang von einem rund 60 cm großen Kern bis zur vollen Größe kontinuierlich abläuft. Dies ermöglicht es, die Dichte nach Wunsch im Ballen in jeder Schicht unterschiedlich zu steuern. Bei elekronisch gesteuerten Pressen mit variabler Presskammer lassen sich teilweise für Bereiche (Kern, Mitte, Rand) unterschiedliche Pressdrücke vorwählen.

Für die Saison 2018 hat Claas auf der Agritechnica 2018 weitere Features für ihre Pressen angekündigt. Eine interessante Funktion für alle Landwirte und Lohnunternehmer, denen der laufende Überblick über die gepresste Ballenqualität wichtig ist, ist die integrierte Ballenwaage. Die Waage ist in der Ballenrampe verbaut. Der eigentliche Wiegevorgang erfolgt während des Arbeitsprozesses automatisch bei jedem Ballen, sodass keine Verzögerungen beim Pressen entstehen. Das Wiegen der Ballen ist bis zu einer Fahrgeschwindigkeit von 20 km/h möglich.

Der Fahrer kann das Gewicht der einzelnen Ballen direkt auf dem Display des Bedienterminals in der Kabine ablesen. Zudem werden alle Ballengewichte bezogen auf den Auftrag beziehungsweise die Fläche gespeichert und können beim Lohnunternehmereinsatz als Nachweis für eine ordnungsgemäße Arbeit ergänzend zur Abrechnung herangezogen werden. Über das System können darüber hinaus mithilfe der Ballengewichte der Gesamtflächenertrag und die Ertragsverteilung für jeden Schlag als zusätzlicher Kundenservice erstellt werden. Eine Ertragskarte zeigt dabei den Ort der Ballenablage, das Gewicht der Einzelballen sowie die Ballenfeuchte.

Die Quaderballenpressen der Quadrant-Baureihe können ab der nächsten Saison mit eine High-End-LED-Beleuchtung ausgerüstet werden, die aus insgesamt sieben zusätzlichen, hochwertigen Schweinwerfern besteht. Die Schweinwerfer sind an den zentralen Arbeitseinheiten der Pressen angebracht, etwa an der Deichsel, am Schwungrad, am Raffer und am Ende des Presskanals, was einen komfortablen Einsatz und auch die Wartung bei Dunkelheit erlaubt.

Kombiniert mit einer hydraulisch absenkbaren Schneidmulde, die sich bei Überlast automatisch absenkt, kann der Fahrer mögliche Verstopfungen am Einzug der Presse einfach durch Absenken der Zapfwellendrehzahl vom Fahrersitz aus beseitigen und dauerhaft unter Volllast pressen. (Foto: © Claas)

BALLENPRESSEN

FENDT

Seit AGCO im Jahr 2000 das Landtechnik-Unternehmen Hesston Corporation aus den USA aufgekauft hatte, werden Quaderballenpressen unter dem Markennamen Fendt vertrieben. Momentan gibt es sechs verschiedene Quaderballenpressen, die sich in ihren Ballenabmessungen unterscheiden. Die variablen Rundballenpressen und Festkammerpressen kommen aus dem Werk in Wolfenbüttel.

Quaderballenpressen der Modelle 990 S, 1270 S, 1290 S und 1290 XD können zusätzlich mit einem Schneidwerk ausgerüstet werden und sind daher auch optimal für Silage geeignet. Das Modell 12130 N ist speziell für trockene Erntegüter geeignet und hat ein Ballenmaß von 120 cm auf 130 cm. Das Top-Modell, die Fendt Squadra 1290 UD (Ultra Density) schafft eine Pressdichte von bis zu 245 kg/m³ mit einer Presskraft von 760 KN. Dafür verfügt sie über das Ultra Hauptgetriebe, sowie 6 Doppelknoter in Verbindung mit einer neu entwickelten Garnklasse. Alle Modelle können mit einer integrierten Ballenwaage, elektrischen Ballenlängenverstellung, hydraulischem Stützfuß, Rückraumkamera, integrierter Feuchtemessung und Konservierungsmittel-Applikator ausgestattet werden.

Desweiteren sind von Fendt drei Rundballenpressen mit Festkammer und vier mit variabler Kammer erhältlich. Die Modelle unterscheiden sich in ihren verschiedenen Ausstattungsmöglichkeit. Die Festkammermodelle gibt es als Einsteigermaschine ohne Schneidwerk bis hin zur Profimaschine mit XtraCut 25. Die Pick-Up ist ungesteuert, kurvenbahnlos und bis zu 2,25 Meter breit. Beim XtraCut 13 kann gewählt werden, ob man mit oder ohne Schneidwerk arbeiten möchte. Die variablen Rundballenpressen gibt es ebenfalls als Einsteigermodell bis hin zur Profimaschine. In den vier Fendt Rundballenpressen-Modellen sind vier unterschiedliche Rotoren verarbeitet. Die v-förmige Anordnung der Förderfinger sorgt für die Befüllung der Presskammer. Je nach Ausstattung sind die Pressen entweder mit einem fest verschraubten Boden oder Hydroflex-Boden ausgestattet. Die Pick-Up ist ungesteuert, kurvenbahnlos und bis zu 2,40 Meter breit. Der Ballendurchmesser kann von 0,70 m bis 1,60 m bzw. 1,80 m variiert werden.

Im Jahr 2015 übernimmt AGCO die Grünfuttersparte von Lely. Dazu gehören Ballenpressen und Ladewagen.

Aus der Presse ist zu entnehmen, dass das Ladewagen-Programm exklusiv der Marke Fendt zugeordnet werden soll. Der einreihige Häcksler passe hingegen besser in das weltweite Vertriebsnetz von Massey Ferguson. Mähwerke, Wender, Schwader, Rundballenpressen und Wickler sollen beiden Vertriebskanälen zur Verfügung stehen. Zumindest auf absehbare Zeit soll auch weiter mit der Marke Lely operiert werden. Lely-Mitarbeiter in Deutschland werden bei AGCO angestellt.

Den Fendt-Quaderballenpressen eilt seit der Markteinführung 2002 in Deutschland der Ruf einer robusten und langlebigen Konstruktion mit hohem Durchsatz voraus. (Foto: © AGCO)

Auch bei schwierigen Verhältnissen werden Blockaden bei der Zuführung nahezu komplett vermieden. Die Fendt Rundballenpressen verfügen über einen intelligenten Schneidboden, der bei steigendem Durchsatz durch seine Bewegungsfreiheit Blockaden verhindert. (Foto: © AGCO)

Passend zum jeweiligen Einsatzbereich arbeiten in den vier Fendt Rundballenpressen-Modellen auch vier unterschiedliche Rotoren. Die Rotordrehzahl beträgt 134 U/min. Dabei sorgt die v-förmige Anordnung der Förderfinger für eine gleichmäßige Befüllung der Presskammer. (Foto: © AGCO)

Die Fendt Squadra 1290 Quaderballenpresse liefert enorm hohe Pressdichten und effizienten Durchsatz. Diese leistungsstarke, robuste und dennoch leichte und kompakte Maschine aus dem AGCO-Werk in Hesston, USA zeichnet sich dank der jahrzehntelangen Entwicklungserfahrung aus. (Foto: © AGCO)

Beim John-Deere-System wird das Erntegut direkt vom Einzugsrotor durch den Raffer übernommen. Dieser arbeitet im doppelten Takt des Presskolbens, so dass das Erntegut kontinuierlich in die Vorkammer gefördert und dort zu einem Ballenpaket gepresst wird. (Foto: © John Deere)

Die Festkammerpresse F440R ist insbesondere für den anspruchsvollen Einsatz in Silage bestimmt, wo es auf Schnittqualität und Pressdichte bei hoher Durchsatzleistung ankommt. Features wie Abstreifer aus Edelstahl, der Maxicut Hochleistungsrotor und eine verstärkte Ballenkammer für hochdichte Ballen gehören zum Standard. (Foto: © John Deere)

BALLENPRESSEN

Das Herzstück dieser Großpackenpresse ist die Kombination aus dem großen Presskanal und dem Hochleistungs-Presskolben. Zusammen mit dem Presskanal, dem Doppelknotersystem und dem Gebläse wird die Produktion perfekt geformter Ballen gewährleistet.
(Foto: © John Deere)

JOHN DEERE

Mit der Pressenserie 900 will John Deere neue Maßstäbe punkto Produktivität und Vielseitigkeit setzen. Eine erste Besonderheit dieser Maschine ist der robuste durchgehende Rahmen, hinter dem sich ein einmaliges Konzept verbirgt: Bei diesen Pressen erfüllen die Seitenwände der Presskammer keine tragende Funktion. Die beiden breiten Endlosriemen sind am Rahmen und nicht an der Ballenkammer befestigt. Die von den anderen Komponenten vollkommen abgetrennte Ballenkammer mit einem revolutionären Schnellauswurfsystem ist das Herzstück des Systems. Sobald der Ballen fertig gepresst ist, öffnet sich die Kammer und schieben sich die Seitenwände nach außen und lassen den Ballen in weniger als fünf Sekunden frei. So sollen diese Pressen der Serie 900 laut John Deere für den Ballenauswurf weniger als ein Fünftel der Zeit benötigen als herkömmliche Pressen. Das Schnellauswurfsystem verzichtet auf eine herkömmliche Heckklappe. Neben der Zeiteinsparung ist das Schnellauswurfsystem ca. 60 Prozent leichter als eine Heckklappe. Diese merkliche Entlastung wirkt sich wiederum positiv auf die Lebensdauer der Maschine und auf die Haltbarkeit der Presse aus. Mit dieser ISOBUS-kompatiblen Presse kann man laut Hersteller weit mehr als 70 Ballen pro Stunde pressen. Eine weitere Besonderheit dieser Maschine: Die Traktor-Ballenpressen-Automatisierung (TBA) ist eine Lösung, welche sich zur Automatisierung aller Abläufe die ISOBUS-Technologie zunutze macht. Sensoren in der Ballenpresse signalisieren dem Traktor, dass die Kammer gefüllt ist. Hierauf stoppt der Antrieb automatisch den Traktor. Der Bindevorgang und der Ballenauswurf werden gestartet, und das System teilt dem Fahrer mit, sobald er wieder weiterfahren kann. Insbesondere unerfahrene Bediener sollen mit diesem System ihre Produktivität bedeutend steigern können, indem sie Leerlaufzeiten vermeiden und sich mehr auf die Lenkung und Einstellung der richtigen Geschwindigkeit konzentrieren.

Die Großpackenpresse von John Deere verarbeitet ganz leichte Grasschwaden oder sperrige Strohschwaden in gleichmäßig befüllte Ballenpakete, knallhart gepresste und tadellos geformte Großpacken.
(Foto: © John Deere)

BALLENPRESSEN

KRONE

Eine Maschine mit einem neuartigen Zufuhrsystem präsentierte Krone auf der letzten Agritechnica mit einer Vorserienmaschine des Modells „Ultima“. Die Ultima ist weltweit die erste Press-Wickelkombination, die während der Netzbindung und Ballenübergabe weiterfahren und Erntegut aufnehmen kann. Sie verfügt über die gleiche semivariable Presskammer wie die bereits erwähnte Comprima. Der Nonstopeinsatz wird durch eine Vorpresskammer ermöglicht, die das Erntegut während der Binde- und Ballenübergabephase sammelt und vorverdichtet. Diese Vorpresskammer wird durch zwei keilförmig angeordnete Förderbänder begrenzt, zwischen denen auch während des normalen Pressvorgangs das Erntegut vorverdichtet und in einer gleichmäßigen Schicht in die Presskammer weiterbefördert wird. Die Anzahl der gepressten Ballen pro Stunde erhöht sich durch die Vorpresskammer laut Krone im Vergleich zu bekannten Rundballen-Press-Wickelverfahren um bis zu 50 Prozent. Bei zusätzlicher Verwendung des Tractor-Implement-Managements (TIM) wird der Fahrer entlastet. Die Maschine regelt dabei die Fahrgeschwindigkeit des Traktors. Das TIM kann die Traktorfahrgeschwindigkeit über die Auslastung der Maschine regeln. Die Presse wird trotz maximaler Auslastung nicht „überfüttert „Ein störungsfreier Ablauf bei höchster Pressdichte und Leistung ist laut Krone dank TIM kontinuierlich gewährleistet.

Mit einer variablen Ballenkammer kann der Fahrer den gewünschten Ballendurchmesser am Bedienterminal in der Traktorkabine stufenlos von 1,00 m bis 1,50 m, 1,80 m oder 2,05 m verstellen. Die kleineren Ballen werden vielfach in Grassilage, die größeren in Heu und Stroh bevorzugt. Je nach Erntegut lässt sich die Pressdichte im Kernbereich des Ballens reduzieren, ideal zur Auslüftung von Heuballen. (Foto: © Krone)

Die Krone Ultima ist die erste und bislang einzige Rundballen-Press-Wickelkombination, die zur Ballenübergabe nicht anhalten muss. Während der Fahrt öffnet sich die Presskammer und der Ballen fällt auf den Wickeltisch. (Foto: © Krone)

Die Plattform vom BaleCollect hat eine Aufnahmekapazität von bis zu drei Ballen bei einer Kanalbreite von 120 cm oder bis zu fünf Ballen bei einer Kanalbreite von 80 cm. Sobald die Ballen den Presskanal verlassen haben, werden sie vom Querschieber nach rechts oder links geschoben, sodass der Weg für den nächsten Ballen frei ist. Ist der eingestellte Ablagemodus erreicht, werden die Ballen automatisch vom Abschieber von der Plattform geschoben. (Foto: © Krone)

Die Press-Wickel-Kombinationen CF und CV sind serienmäßig, die Pressen F und V optional mit Tandemachse ausgerüstet. Im Vergleich zur Einzelachse sind sie tragfähiger, haben einen ruhigeren Lauf und eine bessere Straßenlage. Dank ihrer größeren Aufstandsfläche schonen sie den Boden und verursachen weniger Spuren. Eine Druckluftbremsanlage gehört sowohl bei der Einzel- als auch bei der Tandemachse zur Grundausrüstung. Exportmaschinen können auch mit einer Hydraulikbremse ausgestattet werden. (Foto: © Krone)

HÄCKSLER

Wohin mit dem Mais oder der Grasschwad? Der Verwendungszweck entscheidet über die Schnittlänge: Zur Verwendung in Biogasanlagen sollten die Schnipsel vier bis sieben Millimeter lang sein. In der Bullenmast sind ungefähr zehn Millimeter die richtige Größe, bei der Milchviehhaltung dürfen es bis fast 20 Millimeter sein, bei der Silage kann er noch mehr Länge aufweisen. Daher werden oft zwei Maschinen eingesetzt mit unterschiedlichen Häckseltrommeln und unterschiedlicher Anzahl an Messern auf der Trommel. Beide aber müssen den Mais so weit zerkleinern und aufbereiten, dass er für das Vieh gut verdaulich ist. Ganz billig ist ein Feldhäcksler nicht, meist lohnt sich so eine Maschine nur für Lohnunternehmer und Maschinenringe. Und bei der Anschaffung zählt, wie überall in der modernen Landwirtschaft, die Wirtschaftlichkeit. Die bemisst sich beim Häcksler aber nicht nur nach Verbrauch, Zuverlässigkeit, Servicequalität oder Flächenleistung, sondern auch über die Schnittqualität und die Größe des Häckselguts, denn die differiert je nach Verwendungszweck. Weltweit gibt es nur ein halbes Dutzend Anbieter für solche Spezialmaschinen. Und diese stellen wir hier vor.

Feldhäcksler sind Nischenprodukte, mehr als 2500 Fahrzeuge werden weltweit nicht abgesetzt. (Foto: © Maschinenfabrik Bernard Krone)

In Zusammenarbeit mit LTS (Landtechnik Schönebeck) entstand der Gigant 400, der zwischen 1996 und 1999 von Deutz-Fahr verkauft wurde.. (Foto: © Späth Chr., PD)

John Deere Modell 7800, mit Allrad und 660 PS. (Foto: © Flominator, cc-by-sa 3.0)

Die FR Feldhäcksler mussten für die Unterbringung der Motoren mit Tier4f-Spezifikationen stark überarbeitet werden, was sich an der Heckpartie zeigte. (Foto: © NH Agriculture)

Deutschland ist der größte Markt für Feldhäcksler, und Claas ist Marktführer: Gegenwärtig bieten die Harsewinkler zwei Baureihen mit zehn Maschinen an. Die Auswurfkrümmer sind bei beiden Maschinen auf maximal 7,5 bzw. 9 m verlängerbar. (Foto: © Claas)

Die Baureihe Jaguar 980–930 umfasst das Leistungsspektrum von 462 bis 884 PS und ist mit Motoren von MAN oder Mercedes-Benz bestückt. Der wichtigste Unterschied zur kleineren Baureihe Jaguar 840–870 besteht im neuen Vorsatzantrieb. (Foto: © Claas)

HÄCKSLER

CLAAS

Der Landtechnik-Spezialist aus Harsewinkel brachte 1973 mit dem JAGUAR 60 SF den ersten leistungsfähigen selbstfahrenden Feldhäcksler. Der kombinierte einen 120 PS starken Mähdrescher mit einer gezogenen Jaguar-Häckselmaschine (die hatte ein zweireihiges Maisgebiss und einen Pick-Up-Vorsatz), beides konnte übernommen werden. Die nächste Entwicklungsstufe bot dann eine wesentlich breitere Häckseltrommel mit einer Trennmöglichkeit von Einzug- und Trommelgehäuse sowie neuem Wurfgebläse. Das Maisgebiss erhielt Tastbügel und konnte damit die Reihen abtasten, die Informationen sorgten dann für automatische Lenkkorrekturen. Die Motorleistung stieg auf über 210 PS, die Arbeitsbreite auf 3,30 Meter, während das Maisgebiss vierreihig wurde. Um in der Transportstellung eine größere Bodenfreiheit zu bekommen, schwenkten die Erntevorsätze einschließlich Häckselaggregat um die Häckseltrommelachse.

Die 600er Baureihe von 1983 umfasste sechs Typen, hatte ein gefälliges Design und bemerkenswerte Neuereungen wie den optionalen Metalldetektor in der unteren Presswalze, die beiden Walzen zum Zerkleinern der Maiskörner – Corn Cracker – und den Nachbeschleuniger im Auswurfturm. Die neue Kabine stammte von den Mähdreschern, vom Fahrersitz aus ließen sich Erntevorsätze, Häckselaggregat und Krümmerklappe betätigen. Außerdem häckselte der Jaguar nun sechsreihig. Durch hochklappbare Seitenteile blieb es bei der maximal zulässigen Transportbreite von drei Metern. Die knapp 7000 gebauten Maschinen machten Class zum Marktführer in Europa. Ende der 1980er kam dann die SL-Familie mit charakteristischer Kabine und Motorleistungen von 215 bis 354 PS und neuer Häckseltrommel mit ihren vauförmig versetzt angeordneten, halbierten Messern. Neu eingeführt wurden außerdem Erntevorsätze für Ganzpflanzensilage und Lieschkolbenschrot.

Die 800er Baureihe JAGUAR 880, 860, 840, 820 von 1993 hatte dann bis 481 PS und einen quer hinter der jetzigen Zweimann-Kabine platzierten Motor. Diese Anordnung bot viele Vorteile und und wurde von der Konkurrenz weidlich kopiert. Achtreihige Maisgebisse waren jetzt möglich.

Die Jahrtausendwende brachte die 900er Jaguare, hier waren wichtige Funktionen über ein Terminal zu steuern. Außerdem gab es erstmals eine 40-km/h-Ausführung. Für die neue Familie gab es erstmals auch reihenunabhängige Maisgebisse und ein Schneidwerk zur Ganzpflanzensilage. Inzwischen sind fast 20 Jahre vergangen. Die Jaguar-Serie gibt es, natürlich ständige weiterentwicklet, leistungsfähiger und verbessert, nach wie vor, und Claas ist führend in Sachen Feldhäcksler. Gegenwärtig bauen die Harsewinkler die 900er Serie und die kleinere 800er Serie in zehn verschiedene Grundausführungen, was angesichts der weltweiten Absatzzahlen – der Markt nimmt pro Jahr und 2500 Feldhäcksler auf – recht üppig wirkt. »Was bringt diese Modellvielfalt dem Kunden?«, fragte die Zeitschrift top agrar im Juli-Heft 2015 und suchte nach Unterschieden: In Leistung, Durchsatz und Verbrauch lagen beide gleichauf. Unterschiede fanden sich in den Häckseltrommeln, den Schnittlängengetrieben, dem Auswurfbeschleuniger und natürlich dem Preis.

Ein Unimog der Baureihe 406 zieht einen Häcksler der Firma Speiser. Die Maschine hieß »Jaguar«, und als Claas 1970 die Firma übernahm, tat sie das auch mit dem Namen. (Foto: © Daimler AG)

HÄCKSLER

FENDT

Mais gehört zu den wichtigsten Kulturpflanzen überhaupt, fast eine Milliarde Tonnen wird weltweit geerntet, das ist mehr als an Getreide oder Reis erzeugt wird. Schon vor 6000 Jahren wurde die Pflanze kultiviert, laut dem Schöpfungsmythos von Inkas und Mayas entwuchs der erste Mensch aus einer Maispflanze. Christoph Kolumbus brachte ihn nach Europa. Mais wuchs schneller als Hirse, war problemlos zu lagern und einfach in der Verarbeitung. Mais ist heute fester Bestandteil der Fruchtfolge, die Maissilage dient als Futtermasse und wird auch in der Biomasse-Erzeugung eingesetzt. Das hat auch in Deutschland zu einer rapiden Zunahme der Maisanbaufläche geführt, Ende 2017 betrug die Anbaufläche von Körnermais 432.00 ha bei einer Gesamtanbaufläche – inklusive Silomais – von 2.527.900 ha. Zum Vergleich: 1960 wurden rund 6000 Hektar Körnermais angebaut.

Deutschland ist der wichtigste Abnehmer für Feldhäcksler, rund 500 Stück werden pro Jahr ausgeliefert, das entspricht einem Fünftel der Gesamtproduktion weltweit. Diesen Nischenmarkt teilen sich insgesamt fünf Hersteller – Claas, Fendt, John Deere, Krone, NH – , wobei Claas mit seinen Jaguar-Baureihen der größte ist. Fendt setzt diesen seit 2010 die Katana-Serie entgegen, wobei da die strategischen Überlegungen von AGCO den Ausschlag gaben: Der weltweiten Nummer drei in der Landtechnik-Branche fehlte ein Feldhäcksler im Portfolio: »Deshalb haben wir uns an die Arbeit gemacht«, so der Fendt-Entwicklungschef später, und » … ein strategisches Konzept erstellt und Mitarbeiter mit dem entsprechenden Know-how gesucht.« Dabei hatte nur ein Ingenieur Erfahrungen mit der Häckslerentwicklung. Dafür aber war der Erstling erstaunlich gelungen.

Die Katana-65-Nullserie hat im Spätsommer 2011 das Werk in Hohenmölsen verlassen, zu dem Zeitpunkt sorgte ein (längs eingebauter) 16-Liter-V8 von Mercedes-Benz OM 502 (gebaut bei MTU) für Vortrieb. Hervorragend gelungen waren das Design und die praxistaugliche Bedienung mit dem schon in den Traktoren hoch gelobten Vario-Bedienkonzept, ebenso die serienmäßige Hinterachsen-Federung. Beachtlichen Durchsatz versprach die große Häckseltrommel mit gewaltigem Durchmesser von 720 mm, auch der Corn Cracker war eine Neuentwicklung und daher noch ein wenig problembehaftet. Dennoch fiel das Fazit nach dem ersten großen Test im Fachblatt profi 2015 wohlwollend aus: »Nach unseren Erfahrungen … macht das Grundkonzept einen durchdachten, soliden und stabilen Eindruck. … Natürlich darf man vier Jahre nach der Erstvorstellung noch nicht erwarten, dass die Maschine schon mit allen heute möglichen Ausstattungsraffinessen wie automatische Anhänger-Befüllung oder Schnittlängen-Automatik ausgestattet werden kann. Aber für den Fahrer bietet die Kabine … einen erstklassigen Arbeitsplatz.« Zur Agritechnica 2013 stellte Fendt seinem Feldhäcksler Katana 65 mit dem Typ 85 einen größere Ausführung mit 850 PS zur Seite.

Feldhäcksler heißen bei Fendt Katana, der Name stammt vom japanischen Samurai-Schwert und soll höchste Präzision und Schärfe symbolisieren. Fendt hat erst 2011 mit dem Bau von Feldhäckslern begonnen und baut sie weltweit für Konzernmutter AGCO. (Foto: © AGCO)

Das Gewicht der Maschine ohne Vorsatz liegt zwischen 15,2 und 17,8 Tonnen.(Foto: © AGCO)

Die Fendt Katana haben Allradantrieb. An der Vorderachse mit Einzelradmotoren gibt es eine Antischlupf-Regelung, hinten treibt ein Hydraulikmotor mit automatischer Differentialsperre beide Hinterräder. Beim Katana 85 ist der Fahrantrieb stärker. (Foto: © AGCO)

Der Katana 65 hat eine Maximalleistung von 625 PS, der Katana 85 von 850 PS. Bei beiden ist die Drehzahl des Vorsatzes dank hydrostatischem Antrieb unabhängig regelbar; Häckseltrommel, V-Cracker und Wurfgebläse werden über einen Riemen angetrieben. (Foto: © AGCO)

Zu den großen Vorteilen eines John Deere gehören der hohe Kabinenkomfort mit guter Schallisolierung und Klimaanlage sowie die vorbildliche Ergonomie. Außerdem gelten die Motoren als sehr elastisch. (Foto: © John Deere)

Die 8000er Serie von John Deere umfasst aktuell acht Maschinen und deckt ein Leistungsspektrum von 380 bis 843 PS ab. Die Maisvorsätze und Pickup zur Ganzsilage baut Kemper in Stadtlohn für John Deere. Das Unternehmen gehört seit 1998 zum US-Konzern. Je nach Vorbaugerät muss das Heck aber ballastiert werden. (Foto: © John Deere)

Schon bei den 7000ern (hier ein 7800) konnten die Bediener während der Fahrt die Güte des Häckselguts bestimmen, während der Häcksler mit AutoTrac durch den Bestand fuhr.
(Foto: © Flominator, cc-by-sa 3.0)

JOHN DEERE

Für John-Deere-Fans – und davon gibt es viele – ist keine Frage: Der erste echte und taugliche Maishäcksler hat den springenden Hirsch im Wappen und erschien 1966. Dieser Typ 34 hatte eine Sechs-Messer-Trommel mit Schneidewerk. Neben einer Grasaufnahme konnte er auch mit einem Mähbalken oder einem ein- oder zweireihigen Maispflücker ausgestattet werden.

Es folgten diverse gezogene Erntemaschinen, die auch auf die höheren europäischen Anforderungen ausgelegt waren. Das spätere Modell 25 mit Seitenauswurf erschien 1971, der erste Selbstfahrer kam dann 1972. Zum Marktstart präsentierte John Deere zwei Baureihen, nämlich die Typen 5200 und 5400, zu versehen mit dreireihigem Maisvorsatz oder Pick-up. Eine geschlossene Kabine war optional. Fünf Jahre später kamen die überarbeiteten Maschinen der Serien 5440 und 5460 mit elektronischer Kupplung für die Zuführwalzen und Frontend. Für den europäischen Markt begann die Produktion einer weiteren Ausführung – 5420 – im französischen Werk Senonches.

1981 wurden die Selbstfahrer mit den für die Traktoren entwickelten SoundGard-Fahrerhäusern ausgestattet; diese Kabine wurde zum Standard bei so ziemlich jeder Maschine von John Deere. Die ersten Häcksler mit dieser gut schallgedämmten Hütte waren die Modelle 5720 und 5820. Diese Maisernter hatten aber nicht nur die Kabine mit der typischen gewölbten Windschutzscheibe, sondern auch die neue Vielmesser-Trommel Dura Drum. Außerdem hatte die neue Generation erheblich an Pferdestärken zugelegt, so dass nun tatsächlich auch ein sechsreihiges Maisschneidewerk angebaut werden konnte. Die weiterentwickelten Maschinen 5730 und 5830 kamen Mitte der 1980er Jahre auf den Markt, besonders bemerkenswert durch den ersten Kernel-Prozessor von Deere. Dieser patentierte Scheibencracker erhöhte den Durchsatz deutlich. Allerdings gab es anfangs Probleme mit der Beschickung und dem Gutfluss, weil die unter der Kabine platzierte Förderschnecke leicht verstopfte, und sie wieder freizuräumen dauerte ewig.

Der nächste große Entwicklungssprung erfolgte 1992 in Gestalt der extrem leistungsfähigen Baureihe 6000; in diesem Jahr lief die Produktion im Werk Zweibrücken an. Kennzeichen der neuen Baureihe waren der verbesserte Einzug, der Schnellwechselmechanismus für den Kernel-Prozessor, ein verbesserter Metalldetektor und ein neues Fahrerhaus. Die Motoren stammten für die kleineren Typen 6610 und 6710 von John Deere, bei den Topmodellen 6810 und 6910 von Cummins. Das Leistungsspektrum reichte von 250 bis zuletzt 445 PS. Im Grunde genommen stellten diese Maschinen die ersten echten neuen Feldhäcksler seit den Siebzigern dar, ein Zeitzeuge: »Sie waren radikal anders als vorher – auch von den Abmessungen her viel größer.« Die verbesserte Baureihe 6050 kam 1998 auf den Markt, ein Jahr nachdem John Deere die Firma Kemper gekauft hatte, den Weltmarktführer in Sachen Schneidwerke. Die neue Familie bestand aus den Typen 6650 (280 PS), 6750 (365 PS), 6850 (440 PS) und 6950 (505 PS). Bis auf den 6950 hatten alle John-Deere-Motoren. Die vierköpfige Baureihe 7000 stand zwischen 2003 und 2015 im Angebot, inzwischen wird die Serie 8000 vermarktet.

Die mit den 8000ern eingeführte Befüllungsautomatik funktioniert selbst bei Nacht. (Foto: © John Deere)

HÄCKSLER

KRONE

Führend in Sachen Feldhäcksler ist die Firma Krone, die im Mai 2000 ihren ersten BiG X vorstellte, die Spitzenbaureihe. Der neue Big X war eine Maschine der Superlative und bot zahlreiche Features, welche die Konkurrenz unter Zugzwang setzte, wie etwa eine Transportgeschwindigkeit von 40 km/h, der hydrostatische, stufenlose Fahrantrieb und die sechs Vorpresswalzen. Die Einstellung der Häcksellänge erfolgte entweder durch den Trommeltausch oder eine Halbierung des Messersatzes.
2010 folgte dann die neue BiG X-Generation, auf den ersten Blick zu erkennen an der neuen Kabine. Die Motortechnik stammte von MAN, die Common-Rail-Diesel deckten Häckseldauerleistungen von 670 bis 1031 PS ab. Es gab zwei verschiedene Fahrleistungsmodi, je nach Einsatzweck: Der sogenannte EcoPower-Modus versprach löbliche Zurückhaltung in Sachen Verbrauch durch Leistungszurücknahme bei leichteren Arbeiten wie etwa der Grasernte, war schweres Ackern angesagt, etwa auf dem Maisfeld oder bei der Holzernte, stand dann volle Leistung zur Verfügung. Und die erst im Vorjahr auf der Agritechnica 2009 preisgekrönte VariStream-Gutfluss-Technik war sowieso mit an Bord. Sechs Vorpresswalzen erhöhten die Vorpressung, die Böden unter Häckseltrommel und Wurfbeschleuniger waren gefedert für, so der Hersteller, »verstopfungsfreies kontinuierliches Arbeiten – auch bei ungleichmäßiger Gutzufuhr.« Spätere Tests bewiesen, dass Krone da nicht zu viel versprochen hatte. Die Häckseltrommel hatte einen Durchmesser von 660 mm bei einer Breite von 800 mm, wobei je nach Durchsatzleistung drei Häckseltrommeln mit V-förmig angeordneten Messern – 20, 28 und 40 Messer für Biogas – zur Verfügung standen.
Die Maisgebisse stehen in vier Arbeitsbreiten von sechs bis 10,5 Metern mit serienmäßig automatischer Häcksellängenregelung zur Verfügung. Diese reguliert automatisch, abhängig vom Reifegrad der Maispflanze, die ideale Häcksellänge und bestmögliche Futterstruktur.
Für den Einsatz in Gras gibt es zwei Vorsätze mit drei und 3,8 Metern Breite, das Direktschneidwerk verfügt über eine Arbeitsbreite von 6,2 Metern, und nicht zuletzt steht auch ein Holzschneidwerk für Stammdicken von bis zu 150 mm zur Verfügung.
In den folgenden Jahren hat Krone seine Feldhäcksler-Baureihen stetig weiterentwickelt. Besonders bemerkenswert waren die Neuerungen zur Agritechica 2017, als die Häcksler mit einer um 70 Zentimeter liftbaren Kabine vorgestellt wurden: »Häcksler mit Aussicht«, kommentierte das dlz aragarmagazin trocken, lobte die neue, außerordentlich übersichtliche Kabine mit den weit nach hinten gezogenen A-Säulen für die vorzügliche Übersicht nach vorne. Außerdem hat Krone den Motorlieferanten gewechselt und bezog seine Kraftwerke nun von Liebherr, und die Einstellung der Häcksellänge war nun, dank eines stufenlosen Riemengetriebes, innerhalb von fünf Minuten zu erledigen: »Sehr vielfältig sind die Möglichkeiten, Häckseltrommel und Korncracker auf die unterschiedlichen Ansprüche anpassen zu können — OptiMaize heißt hier die Strategie bei Krone. Am meisten beeindruckt hat uns jedoch die neue Kabine mit Liftfunktion.«, so die Crew des Landtechnik-Magazins profi.

Die Maschinenfabrik bietet inzwischen zwei Baureihen mit 490 bis 1100 PS Leistung und Häckseltrommeln von 20 bis 48 Messer an. (Foto: © Maschinenfabrik Bernard Krone)

Die Maschinenfabrik hat schon Mitte der 1920er Jahre Strohschneider, Rübenschneider, Strohhäcksler, Düngerstreuer oder Kartoffelsortierer und Weidetränken hergestellt. Der erste selbstfahrende Großflächenmäher hieß BiG M, er wurde 1996 vorgestellt, der erste Feldhäcksler BiG X kam dann im Mai 2000, der BiG X 1000 im Jahre 2005.
(Foto: © Maschinenfabrik Bernard Krone)

Zur Aufnahme ungleichmäßiger Grasschwaden (die sind ein Problem, weil dann Fahr- und Arbeitsgeschwindigkeit leiden und der Häcksler leicht »zufährt«, also verstopft) hat Krone das VariStream entwickelt. Funktioniert richtig gut, urteilten die Tester später, und auf der Agritechnika gab's dafür eine Medaille. (Foto: © Maschinenfabrik Bernard Krone)

2011 brachte Krone das weiter entwickelte Pickup »Easy Flow« auf den Markt – noch immer drei Meter breit, pendelnd aufgehängt und mit ungesteuerten Zinken in sechs Reihen, aber neuem Rollenniederhalter mit Einstellspindeln. (Foto: © Maschinenfabrik Bernard Krone)

Die letzten Vertreter der FX-Serie (2003–07) hatten Iveco- oder Caterpillar-Motoren, die Ablösung in Gestalt der FR-Serie erschien 2006 und wurde mehrfach ausgezeichnet. (Foto: © New Holland Agriculture)

Die Erntetechnikspezialisten aus Zedelgem hatten im Dezember 2012 eine erste grundlegende Überarbeitung der FR-Reihe vorgenommen und 2015 eine weitere folgen lassen, wobei die jeweils aktuellen Emissionsbestimmungen berücksichtigt wurden. Überarbeitet wurde auch das Design. Die FR-Baureihe besteht aus den fünf Modellen FR920–FR480. (Foto: © New Holland Agriculture)

Der New Holland 2205 ist ein Vertreter jener Häcksler-Generation, die zwischen 1979 und 1995 gebaut und durch die FX5-Serie abgelöst wurde. (Foto: © New Holland Agriculture)

NEW HOLLAND

Zu den fünf großen Herstellern von Feldhäckslern gehört auch New Holland, doch dieses Unternehmen war, ebensowenig wie John Deere, nicht der Erfinder des selbstfahrenden Feldhäckslers: Der wurde 1947 in Kansas zu Versuchszwecken gebaut, seine Flächenleistung lag angeblich bei 30 t/h. Allerdings setzte sich diese teure Maschine nicht durch, die Maisanbauflächen waren nicht so groß, als dass sich der Maschineneinsatz gerechnet hätte. Daher dominierten bis in die Siebziger hinein die gezogenen Häcksler.

New Holland und die Firma Fox waren die erfolgreichsten auf diesem Markt, und der NH-Häcksler bildete die Basis für den SP 818. Damit hatte, so der Hersteller 50 Jahre später, »der Pioniergeist und Innovationsgeist, der New Holland immer prägte«, eine revolutionäre Maschine hervorgebracht, welche »Produktivität, Qualität, Effizienz, Sicherheit und Fahrkomfort« steigerte.

Dem ersten SP folgte 1968 der stärkere Modell 1880. Sieben Jahre später kam der 1890, und der 1895 von 1977 war nicht nur ein weiteres Mal stärker geworden, sondern auch der erste Feldhäcksler mit einer bemerkenswerten Innovation: In der Tat waren NH-Feldhäcksler die ersten mit Metalldetektor zum Erkennen und Auswerfen von Metallgegenständen aus dem Futter; die ersten mit Schneidwerkregulierung und Nachschärfung des Messers (1987); der automatischen Anpassung des Gebläses entsprechend des Gutflusses mit dem FX5 (1995), der Anpassung von Motordrehzahl und Fahrgeschwindigkeit entsprechend der Beladung, der kameragestützten Automatik zur Befüllung des Anhängers, Touchscreen-Steuerung und dergleichen mehr. Die FX-Reihe lief bis 2007 und wurde dann durch die FR-Familie ersetzt. Die FR-Reihe bestand aus fünf Modellen und wies einige bemerkenswerte Neuerungen auf, die wohlklingende (und als Wortmarke geschützte) Namen trugen wie »HydroLoc«, »MetaLoc« oder »Variflow«. Mit diesem System katapultierte sich NH in die erste Liga unter den Feldhäcksler-Anbietern und sammelte erstmals die renommiertesten Branchenauszeichnungen ein. Die bislang letzte große Überarbeitung mit neuem Häckselaggregat, neuem Wurfgebläse, neuem Grasvorsatz mit fünfter Zinkenleiste mit Stützrad und schlauerem Bedienkonzept folgte 2015, die Motorleistung lag bei 824 PS. Natürlich wurden die jeweils aktuellsten Emissions-Standards erfüllt.

Topmodell ist der FR920 mit maximal 911 PS und 20-l-Motor. Er ersetzte den FR850, doch die zusätzliche Muskelmasse erforderte die Neuauslegung einiger Komponenten (Foto: © New Holland Agriculture)

HÄCKSLER

ROSTSELMASH

Feldhäcksler von Rostselmash sind auf westeuropäischen Feldern noch unbekannt. Mit Verpflichtung eines neuen Generalimporteuers 2014 sollte sich das aber ändern. Die Firma am Don, die auf 1,2 Millionen Quadratmetern rund 5000 Landmaschinen produziert, hatte natürlich auch Feldhäcksler zu bieten, die zum Zeitpunkt des Importbeginns rund zehn Prozent der Produktion ausmachten. Im ersten Test, veröffentlicht im Dezemberheft des Fachblattes *Profi*, zeigte sich der Test durchaus angetan: Für 210.000 Euro erhielt der Käufer mit dem RSM 1403 eine Maschine, die über eine erstaunlich komplette Ausstattung verfügte, welche bei der Konkurrenz teuer bezahlt werden wollte. Bei den Pluspunkten stand dann, wenig überraschend, der Preis an oberster Stelle. Und das schien nicht zu Lasten der Technik gegangen zu sein: MTU-Motoren, MAN-Filter, SKF Lager, Antriebstechnik und Achsen von ZF – die Russen kauften dort ein, wo auch die Mitbewerber orderten. Außerdem, und auch das eine Überraschung: Rostselmash spendierte seinem Häcksler ein Kemper-Gebiss, Kamera und Zentralschmierungssystem.

Alles gut also bei Rostselmash? Fast. Natürlich leistete sich auch der russische Feldhäcksler einige Schwächen. Das Fachblatt listete Kritikpunkte wie »Kabine, Crackerzugang und -wechsel, nur vier Schnittlängen« ebenso auf wie es die »kleine Bereifung« aus russsicher Produktion bemängelte. Auch die Tatsache, dass die Allrad-Achse von ZF noch nicht zur Verfügung stand, wurde erwähnt. Alles in allem aber ein wohlwollendes Fazit, denn: »Der Rostselmash RSM 1403 ist ein Feldhäcksler, dessen technische Details zum Teil mit westlicher Technik vergleichbar sind.« Doch »ob die Maschinen den harten Einsatzbedingungen standhalten können, muss der Praxisalltag beweisen.«

MOTOREN VON DER ROLLS-ROYCE-TOCHTER

Rolls-Royce hatte Ende 2013 einen Auftrag über die Lieferung von 400 MTU-Motoren an Rostselmash erhalten. Die Reihenmotoren des Typs 6R 460, die auf Mercedes-Benz-Konstruktionen basierten – MTU hatte lange zu Daimler-Benz gehört – deckten das Leistungsspektrum von 400 und 510 PS ab. Damit ausgerüstet wurden, neben dem Mähdrescher Torum auch der Feldhäcksler RSM 1401. Daher war es auch keine Überraschung, dass die gültigen Abgasrichtwerte erfüllt werden konnten.

DIE ERSTEN ROSTSELMASH LAUFEN IN THÜRINGEN

Die ersten RSM wurden im März 2018 übergeben. Ende September 2017 hatte Rostselmash seinen ersten eigenen Standort in Deutschland in Melle-Riemsloh eröffnet, nicht zuletzt, um von dort aus auch den westeuropäischen Markt zu erobern. Erster Kunde war die Agrar GmbH Oldisleben, die die Schlüssel für mehrere Maschinen übernahm. Das Unternehmen hatte bei der Agritechnica die Maschinen – Mähdrescher RSM 161 und Torum 770 mit Raupenlaufwerk, zwei Feldhäcksler RSM 1403 und der Raupenschlepper Versatile Deltatrac 620 – bestellt.

Im Gegensatz zu anderen osteuropäischen Herstellern produziert man am Don lediglich den Rumpf und alles was dazu gehört selbst. Für alle Nebenaggregate kommen jedoch ausschließlich Komponenten westeuropäischer Zulieferer zum Einsatz. (Foto: © Rostselmash)

RSM 1403

DÜNGEMASCHINEN

In jedem Frühjahr werden wir daran erinnert, dass die Landwirtschaft nicht nur positive Seiten hat, zumindest wenn wir uns in der Nähe von Feldern aufhalten, in denen gerade Gülle ausgebracht wird. Doch so anrüchig das Thema auch sein mag: Wir reden hier von einem wertvollen Rohstoff, der das Pflanzenwachstum anregt.

Es gibt aber noch andere Arten von Düngern und Wachstumshilfen für Pflanzen, und je nachdem auf welchen Böden diese wachsen und welche Frucht angebaut wird, erfordert deren Ausbringung andere Geräte. Und die werden von hoch spezialisierten Herstellern entwickelt, gebaut und verkauft. Dabei werden Selbstfahrer, wie sie bei Großbetrieben und Lohnunternehmern zu finden sind, eine ebensolche Rolle spielen wie Streuer, die bei kleineren Betrieben in Form von gezogenen, an- oder aufgebauten Geräten vorhanden sind: Die Vielfalt der Maschinen und die Unterschiede in der Technik sind auf jeden Fall unglaublich.

Alle Jahre wieder wird Gülle ausgebracht. Das riecht zwar nicht gut, ist aber ungeheuer wichtig. Feldspritzen wie dieser Rogator 366 sind vielfach einsetzbar. (Foto: © AGCO)

Auch bei der Düngung kommt es auf Effizienz und Schlagzahl an. Für größere Flächen sind Zweischeibendüngerstreuer mit vollautomatischer, elektronischer Düngerdurchflussmessung und -regulierung vorgesehen. Ein solcher Großflächenstreuer hat eine maximale Düngernutzlast von über 8100 Litern. (Foto: © Rauch Landmaschinenfabrik GmbH)

Die Amazonen-Werke sind, anders als viele andere Hersteller, sehr traditionsbewusst. 2017 wurde 100 Jahre Düngetechnik gefeiert, und zum Jubiläum wurden einige Meilensteine der Düngerstreuer-Fertigung des Hauses vorgeführt. (Foto: © Amazonen-Werke)

Zunächst 1996 vorgestellt, entwickelte sich der Zweischeiben-Düngerstreuer ZA-M zum bis heute meistverkauften Streuer des Herstellers. Neben der Standardausführung des ZA-M gab es den ZA-M Profis als Wiegestreuer und den ZA-M Hydro mit hydraulischem Antrieb, dazu zahlreiche Behältervarianten von 1000 (Bild) bis 3000 l und Streubreiten bis 36 Meter. Hier zu sehen ist der 2007er ZA-M mit dem Safety-Set, bestehend aus umlaufendem Schutzbügel und großer Beleuchtungsanlage. (Foto: © Amazonen-Werke)

DÜNGEMASCHINEN

Der erste Zweischeiben-Düngerstreuer ZA erschien 1958, der ZA-S von 1965 hatte einen vergrößerten Behälter und einen verstärkten Rahmen. Er erreichte eine Arbeitsbreite von 12 m und hatte einen Behälterinhalt von 400 l oder 600 l. (Foto: © Amazonen-Werke)

Als erste Streuer mit dem innovativen TS-Streuwerk stellte Amazone auf der Agritechnica 2011 die Großflächenstreuer ZG-TS mit integrierter Grenzstreueinrichtung AutoTS vor. (Foto: © Amazonen-Werke)

AMAZONE

Die Amazonen-Werke in Gaste sind die älteste, sich durchgängig in Familienbesitz befindliche Landmaschinenfabrik in Deutschland. Das Unternehmen produziert heute verschiedene Land- und Kommunalmaschinen an sechs Fertigungsstandorten und beschäftigt rund 1800 Mitarbeiter.

Nachdem bereits drei Generationen von Familienmitgliedern vor ihm einen Stellmacherbetrieb geführt hatten, gründete Heinrich Dreyer im Mai 1883 in Gaste sein Unternehmen. Hier begann er zunächst mit der Serienproduktion von Getreidereinigungsmaschinen, denen er den Namen »Amazone« gab, benannt nach den Kriegerinnen der griechischen Mythologie: Seine Maschinen nämlich sollten gleichermaßen schön und stark sein.

Die Amazonen gewannen schnell an Beliebtheit im In- und Ausland: bereits 1906 exportierte Heinrich Dreyer die erste Maschine nach Chile. Nach diesem Erfolg brachte Heinrich Dreyer bald (1910) auch den Kartoffelsortierer »Federkraft« und den Kastendüngerstreuer »Michel« (1915) auf den Markt. Später ergänzten auch Kartoffelerntemaschinen (1942), Sämaschinen (1949) und Stalldungstreuer (1959) den Markt. In jenem Jahr stieg das Unternehmen auch in die Bodenbearbeitung ein. Seit 2014 gehören auch Pflüge zum Fertigungsprogramm, das Portfolio umfasst Dünge- und Sätechnik, Maschinen für die aktive und passive Bodenbearbeitung, Pflanzenschutzspritzen und Maschinen für Park- und Grünflächenpflege (Landtechnik für den modernen Pflanzenbau). Der Exportanteil liegt bei etwa 80%, die in über 70 verschiedene Länder verkauft werden. Bekannt ist der Betrieb für Innovation, die ihm bisher unter anderem 22 Medaillen auf der Agritechnika einbrachten.

Aktuell interessantestes Modell in der Palette der Düngerstreuer von Amzone sind die ZA-TS-Streuer, die Arbeitsbreiten von bis 54 m aufweisen und bis zu 650 kg Dünger pro Minute ausstreuen können. Dank der allgegenwärtigen Elektronik ist, so die Grundeinstellung vorgenommen wurde (was sehr einfach geht), die Anpassungen an das jeweilige Streugut schnell erledigt. »Überzeugend im Praxiseinsatz«, so das Fazit im Test des *dlz agrarmagazins* vom Januar 2016, der Streuer mit »manueller Einleitsystemverstellung und der Grenzstreueinrichtung Auto-TS, zusammen mit Section Control und GPS-Switch« biete allen möglichen Komfort. Und: »Streubild, Verteilung und Ausbringungsmenge entsprachen immer den Wünschen der Tester.«. Schön und stark – ganz wie sich das Gründer Heinrich Dreyer bei der Namensgebung wohl vorgestellt hatte.

Mit Material des Herstellers

Auf der Agritechnika 2015 präsentierte Amazone seinen Anbaudüngerstreuer ZA-TS mit automatischer Streufächerüberwachung ArgusTwin. Der High-Tech-Streuer war dank der Modulbauweise mit acht verschiedenen Behältergrößen zwischen 1400 l und 4200 l lieferbar. Die Hydro-Versionen haben einen hydraulischen Streuscheibenantrieb. (Foto: © Amazonen-Werke)

DÜNGEMASCHINEN

BOGBALLE

Wenn die Produkte ähnlich sind, muss die Farbe für Unterschiede sorgen: Das dänische Unternehmen Bogballe in der gleichnamigen Stadt (rund 100 km von Flensburg entfernt) zum Beispiel lackiert (oder besser gesagt: beschichtet) seine Düngerstreuer in Blau und bringt damit eine neue Farbe auf das Feld.

Bis 2017 im Besitz der Familie von Gründer Peter Laursen, gehört das 1934 gegründete Unternehmen heute einer dänischen Investmentfirma. Begonnen hat alles mit der Produktion von Gerät für die Geflügelhaltung, Anfang der 1950er kamen die ersten Düngerstreuer dazu, und schon diese trugen das typische Blau. 1964 wurde die erste Halle gebaut, um das Streubild exakt bestimmen zu können, und in dieser Testhalle erhielt Mitte der 1980er der neue Bogballe-Düngestreuer mit Wiegetechnik seinen Feinschliff: Das verhalf den Dänen zu einem gewaltigen Entwicklungsvorsprung und weltweite Aufmerksamkeit. Der Betrieb mit rund 65 Mitarbeitern hält heute auf dem skandinavischen Markt einen Anteil von 95 %, auch wenn Konkurrenten wie Amazone, Vicon (eine Marke von Kvarneland) und Rauch inzwischen ebenfalls Doppelscheiben-Düngerstreuer mit Wiegetechnik anbieten.

Alle Düngerstreuer werden nach wie vor im dänischen Werk gebaut, wiewohl sie in beinahe 100 Länder exportiert werden. Zu den Vorteilen der blauen Dänen-Streuer gehören unter anderem das Streukonzept mit den sich von außen nach innen drehenden Scheiben mit großer Überlappung, die für ein perfektes Streubild auch bei Grenzstreuung sorgt. Zu den weiteren Pluspunkten gehören Streuflügel aus Manganstahl, die intelligente Streumengenregelung zur Vermeidung von Über- und Unterdosierungen sowie, natürlich, die hohe Bedienerfreundlichkeit.

Das sehen auch die Tester so: Bei nahezu allen Vergleichen haben sich die blaugelben Bogballe-Streuer durch hervorragende Ergebnisse bei der Querverteilung in Szene gesetzt, der Bogballe M2W plus zum Beispiel punktete beim Querverteilungstest von *top agrar* durch das beste Streubild mit einer prozentualen Abweichung von nur 3,7 Prozent, was nach dem DLG-Schema ein »sehr gutes« Abschneiden bedeutet.

Das Bogballe-Angebot umfasst gegenwärtig die L-Linie und die M-Linie. Die Basis-Linie hat eine Streubreite von 10 bis 18 Metern und eine Kapazität von 1050 Litern bzw. 1150 Kilogramm. Manche Landwirte halten die Einfüllbreite von 2,10 m für zu gering. (Foto: © Bogballe)

Wie nahezu jeder Streueranbieter auch bietet Bogballe die Möglichkeit, die Streueraufsätze zu wechseln, so muss beim Traktorwechsel nicht gleich auch ein neuer Streuer beschafft werden. Hier ein M 45 Trail 4500 J/JD. (Foto: © Bogballe)

Entscheidend bei der Auswahl des Düngerstreuers ist die elektronische Steuerung der Ausbringmenge, d. h. die möglichst exakte Übereinstimmung zwischen der rein rechnerisch auszubringenden Menge und der Menge, die dann tatsächlich ausgestreut wird. Und so stehen hier, laut Bogballe, »Das größte Flugzeug der Welt und der beste Düngersteuer der Welt.« (Foto: © Bogballe)

Von der M-Baureihe gibt es gegenwärtig sieben Ausführungen. Allen gemeinsam ist die Streubreite von 10 bis 42 Metern und eine Kapazität von 1050 Litern bzw. 1150 Kilogramm. Im Bild ein M35W plus 3450 L. 1988 hat Bogballe eine Wiegetechnik eingeführt, bei der das Gewicht des tatsächlichen Trichterinhalts kontinuierlich überwacht wird. (Foto: © Bogballe)

Das dänische Unternehmen baut ausschließlich Streuer für Dünger und Salz. Dank der Onlineverwiegung können auch Dünger mit wechselnden Fließeigenschaften und Dichteschwankungen problemlos ausgebracht und ausgeglichen werden, auch an Hanglagen. Oft gelobt werden Verarbeitung – V2a-Stahl, Pulverbeschichtung –, Streubild und die Genauigkeit beim Grenzstreuen. (Foto: © Bogballe)

Im Jahr 1984 produzierte die Firma Kurstjens den ersten Dreiachser als Zugmittel; das erste TerraGator-Chassis mit Gülleaufbau wurde drei Jahre später in Holland verkauft, 1991 ging der erste TerraGator in die ehemalige DDR. (Foto: © LutzBruno, PD)

Der erste selbstfahrende TerraGator, ein 1253, kam 1973. Das war der erste 3-Rad-Selbstfahrer mit Hochflotationsreifen. Der verbesserte 1603 von 1979 verhalf dieser Bauart dann zum Durchbruch. Hier im Bild sehen wir einen seiner Nachfolger, den TG9300 von 2011 als Spitzenmodell der Modellpalette, der bis zu 459 PS bei 1400 Touren leistet. (Foto: © AGCO)

Die RoGator Serie 600C, so der Hersteller, wurde in Europa für europäische Einsatzbedingungen entwickelt und gebaut. Hier eine Selbstfahrspritze 655C, 2010. (Foto: © bdk, cc-by-sa 3.0)

CHALLENGER / TERRAGATOR

Challenger baute und lieferte seine drei- und vierrädrigen Selbstfahrer für alle möglichen Anwendungen bis 2014 in Europa, überlässt aber diesen Markt inzwischen komplett der Konzernschwester Fendt.

Entwickelt wurden sie ursprünglich zunächst als Pflanzenschutztechnik von der »Ag-Chem Equipment Company«, und die wiederum wurde 1963 von Al Quinn gegründet, der sich auf den Handel und Vertrieb von landwirtschaftlichen Maschinen zur Ausbringung von flüssigen und trockenen Düngemitteln, Pflanzenschutzmitteln und biologischen Feststoffen auf Feldern spezialisiert hatte. Vier Jahre später erklärte der bislang größte Lieferant von Quinn, die Hahn, Inc., mit der die Ag-Chem 95 Prozent des Umsatzes machte, nun den Vertrieb selbst übernehmen zu wollen. Das brachte Quinn in arge Nöte und zwang ihn, Gegenmaßnahmen zu ergreifen: 1968 stellte er seine erste Eigenkonstruktion vor, eine gezogene Feldspritze. Ein Jahr später kam die erste Selbstfahrspritze, der Ag-Gator. Diese Maschine ließ sich so gut verkaufen, dass Quinn, nachdem mit dem TerraGator eine neue Variante mit drei Rädern hinzugekommen war, 1973 ein eigenes Werk in Jackson bauen konnte. Die Ausrüstung mit Ballonreifen mit ihrer großen Aufstandsfläche und guter Tragfähigkeit bei geringem Bodendruck, beschleunigte den Aufwärtstrend. Die Erfolgsgeschichte führte über diverse Übernahmen und Aufkäufe steil nach oben, weitere Marksteine auf dem Weg waren der erste Vierrad-Gator mit Ballonreifen und Allradantrieb (1984), der Dreirad-TerraGator 1903, der die 400-PS-Marke knackte (1991), der erste Selbstfahrer mit größerer Bodenfreiheit und Spurverstellung zum Einsatz nach Pflanzenaufgang (1993), die Einführung eines geschlossenen Mischsystems im Tank (1996) oder auch das Allrad-Lenksystem (1997). Düngemittelhändler bildeten die größte Kundengruppe von Ag-Chem., Kommunen und private Entsorger waren weiterhin die Hauptabnehmer im industriellen Bereich. 2001 übernahm AGCO die Ag-Chem Equipment Co., Inc., und gliederte die Feldspritzen-Produktion der Marke Challenger an. Ab 2002 wurden deren Schlepper im Werk Jackson gebaut. In Europa erfolgte die Produktion im niederländischen Werk. Letzte Neuentwicklung vor Einstellung der Europa-Produktion waren die TerraGator-Typen TG 845 (4-Rad, 400 PS) von 2011 und TG 835 (3-Rad, 361 PS) von 2014, wobei kurz nach der Vorstellung AGCO das Aus für die TerraGators verkündete: Das Werk Grubbenvorst widmete sich künftig ganz der Pflanzenschutztechnik, die Fertigung der drei- und vierrädrigen Maschinen für den US-Markt lief im Werk in Jackson/Minnesota weiter. Ende 2017 hat AGCO die Marke vom europäischen Markt zurückgezogen.

Zu den Besonderheiten der Feldspritzen gehört die großzügige Kabine mit 5,5 m^2 großer Glasfläche. Beim RG 1100 wie auch dem größeren RG 1300 sorgt ein 8,4 Liter-Diesel für Vortrieb, wobei das Leistungsmaximum bei 337 bzw. 370 PS liegt. Unterschiede finden sich auch in Hydrostat und Hydraulik. Das Gewicht mit Gestänge liegt bei rund 14,5 Tonnen. (Foto: © AGCO)

DÜNGEMASCHINEN

KVERNELAND GROUP

Die Geschichte von Kverneland ASA geht zurück in das Jahr 1879, als Ole Gabriel Kverneland eine kleine Schmiede im Dorf von Kvernaland eröffnete, 25 km außerhalb Stavangers in Norwegen. Er nannte sein Unternehmen, vielleicht ein wenig übertrieben, »O.G. Kvernelands Fabrik« und begann mit der Produktion von Sensen. Doch was nicht war, sollte noch kommen, der Familienbetrieb erweiterte sein Angebot um kleine Pflüge und wuchs beständig weiter.

Nach 1990 – das Unternehmen war 1983 an die Börse gegangen – begann die Expansionsphase, Kverneland wuchs durch Zukauf weiterer Anbaugerätehersteller. Die Kverneland Group besteht heute aus den Marken Vicon und Kverneland, ist eine feste Größe in den Bereichen Futtererntetechnik, Bodenbearbeitung, Düngung, Aussaat sowie Pflanzenschutz und gehört seit 2012 zu Kubota. Ende 2017 beschäftigte die Kverneland Group 2440 Mitarbeiter, davon 75 % außerhalb Norwegens.

Der PS225-335 ist der günstigste der Pendeldünger des Herstellers. Über eine Million Stück, hat Kverneland, über alle Baureihen hinweg, davon bereits verkauft. Die Arbeitsbreite beträgt bis zu 14 Meter, in den Behälter passen 220 l , mit Aufsatzrand 330 l.
(Foto: © Kverneland Group)

VICON

Das Unternehmen ist seit 1998 Teil der Kverneland Group und wurde 1910 von einem jungen Landarbeiter namens Hermann Vissers gegründet, der sich auf den Kartoffelanbau spezialisierte. Nach dem Zweiten Weltkrieg – Nahrungsmittel waren knapp – präsentierte das Unternehmen die wesentlich verbesserte Version einer weit verbreiteten belgischen Kartoffel-Pflanzmaschine, und dieses »Tuning« war so erfolgreich, dass Vicon sich ganz auf die Entwicklung von Maschinen für die Landwirtschaft konzentrierte. Nur zwei Jahre später kauften die Belgier die Rechte an einem Sternradschwader und landeten einen weiteren Volltreffer, schafften den internationalen Durchbruch aber mit Pendelstreuern, die 1958 erstmals gezeigt wurden.

Als 1961 ein holländischer Unternehmer die Idee hatte, eine Rübenerntemaschine mit rotierenden Hebern zu entwickeln, machte Vicon das Konzept zu einer erfolgreichen Erntemaschine. Diese konnte sogar in nassen, lehmartigen Bodenverhältnissen gut arbeiten – die Maschinen der Konkurrenz jedoch konnten dies nicht. Zwei Jahre später entwickelte Vicon die Spatenmaschine und 1976 die dreieckigen Mähscheiben, die seitdem als Markenzeichen der belgischen Mähwerke gelten. 1983 kam die elektronisch gesteuerte Großpackenpresse HP-1600. Dieses Jahrzehnt brachte zahlreiche weitere Firmenaufkäufe mit sich, die auch den Einstieg in das Gebiet der Pflanzenschutzspritzen ermöglichten. 1989 führte Vicon die erste Ballenpresse der Welt mit einer Vorschneideeinrichtung ein, 2004 überraschte das Unternehmen mit einem innovativen Aluminiumspritzgestänge.

Kverneland arbeitet mit acht Streuschaufeln pro Scheibe und erreicht Arbeitsbreiten von neun bis 54 m. Die doppelt überlappenden Streubilder ermöglichen, nicht nur nach Einschätzung des Herstellers, eine nahezu konkurrenzlose Streugenauigkeit. (Foto: © Kverneland Group)

Dank des Geospread-Systems passt der Streuer sich automatisch der Ausbringmenge an. Da der Streuer mit Sensoren für die Bestandesführung arbeiten kann, wird dort, wo mehr Dünger benötigt wird, die Menge erhöht und dort, wo die Ausbringmenge bereits erreicht ist, automatisch reduziert. (Foto: © Kverneland Group)

Vicon ist Bestandteil der Kverneland Group, und die Produkte weitgehend baugleich. Hier angebaut ist der RO-EDW GEOSPREAD, ein Zweischeibenstreuer mit 24 Schrittgrößen der Teilbreitenschaltung, um Sektionen von innen nach außen und von außen nach innen zu schalten, was die Überlappungen minimiert. Schön zu sehen ist die optionale Grenzstreueinrichtung oberhalb der Scheiben. (Foto: © Kverneland Group)

Vicons RotaFlow RO-XL hat ein Behältervolumen von bis zu 3.900 l und eine maximale Arbeitsbreite von 54 Metern. (Foto: © Kverneland Group)

Der Kverneland Exacta EL ist das Einstiegsmodell des Herstellers. Der sehr kompakte Düngerstreuer passt hinter jeden Traktor. Die Arbeitsbreite beträgt 21 m. (Foto: © Kverneland Group)

Die Ro-XL-Familie besteht aus acht Düngerstreuern mit Volumen von 1500 bis 3900 Litern. Die Eigengewichte liegen zwischen 495 und 625 Kilogramm. (Foto: © Kverneland Group)

Die Düngerstreuer verfügen über zwei separate Getriebeeingänge im Zentralgetriebe. Hier werden ein langsam drehender Rührfinger mit hohen Scheibendrehzahlen kombiniert. Den Vicon RO-XL gibt es in einer hydraulischen und einer elektrischen Variante, letztere kann aus der Traktorkabine heraus gesteuert werden. (Foto: © Kverneland Group)

Der AGT ist das Spitzenmodell unter den Düngerstreuern des Herstellers. Das Edelstahl-Gestänge gibt es mit 30, 32 und 36 m Länge. Die Tragrohre des Gestänges sind gleichzeitig die Düngerförderrohre. Das Leergewicht liegt bei sieben Tonnen, der Behälter fasst 6300 Liter. (Foto: © RAUCH Landmaschinenfabrik GmbH)

Topmodell unter den Anbaustreuern von Rauch ist der Axis-H-EMC. Dieser hydraulisch angetriebene Düngerstreuer deckt Arbeitsbreiten von 18 bis 50 Metern ab, die Ausbringmenge wird über den Massenstrom elektronisch geregelt. Zusätzlich kontrolliert eine Waage die Restmenge. Mit dem größten Aufbaurahmen fasst der Streuer 3000 l und ist 2,80 Meter breit. (Foto: © RAUCH Landmaschinenfabrik GmbH)

DÜNGEMASCHINEN

Der MDS-Streuer kann speziell für den Einsatz in Obst-, Wein-, Hopfen- oder Gemüseanbau aufgerüstet werden. Dafür gibt es eine spezielle Reihenstreuvorrichtung, bei der die Fahrspur frei bleibt von Granulat. (Foto: © RAUCH Landmaschinenfabrik GmbH)

RAUCH

1921 erfolgte die Gründung der »Fabrik für landwirtschaftliche Maschinen Gebrüder RAUCH«, der heutigen Rauch Landmaschinenfabrik GmbH, in Sinzheim unweit von Baden-Baden.

Erstmals für Aufsehen sorgte der 1932 vorgestellte Düngerstreuer, drei Jahrzehnte später war daraus ein neuer Scheibendüngerstreuer geworden. Wiederum zehn Jahre später brachte Rauch einen Zweischeiben-Düngerstreuer mit 24 Meter Arbeitsbreite, entwickelte daraus einen Pneumatik-Düngerstreuer, verfeinerte und installierte 1984 eine elektronische Düngerdosierung. 1993 kam mit der neuen pneumatischen Drillmaschine VENTA-AL der Einstieg in die Sätechnik; 1997 erlebte mit der AXERA-H eine neue Düngerstreuergeneration mit hydraulischem Antriebskonzept ihre viel beachtete Premiere.

Auch wenn diese Daten und Bezeichnungen nur Eingeweihten etwas sagen: Die Geräte von Rauch dürfte so ziemlich jeder schon gesehen haben oder hinter einem her gefahren sein: Im Winter zum Beispiel, wenn die Straßenmeistereien die Straßen streuen: Rauch ist mit seinen Dünge- und Sämaschinen sowie Winterdienststreuergeräten eine weltweite Größe in diesem Bereich und liefert jährlich rund 16.000 Maschinen aus. Topmodell ist der »Axis«, der sich mit mechanischem oder hydraulischem Düngerstreuerantrieb ordern lässt und in zahlreichen Konfigurationen mit verschiedenen Wurfscheiben, Behälteraufsätzen und Dosierungsautomatiken erhältlich ist.

UKS steht für Universal-Kastenstreuer und ist, wie der Name schon sagt, für alle möglichen Streugüter wie Dünger, Kalk, Saatgüter, Kompost oder Biodünger zu nutzen. (Foto: © RAUCH Landmaschinenfabrik GmbH)

DOSIEREN UND VERTEILEN

Das Familienunternehmen hält weit mehr als 150 Patente und beschränkt sich ausschließlich auf Dünge- und Kommunaltechnik und baut auch Sätechnik im Auftrag anderer Hersteller. Das Unternehmen fertigt einfache, universell einsetzbare Kastendüngerstreuer mit Arbeitsbreiten zwischen 1,5 und 3 Meter ebenso wie Großflächenstreuer mit patentierter vollautomatischer, elektronischer Düngerdurchflussmessung und -regelung.

Der größte Düngerstreuer heißt TWS 85.1. Der Großflächenstreuer kombiniert einen Überladewagen mit einem Dreipunkt-Zweischeibenstreuer und schafft eine Arbeitsbreite von bis zu 50 Metern. Typische Axis-Merkmale wie die EMC-Dosierautomatik (Electronic Massflow Control), die VariSpread-Teilbreitenschaltung und eine höhere Düngernutzlast sind mit an Bord, so dass letztlich 9600 Liter Material (8200 + 1400 Liter) ausgebracht werden können, ohne nachfüllen zu müssen – auch nach Meinung der Presse ein klarer Fortschritt in Sachen Wirtschaftlichkeit, Streupräzision und Bedienkomfort.

Mit Material des Herstellers

Die Streubreiten betragen zwischen 80 und 300 cm, angebaut werden kann er an Front und Heck. Der Antrieb erfolgt per Zapfwelle oder Hydraulik, bei Arbeitsbreiten jenseits der 150 cm ausschließlich hydraulisch. (Foto: © RAUCH Landmaschinenfabrik GmbH)

Der Großflächenstreuer von Rabe ist eigentlich ein Sulky. Rabe bietet seit dem Verlust der Selbstständigkeit 2011 französische Düngerstreuer an. (Foto: © GREGOIRE-BESSON)

Sulky Burel entstand 1936 und hat sich zum Spezialisten für Sä- und Düngetechnik entwickelt. Die Streuer der Serien X40 und X50 fassen bis 4200 Liter Dünger. (Foto: © Sulky-Burel)

Inzwischen können alle Sulky-Düngerstreuer mit Wiegeeinrichtung und elektrischer Schieberbetätigung an ein ISOBUS-Universalterminal angeschlossen werden, das bereits auf dem Hof vorhanden ist. (Foto: © Sulky-Burel))

DÜNGEMASCHINEN

Die Farbgebung des brasilianischen Stara erinnert stark an Amzone, was wiederum kein Wunder ist: Die Unternehmen arbeiten eng zusammen. (Foto: © Stara)

SULKY

Der Sulky Burel wurde 1936 gegründet und hat sich zum weltweit aktiven Spezialisten für Sä- und Düngetechnik entwickelt. 1937 brachte der junge Schmied Fabien Burel in Domagné einen leichten und schnellen Grubber auf den Markt, der prima zum tierischen Zugmittel passte und daher den Markennamen »Sulky« erhielt, wie die leichten zweirädrigen Renn-Einsitzer im Pferdesport. 1945 zog die Fabrik nach Chateaubourg um, und in dieser Stadt in der Bretagne befindet sich noch heute der Sitz der Firma. Zusammen mit Sämaschinen vertrieb der Landhandel nun auch Düngemittel. 1967 übernahm Jacques Burel, der Sohn des Gründers, die Leitung des Familienunternehmens, bevor er es 2011 an seinen Sohn Julien übergab. In diesem Jahr erfolgte dann auch die Einweihung des neuen Werks, das mehr als 20 Millionen Euro gekostet hatte.

Sulky ist einer der führenden Anbieter für Düngetechnik, zur Agritechnica 2015 sorgte die umfassende Konnektivität der Anbaudüngerstreuer X40+ (1900 bis 3000 l, Streubreite bis zu 44 m) und X50+ (2400 bis 4000 l, bis zu 50 m) für Aufsehen: In Sachen Digitalisierung gehören die Franzosen zu den Vorreitern.

Die Düngerstreuer der Firma Rabe aus Bad Essen werden übrigens von Sulky gefertigt: Seit der Übernahme im Jahre 2011 durch den französischen Landtechnik-Hersteller Gregoire Besson finden sich im Rabe-Programm für Deutschland umetikettierte Sulky-Düngerstreuer. In Frankreich und anderen Ländern arbeiten die französischen Firmen nämlich sch lange zusammen. Seit 2017 arbeitete Sulky mit dem brasilianischen Hersteller Jacto zusammen, gemeinsam soll ein selbstfahrender Düngerstreuer entwickelt werden.

STARA

Stara ist eine Gründung der niederländischen Familie Stapelbroek, die 1949 nach Brasilien auswanderte und dort 1953, nach einigen Mühen, in Rio Grande do Sul sesshaft wurde. Man eröffnete eine kleine Schmiede und begann alsbald mit dert Reparatur und Wartung von Landmaschinen und Gerät europäischer Provenienz. Sieben Jahre später entstanden die ersten eigenen Maschinen, weiter 18 Jahre später, 1978, mussten größere Werkstätten her. Noch immer entstanden vor allem Geräte zur Bodenbearbeitung, insbesondere Grubber.

1987 kamen die ersten Düngerstreuer, 1997 begann der Lizenzbau von Vikon-Aufbaustreuern, 1997 begann die Zusammenarbeit mit den Amazone-Werken. Nach der Jahrtausendwende entwickelte sich Star zum Spezialisten für Dünge-. Sä- und Pflanzenschutztechnik, 2010 wurde mit dem »Imperador 3100« ein Selbstfahrer vorgestellt, der 2016 weltweit zum ersten Selbstfahrer weitergediehen war, der gleichermaßen für Dünge- wie auch Pflanzenschutzmittel eingesetzt werden konnte.

Der Hercules-Selbstfahrer bildet die Basis für den »Imperador 3100«, der nicht nur als Düngerstreuer, sondern auch als Feldspritze eingesetzt werden kann. (Foto: © Stara)

DÜNGEMASCHINEN

VERVAET

Frans und Richard Vervaet, aufgewachsen zwischen den Maschinen in einer Lohnarbeiterfamilie, machten sich 1957 mit einem kleinen Betrieb selbstständig, in dem sie sich auf die Reparatur und Wartung von allem spezialisierten, das einen Motor hatte. Schon bald konnten sie für mehrere Hersteller als Vertragshändler tätig werden, und so wurde Vaters Scheune schnell zu klein. Schon 1960 wurde in der Braakmanlaan 40 in Biervliet ein neues Gebäude errichtet. Im Laufe der Jahre übernahmen die Gebrüder Vervaet mehrere Autowerkstätten und Händleraufträge. 1974 entwickelten Franz und Richard, Werkstattleiter Tonnie Vervaet sowie Walter und Marcel Vervaet aus dem Lohnbetrieb einen Bunker-Rübenroder, der zwar teurer, größer und schwerer als alle bisher dagewesenen Systeme war, aber dank des Einmannprinzips effizienter und letzlich günstiger als andere Lösungen war.

Das sprach sich allmählich herum, doch die Jahresproduktion Ende der 1980er-Jahre lag trotzdem nur bei sieben Stück. Dennoch: Das Familienunternehmen war auf dem richtigen Weg und entwickelte 1990 einen Selbstfahrer zur Gülleausbringung, den »Vervaet Hydro Trike«. 1992 wurden schon 15 Hydro Trikes und 15 Rübenroder hergestellt. Um die Produktion auf konstantem Niveau zu halten, begann man, ausländische Absatzmärkte zu suchen, die man in Großbritannien, England, Belgien, Frankreich, Schweden und Dänemark fand. I

Infolgedessen verdoppelten sich die Produktionszahlen, was immer wieder Betriebserweiterungen notwendig machte. Heute erstreckt sich das Fabrikgelände über 50.000 m², von denen 13.500 m² bebaut sind. Die Vervaet-Gruppe beschäftigt rund 100 Mitarbeiter. Von Februar bis September rollen hier die Rübenroder des Typs 617, 625 und 925 vom Band, in den anderen Monaten des Jahres die Hydro Trikes.

Mit Material des Herstellers

Der Tankaufbau fasst, je nach Ausführung, zwischen 14.000 und 19.000 Liter, das macht ihn als Großtanker für manche Feuerwehr interessant. Das Leergewicht liegt bei 14,5 Tonnen, und mehr als 40 km/h schafft er auch nicht. (Foto: © Frans Vervaet B.V.)

Die Frans Vervaet B.V. wurde 1974 im niederländischen Biervliet gegründet und begann 1990 mit der Entwicklung des Hydro Trike. Das Prinzip lautete: »Ein Rad pro Spur«, um den Boden auf der gesamten Maschinenbreite gleichmäßig zu verdichten. (Foto: © Frans Vervaet B.V.)

Das Hydro Trike XL ist das größte Trike des Herstellers und kommt auf einen Tankinhalt von 20,5 m³. Für ein solches Ungetüm reichen drei Räder nicht mehr aus, daher wurde daraus ein Fünfrad-Fahrzeug, wobei zur Bodenschonung die Räder der Mittelachse lenk- und teleskopierbar sind. (Foto: © Frans Vervaet B.V.)

Vredos VT 3936 hatte ab der Saison 2014 einen Deutz-V6 mit 408 PS und stufenlosem hydrostatischem Getriebe an Bord. Der Verteiler mit Sternrotor stammt von Vogelsang, insgesamt übernehmen 46 Schläuche mit 50-mm-Querschnitt das Ausbringen der Gülle. (Foto: © Vredo / Vredo Dodewaard B.V.)

Schneidfilter spielen eine wichtige Rolle, denn Schwergut wird abgeschieden und die Silage zerkleinert, was die Flüssigkeit homogener macht. (Foto: © Vredo / Vredo Dodewaard B.V.)

DÜNGEMASCHINEN

VREDO

Die Vredo-Geschichte beginnt im Holland des Jahres 1947, als der Bauernsohn B. de Vree sich als Lohnunternehmer in Dodewaard selbstständig machte. Es gab viel zu tun und nur wenig Konkurrenz, daher sah er sich immer wieder gezwungen, seine Maschine an die jeweiligen Böden und Bedingungen anzupassen. Das gelang ihm besser als anderen, und so begann er, auch für andere Unternehmer zu arbeiten. Das Abändern von Maschinen wich allmählich der Entwicklung von komplett neuen Maschinen und das Lohnunternehmen wurde mehr und mehr zum Konstruktionsbetrieb und später zur Maschinenfabrik.

Der sprichwörtliche »große Wurf« gelang Mijnheer de Vree Mitte der 1970er-Jahre mit der Entwicklung der Nachsaatmaschine, die dank zweier scharfen Scheiben einen V-förmigen Schnitt in den Boden brachte und in diesem sauberen Schnitt den Grassamen punktgenau ablegte. Das Prinzip ihrer Durchsämaschinen, verfeinert, übertrugen die Niederländer (die ihre Maschinen unter dem Markenname »Vredo« verkauften) später auch auf Düngemaschinen. Und von diesen Narbendüngern lag der Schritt hin zum selbstfahrenden Geräteträger zur Ausbringung von Gülle nahe; der VREDO Trac ist heute ein universell einsetzbarer Geräteträger. Gegenwärtig stehen zwei Maschinen, der VT4556 sowie der Vredo VT7028, im Angebot. Bei beiden sitzt der Motor sowie der komplette Antriebsstrang zwischen den Achsen, um die Gewichtsverteilung zu optimieren und den Schwerpunkt niedrig zu halten.

Viele Komponenten werden zugekauft, so stammt die Kabine von Claas und die Motoren von Deutz. Die Kraftübertragung wiederum entsteht im eigenen Haus, denn die auf dem Markt verfügbaren hydrostatischen Fahrantriebe genügten den Anforderungen nicht. Das Topmodell hat einen 16-Liter-Deutz mit 687 PS und ist mit zwei oder drei Achsen sowie einem bis zu 32.000 Liter großen Gülletank lieferbar.

Vredo montierte 1989 zum ersten Mal einen Gülleaufbau auf einen Horsch-Selbstfahrer, hatte damit Erfolg und baut seit 1994 komplette Selbstfahrer. (Foto: © Vredo / Vredo Dodewaard B.V.)

WEITERE INTERESSANTE BÜCHER ZUM THEMA

In diesem umfassend illustrierten Prachtband wird die Geschichte der weltweit wichtigsten Schlepperhersteller der vergangenen 120 Jahre vorgestellt. Nicht nur für Traktorenenthusiasten ein Muss!
224 Seiten, 515 Abb., 240 x 305 mm
€ 14,95 | **€** (A) 15,30 | ISBN 978-3-613-04133-2

Von Agria, Bautz und Bungartz bis zu den Traktoren aus der ehemaligen DDR: Die bunte Vielfalt auf dem Acker versammelt sich in diesem Bildband zu einer Parade des deutschen Schlepperbaus.
224 Seiten, 500 Abb., 230 x 305 mm
€ 14,95 | **€** (A) 15,30 | ISBN 978-3-613-04300-8

In diesem Band werden alle führenden Lkw-Marken beschrieben, die in den letzten 60 Jahren weltweit mit ihren Modellen und technischen Innovationen dem Lastwagenbau ihren Stempel aufzudrücken vermochten.
224 Seiten, 458 Abb., 230 x 305 mm
€ 14,95 | **€** (A) 15,30 | ISBN 978-3-613-03786-1

Ein kurzweiliger, höchst spannender Überblick über die Geschichte der knapp fünfzig wichtigsten Lastwagenhersteller im deutschsprachigen Raum – mit über 600 Fotos!
224 Seiten, 550 Abb., 230 x 305 mm
€ 14,95 | **€** (A) 15,30 | ISBN 978-3-613-04007-6

Leseproben zu allen Titeln auf unserer Internetseite

Motor buch Verlag

Überall, wo es Bücher gibt, oder unter
WWW.MOTORBUCH-VERSAND.DE
Service-Hotline: 0711 / 78 99 21 51

www.facebook.com/MotorbuchVerlag

Stand März 2021
Änderungen in Preis und Lieferfähigkeit vorbehalten.